Teubner Skripten zur
Mathematischen Stochastik

Rolf Schneider und Wolfgang Weil
Integralgeometrie

Teubner Skripten zur Mathematischen Stochastik

Herausgegeben von
Prof. Dr. rer. nat. Jürgen Lehn, Technische Hochschule Darmstadt
Prof. Dr. rer. nat. Norbert Schmitz, Universität Münster
Prof. Dr. phil. nat. Wolfgang Weil, Universität Karlsruhe

Die Texte dieser Reihe wenden sich an fortgeschrittene Studenten, junge Wissenschaftler und Dozenten der Mathematischen Stochastik. Sie dienen einerseits der Orientierung über neue Teilgebiete und ermöglichen die rasche Einarbeitung in neuartige Methoden und Denkweisen; insbesondere werden Überblicke über Gebiete gegeben, für die umfassende Lehrbücher noch ausstehen. Andererseits werden auch klassische Themen unter speziellen Gesichtspunkten behandelt. Ihr Charakter als Skripten, die nicht auf Vollständigkeit bedacht sein müssen, erlaubt es, bei der Stoffauswahl und Darstellung die Lebendigkeit und Originalität von Vorlesungen und Seminaren beizubehalten und so weitergehende Studien anzuregen und zu erleichtern.

Integralgeometrie

Von Prof. Dr. phil. nat. Rolf Schneider
Universität Freiburg
und Prof. Dr. phil. nat. Wolfgang Weil
Universität Karlsruhe

B. G. Teubner Stuttgart 1992

Prof. Dr. phil. nat. Rolf Schneider

Geboren 1940 in Hagen/Westf. Von 1960 bis 1964 Studium der Mathematik und Physik und 1967 Promotion an der Johann-Wolfgang-Goethe-Universität in Frankfurt am Main. 1969 Habilitation an der Ruhr-Universität Bochum. 1970 Wiss. Rat und Professor an der Universität Frankfurt und o. Professor an der Technischen Universität Berlin, seit 1974 Professor an der Albert-Ludwigs-Universität Freiburg i. Br.

Prof. Dr. phil. nat. Wolfgang Weil

Geboren 1945 in Kitzingen. Von 1964 bis 1968 Studium der Mathematik und Physik und 1968 Diplom an der Universität Frankfurt (Main). Promotion zum Dr. phil. nat. 1971 in Frankfurt. Wiss. Assistent an der Technischen Universität Berlin und an der Universität Freiburg. 1976 Habilitation im Fach Mathematik an der Universität Freiburg. Von 1978 bis 1980 Akad. Rat in Freiburg, seit 1980 Professor an der Universität Karlsruhe. 1985 und 1990 Gastprofessor an der University of Oklahoma, Norman, USA.

Die Deutsche Bibliothek – CIP-Einheitsaufnahme

Schneider, Rolf:
Integralgeometrie / von Rolf Schneider und Wolfgang Weil. –
Stuttgart : Teubner, 1992
(Teubner-Skripten zur mathematischen Stochastik)

ISBN-13:978-3-519-02734-8   e-ISBN-13:978-3-322-84824-6
DOI: 10.1007/978-3-322-84824-6

NE: Weil, Wolfgang:

Herstellung: Druckhaus Beltz, Hemsbach/Bergstraße
Einband: P.P.K, S-Konzepte, Tabea Koch, Ostfildern Stuttgart

Vorwort

Die von Blaschke begründete Integralgeometrie handelt von beweglichen Figuren im Raum und von invarianten Integralen, die sich bei ihnen bilden lassen. Dieses Zitat aus Hadwiger [1957] (S. 225) beschreibt recht gut die wesentlichen Elemente der Integralgeometrie: Es geht um bewegte Figuren, also der Operation einer Gruppe unterworfene geometrische Objekte, und um invariante Mittelwerte im Zusammenhang mit solchen bewegten Figuren.

Integralgeometrie ist also ein Teilgebiet der Geometrie, das sich mit der Bestimmung und Anwendung von Mittelwerten geometrisch definierter Funktionen bezüglich invarianter Maße befaßt. Zu den Grundlagen der Integralgeometrie gehören daher einerseits Teile der Theorie invarianter Maße auf topologischen Gruppen und homogenen Räumen, andererseits gewisse Gebiete aus der Geometrie der Punktmengen, wie etwa der Polyeder, konvexen Mengen oder differenzierbaren Untermannigfaltigkeiten.

Ursprünglich aus Fragestellungen über geometrische Wahrscheinlichkeiten entstanden und von Blaschke, Chern, Hadwiger, Santaló und anderen ab 1935 entwickelt, hat sich die Integralgeometrie in jüngerer Zeit als wichtiges Hilfsmittel in der Stochastischen Geometrie und deren Anwendungsgebieten (Stereologie, Bildanalyse, räumliche Statistik) erwiesen. Dies hat zu neuen Resultaten geführt, zu Verallgemeinerungen klassischer integralgeometrischer Formeln, aber auch zu andersartigen Zugängen und zu neuen Gesichtspunkten.

Das vorliegende Buch ist sowohl klassischen Ergebnissen der Integralgeometrie gewidmet als auch neueren Entwicklungen. Es unterscheidet sich in mehrfacher Hinsicht wesentlich von den vorhandenen Monographien. Da die Integralgeometrie im Hinblick auf Anwendungen in den Gebieten der Geometrischen Wahrscheinlichkeiten und der Stochastischen Geometrie dargestellt werden soll, stellen wir uns einen Leser vor, zu dessen Rüstzeug eher die maßtheoretischen Grundlagen der Stochastik gehören als die differentialgeometrischen Techniken, die bei den traditionellen Beweisen der zentralen integralgeometrischen Formeln eingesetzt werden. Demgemäß verfolgen wir hier einen konsequent maßtheoretischen Aufbau, mit besonderer Betonung invarianter Maße. Die zur Untersuchung zugelassenen räumlichen Punktmengen sollen, dem maßtheoretischen Zugang entsprechend, nicht durch Glattheitsvoraussetzungen eingeschränkt werden. Andererseits sollen sie aber auch nicht so allgemein sein, daß zu ihrer Behandlung technisch aufwendigere Methoden der Geometrischen Maßtheorie erforderlich werden. Wir betrachten daher kompakte konvexe Mengen und endliche Vereinigungen von solchen, legen also Hadwigers Konvexring zugrunde. Zur Modellierung realer Mengen im physikalischen Raum sind für Anwendungszwecke die lokal endlichen Vereinigungen konvexer Mengen hinreichend allgemein.

Ein weiterer Unterschied zu den vorhandenen Lehrbüchern besteht darin, daß wir, hierin Federer folgend, die Integralgeometrie im wesentlichen lokal betreiben, also allgemein für Krümmungsmaße anstelle der spezielleren global definierten Funktionale. Bei der Behandlung der kinematischen Integralformeln legen wir besonderen Wert auf die Trennung des translativen Anteils und des Rotationsanteils. Damit werden auch Translationsformeln bereitgestellt, wie sie etwa bei der Behandlung stationärer, nicht-isotroper Strukturen in der Stochastischen Geometrie erforderlich sind.

Die Anwendungsbeispiele integralgeometrischer Resultate sind hier auf zwei Kapitel beschränkt. Kapitel 5 enthält einige einfache Ergebnisse über geometrische Wahrscheinlichkeiten sowie Erwartungswert-Formeln aus der Stereologie und der Bildanalyse. Kapitel 6 zeigt an Beispielen den Einsatz integralgeometrischer Transformationen bei Berechnungen in der Stochastischen Geometrie. Die an sich interessanteren Versionen integralgeometrischer Resultate für zufällige Mengen und Punktprozesse geometrischer Objekte verlangen eine ausführliche Darstellung dieser stochastischen Modelle. Darauf soll in einem weiteren Band dieser Reihe eingegangen werden.

Der vorliegende Text entstand aus Vorlesungen, die wir beide wiederholt in Freiburg bzw. Karlsruhe gehalten haben. Wir danken Herrn Stefan Glasauer für eine gründliche Durchsicht des Manuskripts und einige nützliche Hinweise sowie Frau Sabine Linsenbold für die sorgfältige Ausführung der Reinschrift in LaTeX.

Freiburg und Karlsruhe, im März 1992   R. Schneider
                                                   W. Weil

Inhalt

Einleitung

Als Geburtsstunde der Wahrscheinlichkeitstheorie werden häufig Pascals Betrachtungen über Glücksspiele angesehen. Die Anfänge der Integralgeometrie und Geometrischen Wahrscheinlichkeiten lassen sich auf eine geometrische Variante solcher Glücksspiele zurückführen, die der Naturforscher G.L.L. Comte de Buffon 1733 in einem Vortrag vor der Académie Française vorstellte: Eine Münze wird in zufälliger Weise auf einen Fußboden geworfen, der nach Art eines regelmäßigen Mosaiks unterteilt ist, z.B. in Dreiecke, Quadrate, Sechsecke. Der eine Spieler wettet, daß die Münze ganz innerhalb eines Mosaiksteins liegt, der andere hält dagegen, daß eine Kante getroffen wird. Wie sind die Chancen verteilt? Buffon hat solche Wahrscheinlichkeiten berechnet und im Rahmen einer größeren Arbeit veröffentlicht, die erst 1777 erschien (Buffon [1777]).

Eine einfachere Version ist als *Buffonsches Nadelproblem* berühmt geworden. Dabei wird das Mosaikmuster durch eine Schar $\mathcal{G}_0$ paralleler äquidistanter Geraden mit Abstand D gegeben, und die Münze ist durch eine Nadel N der Länge $L < D$ ersetzt. Die Wahrscheinlichkeit p, daß die (zufällig geworfene) Nadel N eine Gerade aus $\mathcal{G}_0$ trifft, ergibt sich dann zu $2L/\pi D$. Zur Herleitung genügt es, die Lage der Nadel durch zwei Parameter zu charakterisieren, den Abstand r des Mittelpunktes P von N zur nächsten Geraden G in $\mathcal{G}_0$ $(0 \leq r \leq D/2)$ und den Winkel φ zwischen N und der Normalen auf G $(0 \leq \varphi \leq \pi/2)$. Die Nadel schneidet G (und damit die Geradenschar $\mathcal{G}_0$) genau dann, wenn $r \leq (L/2)\cos\varphi$ ist. Legt man auf der Menge $[0, D/2] \times [0, \pi/2]$ das zweidimensionale Lebesgue-Maß λ zugrunde, so ergibt sich die Wahrscheinlichkeit p, in Anlehnung an das Vorgehen bei kombinatorischen Wahrscheinlichkeitsproblemen, als der Quotient von

$$\int_0^{\frac{\pi}{2}} \int_0^{\frac{L}{2}\cos\varphi} dr\,d\varphi = \frac{L}{2}$$

und $\pi D/4$.

Der beschriebene historische Ansatz, insbesondere die Wahl der Gleichverteilung auf dem Intervall $[0, D/2]$, kann nur mit Vorsicht als Modellierung eines realen Experiments angesehen werden. (Nicht nur aus diesem Grunde ist die wiederholt dokumentierte Verwendung der Formel $p = 2L/\pi D$ zur

Schätzung von π durch mehrfaches Werfen einer Nadel etwas fragwürdig; siehe z.B. die Diskussion hierzu in Kendall & Moran [1963], S. 71.) Von einem geometrischen Standpunkt aus erscheint der beschriebene Lösungsweg aber als natürlich.

Um sich Klarheit über den zugrundegelegten Wahrscheinlichkeitsraum zu verschaffen, ist es nützlich, die Rollen von Nadel N und Gerade G (bzw. Geradenschar $\mathcal{G}_0$) zu vertauschen, das heißt, die Nadel N als fest anzusehen (mit Mittelpunkt P im Ursprung und durch die x-Achse gegebener Richtung) und die Gerade G zufällig zu wählen. Die Parameter r und φ entsprechen dann der üblichen Abstands-Richtungs-Darstellung $G = G(r, \varphi)$ einer Geraden im $\mathbb{R}^2$. Die Bedingung, daß G diejenige Gerade der Parallelschar $\mathcal{G}_0$ ist, die kleinsten Abstand vom Nadelmittelpunkt P hat, läßt sich in diesem dualen Modell so formulieren, daß G den Kreis C um P mit Radius $D/2$ schneiden muß. Führt man für kompakte, konvexe Mengen K die Charakteristik χ durch

$$\chi(K) = \begin{cases} 1, \text{ falls } K \neq \emptyset \\[2mm] 0, \text{ falls } K = \emptyset \end{cases}$$

ein und bezeichnet man mit $\mathcal{G}$ die Menge aller Geraden im $\mathbb{R}^2$, so läßt sich der für die Berechnung von p benutzte Ansatz auch in der Form

$$p = \frac{\int_{\mathcal{G}} \chi(N \cap G)\,d\mu(G)}{\int_{\mathcal{G}} \chi(C \cap G)\,d\mu(G)} \tag{1}$$

schreiben, wo μ das Bildmaß von λ unter der Abbildung $(r, \varphi) \mapsto G(r, \varphi)$ ist. In dieser Form erscheint es zunächst nicht mehr offensichtlich, daß der gewählte Lösungsansatz der einzig sinnvolle ist. Es könnte doch sein, daß andere (z.B. von anderen Parametrisierungen der Geradenmenge $\mathcal{G}$ herrührende) Maße μ auf $\mathcal{G}$ in (1) zu anderen, ebenfalls natürlichen Werten für p führen.

Diese Problematik wurde besonders deutlich gemacht durch das *Bertrand-sche Paradoxon* (Bertrand [1888], S. 4 f). Bertrand betrachtete die Wahrscheinlichkeit p, daß eine zufällig im Einheitskreis C gezogene Sehne s länger als $\sqrt{3}$ ist; er gab drei verschiedene Lösungen an. Zunächst kann man wie im Buffonschen Nadelproblem die Abstands-Richtungs-Darstellung der Sehnen zugrundelegen; man erhält dann nach ähnlicher Rechnung $p = 1/2$. Bestimmt man dagegen s durch die beiden Winkel, die die Ortsvektoren der Endpunkte von s mit der x-Achse bilden, und wählt diese unabhängig und gleichverteilt in $[0, 2\pi]$, so ergibt sich $p = 1/3$. Beschreibt man schließlich die Sehne s

durch ihren Mittelpunkt und wählt diesen gleichverteilt in C, so erhält man $p = 1/4$.

Auch hier lassen sich alle Lösungen auf Quotienten der Form (1) zurückführen. Dazu können wir die Sehnen von C festlegen durch ihre Trägergeraden. Dann ist s genau dann länger als $\sqrt{3}$, wenn die zugehörige Gerade G den Kreis C' vom Radius $1/2$ schneidet. Daher ist (mit den oben eingeführten Bezeichnungen) die gesuchte Wahrscheinlichkeit gegeben durch

$$p = \frac{\int_{\mathcal{G}} \chi(C' \cap G)d\mu(G)}{\int_{\mathcal{G}} \chi(C \cap G)d\mu(G)}, \qquad (2)$$

wobei jeder Lösung ein anderes Maß μ auf $\mathcal{G}$ zugrundeliegt (das der zweiten Lösung entsprechende Maß μ ist nur auf $\mathcal{G}_C := \{G \in \mathcal{G} : G \cap C \neq \emptyset\}$ erklärt). Das Maß μ wird dabei jeweils als Bild des Lebesgue-Maßes λ auf der (zweidimensionalen) Parametermenge erzeugt. Die Wahl des Lebesgue-Maßes λ erscheint im Hinblick auf seine geometrischen Invarianzeigenschaften natürlich; λ ist ja (bis auf Normierung) das einzige Maß auf $\mathbb{R}^2$, das invariant gegenüber Translationen, Drehungen und Spiegelungen ist. Allerdings wirken sich diese Invarianzeigenschaften je nach Art der Parametrisierung in unterschiedlicher Weise auf der Geradenmenge $\mathcal{G}$ bzw. $\mathcal{G}_C$ aus.

Es ist daher naheliegend, bei diesen und anderen geometrischen Wahrscheinlichkeitsproblemen direkt nach Maßen μ auf $\mathcal{G}$ (bzw. auf anderen Räumen geometrischer Objekte) zu fragen, die ähnliche Invarianzeigenschaften haben wie das Lebesgue-Maß λ auf $\mathbb{R}^2$, also etwa bewegungsinvariant sind. Von den drei den Lösungen des Bertrandschen Paradoxons zugrundeliegenden Maßen μ hat nur das erste diese Eigenschaft; dieses Maß wird auch bei der Lösung des Buffonschen Nadelproblems benutzt. In den Anwendungen der Stochastischen Geometrie werden Modelle, denen invariante Maße zugrundeliegen, dann heranzuziehen sein, wenn bei der zu beschreibenden Situation Invarianzeigenschaften (wie Stationarität, Isotropie) angenommen werden können.

Invariante Maße und die zugehörigen Integrale sind etwa seit Beginn dieses Jahrhunderts untersucht worden. Geometrische Wahrscheinlichkeitsprobleme, die im Kern erste Ansätze dazu enthielten, traten dabei eher in den Hintergrund. Nach frühen Resultaten von Crofton, Poincaré und anderen und einer Anregung durch Herglotz hat Wilhelm Blaschke mit seinen Schülern in den Jahren nach 1935 eine systematische Theorie erarbeitet, die er *Integralgeometrie* nannte. Hauptergebnis war neben den älteren Resultaten (*Cauchysche Projektionsformel, Croftonsche Schnittformel*) die *kinematische*

Hauptformel. Ein Spezialfall dieser Formel drückt für konvexe Körper K, M im n-dimensionalen euklidischen Raum $\mathbf{R}^n$ das Integral

$$\int \chi(K \cap gM)\, d\mu(g),$$

wo mit dem invarianten Maß μ über die Bewegungsgruppe des $\mathbf{R}^n$ integriert wird, durch geeignete Funktionale von K und M aus. Die Mengen, die in den Integralen auftraten, waren neben affinen Unterräumen zunächst kompakte, konvexe Mengen (*konvexe Körper*). Die Ausdehnung der Theorie auf glatte, nichtkonvexe Flächen (und auf nicht-euklidische Räume) verdankt man hauptsächlich Santaló und Chern, die Ausdehnung auf den *Konvexring* (endliche Vereinigungen konvexer Körper) wurde von Hadwiger durchgeführt. Frühe Arbeiten zur Integralgeometrie benutzten integralgeometrische Dichten (Geradendichte, Bewegungsdichte usw.); diese zunächst etwas vage gehandhabte Begriffsbildung wurde dann mittels Differentialformen präzisiert. Darstellungen dieses klassischen Teils der Integralgeometrie werden in den Büchern von Blaschke [1937a], Santaló [1953], Hadwiger [1957] und Stoka [1968] gegeben; eine ausführliche Behandlung der Integralgeometrie, die auch neuere Resultate und Anwendungen auf stochastische Problemstellungen berücksichtigt, findet sich in Santaló [1976].

Etwa um das Jahr 1970 kam überraschend neues Interesse an der Integralgeometrie auf. In der *Stereologie* (und später der *Bildanalyse*) arbeiteten Naturwissenschaftler, Materialwissenschaftler und Mediziner an dem Problem, Mittelwerte von geometrischen Größen zwei- und dreidimensionaler Strukturen mit Hilfe von linearen und ebenen Schnitten zu schätzen. Ein Beispiel dieser Art ist die Bestimmung der spezifischen inneren Oberfläche S_V der Lunge eines Säugetiers, für die nur die Messung der spezifischen Randlänge L_A in einem mikroskopischen ebenen Schnitt zur Verfügung steht. Die dazu in der Stereologie benutzte Formel hat die Gestalt

$$S_V = \frac{4}{\pi} L_A, \tag{3}$$

wobei die rechte Seite als Mittelwert über alle ebenen Schnitte zu verstehen ist, also als Erwartungswert, wenn die Schnittebene zufällig gewählt wird. Formeln dieser Art, die von Anwendern teils auf heuristische Weise hergeleitet wurden, erwiesen sich als Spezialfälle klassischer Ergebnisse der Integralgeometrie. So kann man der Gleichung (3) die integralgeometrische Formel

$$S(K) = \frac{4}{\pi} \int L(K \cap E)\, d\mu(E) \tag{4}$$

an die Seite stellen, wo K eine geeignete kompakte Menge im R^3 sein soll; hier bezeichnet S die Oberfläche, L den Umfang (Randlänge), und integriert wird über alle zweidimensionalen Ebenen E mit dem passend normierten bewegungsinvarianten Maß μ auf dem Raum der Ebenen. Die Integralgeometrie lieferte nicht nur die mathematische Begründung für Formeln vom Typ (3), sondern auch die Bedingungen für deren Gültigkeit, also etwa die Verteilung, nach der die zufällige Schnittebene gewählt werden muß. Im obigen Beispiel etwa ist dies nicht die vom invarianten Ebenenmaß herrührende Verteilung, sondern eine dazu totalstetige, die „flächengewichtete" Verteilung. Hier zeigt sich also wieder, wie auch schon beim Bertrandschen Paradoxon, daß es bei zufälligen geometrischen Objekten in der Regel mehrere natürliche Erzeugungsweisen gibt, die zu verschiedenen Verteilungen führen können.

Neben der Stereologie ist die etwa zur gleichen Zeit (ab 1970) entstandene *Stochastische Geometrie* ausschlaggebend gewesen für das neu erwachte Interesse an der Integralgeometrie. Die Stochastische Geometrie behandelt Modelle für zufällige Mengen und Felder zufälliger Mengen (Punktprozesse); ihr Ansatz ist grundlegend allgemeiner als der bei Geometrischen Wahrscheinlichkeiten, wo zufällig bewegte Mengen fester Form und Anzahl vorausgesetzt werden. Einen Einblick in die Grundlagen dieser Theorie geben die Bücher von Harding & Kendall [1974] und Matheron [1975]. Die drei Gebiete Integralgeometrie, Stochastische Geometrie und Stereologie haben sich in den letzten Jahren wechselseitig beeinflußt und neue Entwicklungen ausgelöst. Die von Federer stammenden lokalen Versionen der kinematischen Hauptformel und der Crofton-Formel für Krümmungsmaße gewannen auch von diesem Gesichtspunkt aus zusätzliches Interesse. Neue integralgeometrische Formeln ergaben sich aus stereologischen Anwendungen, für die meisten integralgeometrischen Formeln wurden Gegenstücke bei zufälligen Mengen und geometrischen Punktprozessen aufgestellt. Eine aktuelle Übersicht (aber weitgehend ohne Beweise) über Resultate der Integralgeometrie und ihre Querverbindungen zur Stochastischen Geometrie und zur Stereologie wird in den Büchern von Stoyan, Kendall & Mecke [1987] und Mecke, Schneider, Stoyan & Weil [1990] gegeben. Einige dieser neueren Entwicklungen scheinen jetzt abgeschlossen zu sein, bei anderen ist dies noch nicht der Fall. Besonders zu nennen ist hier die Untersuchung stationärer, nicht-isotroper Strukturen, die auf Integrale führt, bei denen die Bewegungsgruppe durch die Translationsgruppe ersetzt ist (translative Integralgeometrie), sowie die Untersuchung von Größen zweiter Ordnung (Varianzen, Kovarianzen, etc.) und anderer höherer Momente, die auf quadratische Integrale und Integrale vom Blaschke-Petkantschin-Typ führt.

Im folgenden sollen sowohl klassische wie auch einige der neueren Ergebnisse der Integralgeometrie vorgestellt werden. Wir arbeiten dabei nur mit konvexen Körpern und Elementen des Konvexrings. Dieser Zugang ist elementarer, aber zugleich auch allgemeiner als der differentialgeometrische Zugang. Für Anwendungen reichen diese Mengenklassen völlig aus. An geometrischen Hilfsmitteln werden nur einige grundlegende Ergebnisse aus der Konvexgeometrie benötigt; sie sind im Anhang I (Kapitel 7) zusammengestellt. Weiter verzichten wir auf den Einsatz von Differentialformen und verwenden stattdessen invariante Maße (Haarsche Maße). Die Theorie der invarianten Maße auf topologischen Gruppen und homogenen Räumen soll aber nicht als bekannt vorausgesetzt werden (lediglich in Kapitel 6 berufen wir uns auf einen allgemeinen Satz dieser Theorie, der in Anhang III erläutert, aber nicht bewiesen wird). Wir werden in Kapitel 1 die Grundräume der Integralgeometrie und ihre invarianten Maße auf elementare Weise einführen und dabei nur maßtheoretische Begriffe und Methoden sowie einige topologische Tatsachen voraussetzen. In Kapitel 2 überwiegt dann der geometrisch-analytische Aspekt; das Hauptziel ist die Einführung der Krümmungsmaße für Mengen des Konvexrings und der Nachweis ihrer wichtigsten Eigenschaften. Die vier klassischen Integralformeln (kinematische Hauptformel, Crofton-Formel, Projektionsformel und Drehsummenformel) werden in den Kapiteln 3 und 4 gleich in ihrer lokalen Form, für Krümmungsmaße, behandelt. Auch hier wählen wir einen elementaren Zugang, der zunächst den translativen Anteil und danach den Rotationsanteil der kinematischen Integrale untersucht. Dadurch werden auch die Ansätze für translative Integralformeln sichtbar. Stochastische Anwendungen werden in Kapitel 5 geschildert. Ergebnisse aus dem Bereich der Stochastischen Geometrie, die zufällige Mengen oder Punktprozesse betreffen, werden hier allerdings ausgespart; sie sollen in einem späteren Band behandelt werden. Kapitel 6 ist einer Klasse integralgeometrischer Ergebnisse gewidmet, die als Transformationsformeln für invariante Maße auf Mengen verschiedenartiger geometrischer Objekte interpretiert werden können. Auch diese Resultate werden im Hinblick auf Anwendungen in der Stochastischen Geometrie bereitgestellt; für derartige Anwendungen geben wir einige elementare Beispiele.

Natürlich können nur ausgewählte Aspekte der Integralgeometrie im folgenden behandelt werden. So bleiben beispielsweise Ausdehnungen der Integralformeln auf allgemeinere Mengen (Mengen positiver Reichweite, Hausdorff-rektifizierbare Mengen), die Methoden der *Geometrischen Maßtheo-*

rie (siehe vor allem Federer [1969]) verwenden, unberücksichtigt. Auch ein analytischer Zweig der Integralgeometrie, der sich mit der Rekonstruktion von Funktionen aus ihren Integralmitteln über geometrische Untermannigfaltigkeiten des R^n beschäftigt, kann hier nicht behandelt werden. Bekanntestes Beispiel ist sicher die Radon-Transformation, bei der über affine Unterräume integriert wird. Hierfür verweisen wir auf das Buch von Helgason [1980].

Wir haben diese Einleitung mit einer geometrischen Variante des Münzwurfs begonnen; wir wollen sie beenden mit einem geometrischen Gegenstück zu einem anderen Glücksspiel, dem Werfen von Würfeln. Bei dieser Version kommt es, wie bei den Buffonschen Varianten des Münzwurfs, nicht auf die geworfene Augenzahl an, sondern auf die Lage der Würfel. Wir stellen uns vor, daß zwei kongruente Würfel im Raum zufällig so geworfen werden, daß sie sich berühren. Es werden dann nur zwei Berührsituationen positive Wahrscheinlichkeit haben, „Kante gegen Kante" und „Ecke gegen Seite". Wenn zwei Spieler auf diese beiden komplementären Ereignisse setzen, welcher Spieler hat dann die höhere Gewinnerwartung? In Abschnitt 5.3 beschreiben wir ein geeignetes Modell und geben eine Antwort auf diese Frage.

Kapitel 1

Invariante Maße

Das Lebesgue-Maß auf dem R^n ändert sich nicht bei Translationen, also bei den Abbildungen, die durch die Gruppenverknüpfung der additiven Gruppe R^n definiert werden. Es ist auch invariant unter Drehungen und daher unter allen Bewegungen des R^n. Damit ist das Lebesgue-Maß in zweierlei Hinsicht ein wichtiges Beispiel für einen allgemeinen Sachverhalt.

Auf topologischen Gruppen gibt es unter geeigneten topologischen Voraussetzungen Maße, die invariant sind unter den durch die Gruppenmultiplikation gegebenen Translationen. Auch auf topologischen Räumen mit einer Gruppe von Transformationen kann es Maße geben, die sich bei den Transformationen nicht ändern. Die allgemeine Theorie solcher *topologischen Gruppen* und *homogenen Räume* und ihrer invarianten Maße (der sogenannten *Haarschen Maße*) findet man beispielsweise in den Büchern von Hewitt & Ross [1963] und Nachbin [1965]. Dort wird auch die Existenz und Eindeutigkeit Haarscher Maße behandelt.

In diesem Kapitel werden die für die Integralgeometrie im euklidischen Raum wichtigen topologischen Gruppen und homogenen Räume eingeführt, und es wird hierfür die Existenz und Eindeutigkeit invarianter Maße gezeigt, ohne auf die allgemeine Theorie topologischer Gruppen und Haarscher Maße zurückzugreifen. Auf der Basis von Grundkenntnissen aus Analysis, allgemeiner Topologie und Maßtheorie sollen die für die späteren geometrischen Entwicklungen erforderlichen Grundlagen elementar und knapp dargestellt werden.

Einen allgemeinen Eindeutigkeitssatz für invariante Maße werden wir in Anhang 7.3 behandeln. Er enthält die in diesem Kapitel bewiesenen Eindeutigkeitsaussagen zum Teil als Spezialfälle, aber deren separater Beweis erscheint gerechtfertigt wegen des kurzen und elementaren Zugangs.

1.1   Gruppen und homogene Räume der euklidischen Geometrie

Im folgenden legen wir den n-dimensionalen euklidischen Raum R^n, $n \geq 1$, zugrunde. Für $x, y \in \mathsf{R}^n$, $x = (x^1, \ldots, x^n)$, $y = (y^1, \ldots, y^n)$, sei $\langle x, y \rangle :=$ $x^1 y^1 + \ldots + x^n y^n$ das Standard-Skalarprodukt und $\|x\| := \sqrt{\langle x, x \rangle}$ die induzierte euklidische Norm. Mit $B^n := \{x \in \mathsf{R}^n : \|x\| \leq 1\}$ bezeichnen wir die *Einheitskugel* des R^n und mit $S^{n-1} := \{x \in \mathsf{R}^n : \|x\| = 1\}$ ihren Rand, die *Einheitssphäre*. Alle topologischen Begriffe im R^n beziehen sich auf die von der Norm erzeugte Topologie, Teilmengen von R^n werden mit der Spurtopologie versehen. Der topologische Raum R^n ist lokalkompakt und besitzt eine abzählbare Basis. Die Mengen B^n und S^{n-1} sind kompakt.

Unter Verwendung der Topologie des R^n werden wir Topologien auf einigen Abbildungsgruppen definieren. Dadurch werden diese Abbildungsgruppen topologische Gruppen, und ihre Operationen werden stetig.

An topologischen Konventionen vereinbaren wir: Die Begriffe „kompakt" und „lokalkompakt" sollen im folgenden nach Definition stets die Hausdorff-Eigenschaft implizieren. Kartesische Produkte von topologischen Räumen sind, ohne daß dies noch besonders erwähnt wird, stets mit der Produkttopologie versehen. Für einen topologischen Raum X bezeichnet $\mathbf{C}(X)$ den Vektorraum der stetigen reellen Funktionen auf X und $\mathbf{C}_c(X)$, im Fall eines lokalkompakten Raumes X, den Untervektorraum der Funktionen mit kompaktem Träger.

Eine *topologische Gruppe* ist eine Gruppe $(G, \cdot)$ mit einer Topologie derart, daß die durch $(x, y) \mapsto x \cdot y^{-1}$ definierte Abbildung von $G \times G$ in G stetig ist (das ist gleichwertig mit der Stetigkeit der Multiplikation $(x, y) \mapsto x \cdot y$ und der Inversenbildung $y \mapsto y^{-1}$). Ist $(G, \cdot)$ eine Gruppe und X eine nichtleere Menge, so heißt jede Abbildung $\varphi : G \times X \to X$, die mit der Gruppenstruktur verträglich ist in dem Sinne, daß

$$\varphi(g, \varphi(g', x)) = \varphi(g \cdot g', x)$$

und

$$\varphi(e, x) = x$$

für alle $g, g' \in G$, das Einselement $e \in G$ und alle $x \in X$ gilt, eine *Operation* von G auf X. Man sagt auch, G *operiere* (vermöge φ) auf X. Statt $\varphi(g, x)$ schreibt man kurz gx, wenn die Operation aus dem Zusammenhang klar ist. Die Gruppe G *operiert transitiv* auf X, wenn für gegebene $x, y \in X$ stets ein $g \in G$ existiert mit $y = gx$. Ist G eine topologische Gruppe und X ein topologischer Raum und ist die Operation φ stetig, so sagt man auch, daß G *stetig* auf X operiert.

Meist haben wir es mit folgender Situation zu tun: X ist eine (nichtleere) Menge und G eine Gruppe von Transformationen (bijektiven Abbildungen auf sich) von X mit der Komposition (Nacheinanderausführung) als Gruppenverknüpfung; die Operation von G auf X ist gegeben durch $(g, x) \mapsto gx :=$ Bild von x unter g. Bei Abbildungsgruppen ist im folgenden, ohne daß es besonders erwähnt wird, die Multiplikation die Komposition und die Operation die eben angegebene.

Wir betrachten drei Gruppen bijektiver affiner bzw. linearer Abbildungen des R^n auf sich, die *Translationsgruppe* T_n, die *Drehgruppe* SO_n und die *Bewegungsgruppe* G_n. Die *Translationen* $t \in T_n$ sind von der Form $t = t_x$, $x \in \mathsf{R}^n$, mit

$$t_x : y \mapsto y + x.$$

Die Abbildung $\tau : x \mapsto t_x$ ist ein Isomorphismus der additiven Gruppe R^n auf T_n. Wir können also T_n mit R^n identifizieren und werden das auch meist ohne weitere Erklärungen tun. Insbesondere verwenden wir auf T_n die von R^n mittels τ induzierte Topologie. Wegen $t_x \circ t_y = t_{x+y}$ und $t_x^{-1} = t_{-x}$ sind dann Komposition und Inversion stetig, also ist T_n eine topologische Gruppe. Ihre Operation auf R^n (als Abbildungsgruppe) ist offenbar stetig. Zusammen mit den topologischen Eigenschaften von R^n ergibt das folgenden Satz.

Satz 1.1.1. *T_n ist eine abelsche, lokalkompakte, topologische Gruppe mit abzählbarer Basis. Die Operation von T_n auf R^n ist stetig.*

Die Elemente von SO_n sind die linearen Abbildungen $\vartheta : \mathsf{R}^n \to \mathsf{R}^n$, die das Skalarprodukt und die Orientierung erhalten; sie heißen (eigentliche) *Drehungen*. Jede Drehung ϑ wird bezüglich der Standardbasis durch eine orthogonale Matrix $M(\vartheta)$ mit Determinante 1 dargestellt. Die Abbildung $\mu : \vartheta \mapsto M(\vartheta)$ ist ein Isomorphismus der Gruppe SO_n auf die Gruppe $SO(n)$ der orthogonalen (n, n)-Matrizen der Determinante 1 mit der Matrizenmultiplikation. Identifizieren wir eine (n, n)-Matrix mit dem n^2-Tupel ihrer Einträge (etwa lexikographisch geordnet), so können wir $SO(n)$ als Teilmenge von R^{n^2} auffassen. Weil die Zeilen einer orthogonalen Matrix normiert sind, ist diese Menge beschränkt. Bezüglich der von R^{n^2} induzierten Topologie ist $SO(n)$ abgeschlossen, also kompakt. Die Abbildung $(M, N) \mapsto MN^{-1}$ von $SO(n) \times SO(n)$ in $SO(n)$ ist stetig, ebenso die Abbildung $(M, x) \mapsto Mx$ ($x \in \mathsf{R}^n$ als Spaltenvektor aufgefaßt) von $SO(n) \times \mathsf{R}^n$ in R^n. Verwenden wir also die Abbildung μ^{-1}, um die Topologie von $SO(n)$ auf SO_n zu übertragen, so gilt:

Satz 1.1.2. *SO_n ist eine kompakte topologische Gruppe mit abzählbarer Basis. Die Operation von SO_n auf R^n ist stetig.*

Die Elemente von G_n sind die orientierungstreuen, abstandserhaltenden affinen Abbildungen $g : \mathsf{R}^n \to \mathsf{R}^n$; sie heißen *Bewegungen*. Jede Bewegung $g \in G_n$ läßt sich eindeutig als Produkt einer Drehung ϑ und einer Translation t_x darstellen, $g = t_x \circ \vartheta$, das heißt es gilt $gy = \vartheta y + x$ für alle $y \in \mathsf{R}^n$. Die Abbildung

$$\gamma : \mathsf{R}^n \times SO_n \;\to\; G_n \qquad\qquad (1.1)$$

$$(x, \vartheta) \;\mapsto\; t_x \circ \vartheta$$

ist bijektiv. Durch sie übertragen wir die Topologie von $\mathsf{R}^n \times SO_n$ auf G_n. Damit ist G_n lokalkompakt und besitzt eine abzählbare Basis. Um zu zeigen, daß G_n eine topologische Gruppe ist, definieren wir zunächst auf $\mathsf{R}^n \times SO_n$ eine Verknüpfung $\bullet$ durch

$$(x, \vartheta) \bullet (y, \rho) := (x + \vartheta y, \vartheta\rho).$$

Dies ist motiviert durch die Bemerkung, daß

$$\gamma(x, \vartheta)\gamma(y, \rho)(z) = \vartheta(\rho z + y) + x = \gamma(x + \vartheta y, \vartheta\rho)(z)$$

für $z \in \mathsf{R}^n$ gilt; es ist also

$$\gamma(x, \vartheta)\gamma(y, \rho) = \gamma((x, \vartheta) \bullet (y, \rho)).$$

Mit $\bullet$ wird daher $\mathsf{R}^n \times SO_n$ zur Gruppe (mit neutralem Element $(0, \mathrm{id})$), und γ wird Isomorphismus ($\mathsf{R}^n \times SO_n$ mit der Multiplikation $\bullet$ wird als ein semidirektes Produkt bezeichnet). Es genügt deshalb zu zeigen, daß $(\mathsf{R}^n \times SO_n, \bullet)$ topologische Gruppe ist. Dazu muß die Stetigkeit der Abbildung

$$((x, \vartheta), (y, \rho)) \mapsto (x, \vartheta) \bullet (y, \rho)^{-1}$$

nachgewiesen werden. Nun ist $(y, \rho)^{-1} = (-\rho^{-1}y, \rho^{-1})$, also

$$(x, \vartheta) \bullet (y, \rho)^{-1} = (x - \vartheta\rho^{-1}y, \vartheta\rho^{-1}),$$

so daß letztlich die Stetigkeit der Abbildungen

$$(x, \vartheta, y, \rho) \;\mapsto\; x - \vartheta\rho^{-1}y,$$

$$(x, \vartheta, y, \rho) \;\mapsto\; \vartheta\rho^{-1}$$

von $\mathbb{R}^n \times SO_n \times \mathbb{R}^n \times SO_n$ in $\mathbb{R}^n$ bzw. SO_n nachzuweisen ist. Diese ergibt sich daraus, daß SO_n eine topologische Gruppe, ihre Standardoperation auf $\mathbb{R}^n$ stetig und $(\mathbb{R}^n, +)$ eine topologische Gruppe ist.

Aus der Stetigkeit der Abbildung $(t, \vartheta, x) \mapsto \vartheta x + t$ von $\mathbb{R}^n \times SO_n \times \mathbb{R}^n$ nach $\mathbb{R}^n$ ergibt sich, daß G_n stetig auf $\mathbb{R}^n$ operiert.

Satz 1.1.3. *G_n ist eine lokalkompakte topologische Gruppe mit abzählbarer Basis. Ihre Operation auf $\mathbb{R}^n$ ist stetig.*

Nach diesen topologischen Gruppen betrachten wir die für das Folgende wichtigsten homogenen Räume. Sei $q \in \{0, \dots, n\}$ und $\mathcal{L}_q^n$ die Menge aller q-dimensionalen linearen Unterräume sowie $\mathcal{E}_q^n$ die Menge aller q-dimensionalen affinen Unterräume von $\mathbb{R}^n$. Die natürliche Operation von SO_n auf $\mathcal{L}_q^n$ ist $(\vartheta, L) \mapsto \vartheta L :=$ Bild von L unter ϑ; ebenso ist die natürliche Operation von G_n auf $\mathcal{E}_q^n$ gegeben durch $(g, E) \mapsto gE :=$ Bild von E unter g. Wir wollen auf $\mathcal{L}_q^n$ und $\mathcal{E}_q^n$ natürliche Topologien einführen. Dazu sei $L_q \in \mathcal{L}_q^n$ fest und $L_q^\perp$ das orthogonale Komplement. Die Abbildungen

$$\beta_q : SO_n \;\rightarrow\; \mathcal{L}_q^n$$
$$\vartheta \;\mapsto\; \vartheta L_q$$

und

$$\gamma_q : L_q^\perp \times SO_n \;\rightarrow\; \mathcal{E}_q^n$$
$$(x, \vartheta) \;\mapsto\; \vartheta(L_q + x)$$

sind surjektiv (aber nicht injektiv). Als Topologie auf $\mathcal{L}_q^n$ bzw. $\mathcal{E}_q^n$ wählen wir die Finaltopologie, also die feinste Topologie, für die β_q bzw. γ_q stetig wird. Zum Beispiel ist also eine Teilmenge $A \subset \mathcal{E}_q^n$ genau dann offen, wenn $\gamma_q^{-1}(A)$ offen ist.

Satz 1.1.4. *$\mathcal{L}_q^n$ ist kompakt mit abzählbarer Basis, β_q ist offen, und die Operation von SO_n auf $\mathcal{L}_q^n$ ist stetig und transitiv.*

Satz 1.1.5. *$\mathcal{E}_q^n$ ist lokalkompakt mit abzählbarer Basis, γ_q ist offen, und die Operation von G_n auf $\mathcal{E}_q^n$ ist stetig und transitiv.*

Beweis. Wir beweisen nur Satz 1.1.5; der Beweis von Satz 1.1.4 verläuft analog. Zuerst zeigen wir, daß γ_q eine offene Abbildung ist. Sei $A \subset L_q^\perp \times SO_n$ offen. Wir müssen zeigen, daß $\gamma_q^{-1}(\gamma_q(A))$ offen ist. Nun ist

$$\gamma_q^{-1}(\gamma_q(A)) = \{(x,\vartheta) \in L_q^\perp \times SO_n : \vartheta(L_q + x) \in \gamma_q(A)\}$$

$$= \{(x,\vartheta) \in L_q^\perp \times SO_n : \text{Ex.}\,(x',\vartheta') \in A \text{ mit } \vartheta(L_q + x) = \vartheta'(L_q + x')\}.$$

Setzen wir $H := \{\vartheta \in SO_n : \vartheta L_q = L_q\}$, so ist $\vartheta(L_q + x) = \vartheta'(L_q + x')$ äquivalent mit

$$\vartheta^{-1}\vartheta' L_q = L_q + x - \vartheta^{-1}\vartheta' x',$$

also mit

$$\vartheta^{-1}\vartheta' \in H \qquad \text{und} \qquad x - \vartheta^{-1}\vartheta' x' \in L_q.$$

Für $\vartheta^{-1}\vartheta' \in H$ ist aber $\vartheta^{-1}\vartheta' L_q^\perp = L_q^\perp$, also folgt für $x, x' \in L_q^\perp$ auch $x - \vartheta^{-1}\vartheta' x' \in L_q^\perp$ und damit $x - \vartheta^{-1}\vartheta' x' = 0$. Setzen wir $\vartheta^{-1}\vartheta' = \sigma$, so folgt $\vartheta' = \vartheta\sigma$ und $x' = \sigma^{-1}x$. Daher gilt

$$
\begin{aligned}
\gamma_q^{-1}(\gamma_q(A)) &= \{(x,\vartheta) \in L_q^\perp \times SO_n : \text{Ex.}\,\sigma \in H \text{ mit } (\sigma^{-1}x, \vartheta\sigma) \in A\} \\
&= \bigcup_{\sigma \in H} \{(x,\vartheta) : (\sigma^{-1}x, \vartheta\sigma) \in A\} \\
&= \bigcup_{\sigma \in H} \{(\sigma x', \vartheta'\sigma^{-1}) : (x',\vartheta') \in A\} \\
&= \bigcup_{\sigma \in H} \psi_\sigma(A)
\end{aligned}
$$

mit

$$
\begin{aligned}
\psi_\sigma : L_q^\perp \times SO_n &\to L_q^\perp \times SO_n \\
(x,\vartheta) &\mapsto (\sigma x, \vartheta\sigma^{-1}).
\end{aligned}
$$

Da ψ_σ ein Homöomorphismus ist, ist $\psi_\sigma(A)$ offen, also auch $\gamma_q^{-1}(\gamma_q(A))$. Damit ist die Offenheit von γ_q gezeigt.

Da $L_q^\perp \times SO_n$ lokalkompakt ist mit abzählbarer Basis und da γ_q surjektiv, stetig und offen ist, folgt, daß $\mathcal{E}_q^n$ lokalkompakt ist und eine abzählbare Basis besitzt, wenn zum Nachweis der Hausdorff-Eigenschaft noch gezeigt wird, daß

$$R := \{((x,\vartheta),(x',\vartheta')) \in (L_q^\perp \times SO_n)^2 : \gamma_q(x,\vartheta) = \gamma_q(x',\vartheta')\}$$

abgeschlossen ist (siehe etwa Querenburg [1973], S. 35 und S. 69). Nun ist wie oben

$$R = \{((x,\vartheta),(x',\vartheta')) : \vartheta^{-1}\vartheta' \in H \text{ und } x - \vartheta^{-1}\vartheta' x' \in L_q\}.$$

Da die Abbildungen $(x, \vartheta, x', \vartheta') \mapsto \vartheta^{-1}\vartheta'$ und $(x, \vartheta, x', \vartheta') \mapsto x - \vartheta^{-1}\vartheta'x'$ stetig sind und H abgeschlossen ist, folgt die Abgeschlossenheit von R.

Es bleibt zu zeigen, daß die Operation

$$\varphi : G_n \times \mathcal{E}_q^n \;\rightarrow\; \mathcal{E}_q^n$$

$$(g, E) \;\mapsto\; gE$$

stetig ist. Für $g = \gamma(x, \vartheta)$ und $E = \gamma_q(y, \rho)$ gilt

$$\begin{aligned}
gE &= \vartheta E + x = \vartheta\rho(L_q + y) + x \\
&= \vartheta\rho(L_q + y + \rho^{-1}\vartheta^{-1}x) \\
&= \vartheta\rho(L_q + y + \Pi(\rho^{-1}\vartheta^{-1}x)) \\
&= \gamma_q(y + \Pi(\rho^{-1}\vartheta^{-1}x), \vartheta\rho),
\end{aligned}$$

wo Π die Orthogonalprojektion auf $L_q^\perp$ bezeichnet. Mit der Abbildung

$$\alpha : (\mathbb{R}^n \times SO_n) \times (L_q^\perp \times SO_n) \;\rightarrow\; L_q^\perp \times SO_n$$

$$((x, \vartheta), (y, \rho)) \;\mapsto\; (y + \Pi(\rho^{-1}\vartheta^{-1}x), \vartheta\rho)$$

gilt also

$$\varphi \circ (\gamma \times \gamma_q) = \gamma_q \circ \alpha,$$

wobei $\gamma \times \gamma_q$ die Produktabbildung bezeichnet. Da α offenbar stetig ist, γ_q stetig und offen und γ offen, ist φ stetig.

Daß schließlich G_n transitiv auf $\mathcal{E}_q^n$ operiert, ist wohlbekannt. $\blacksquare$

Es sollte noch darauf hingewiesen werden, daß die Topologien von $\mathcal{L}_q^n$ und $\mathcal{E}_q^n$ wie auch die invarianten Maße, die wir in Abschnitt 1.3 einführen werden, nicht von der speziellen Wahl von L_q abhängen. Dies liegt, wie man leicht einsieht, daran, daß SO_n transitiv auf $\mathcal{L}_q^n$ operiert und ebenso G_n auf $\mathcal{E}_q^n$.

Die topologischen Räume $\mathcal{L}_q^n$ werden auch als *Grassmann-Mannigfaltigkeiten* bezeichnet; eine übliche Bezeichnung für $\mathcal{L}_q^n$ ist $G(n, q)$.

Da wir oben schon von homogenen Räumen gesprochen haben, soll dafür auch die allgemeine Definition angegeben werden. Ist G eine topologische Gruppe, so versteht man unter einem *homogenen G-Raum* ein Paar (X, φ), wo X ein topologischer Raum und φ eine transitive stetige Operation von G auf X ist mit der Eigenschaft, daß für $p \in X$ die Abbildung $\varphi(\cdot, p)$ offen ist. In diesem Sinne ist $\mathcal{E}_q^n$ ein homogener G_n-Raum (bezüglich der Standard-Operation), und $\mathcal{L}_q^n$ ist ein homogener SO_n-Raum. Ebenso ist $\mathbb{R}^n$ ein homogener T_n- und G_n-Raum, und die Sphäre S^{n-1} ist (mit der Standard-Operation) ein homogener SO_n-Raum.

1.2   Invariante Maße auf Bewegungsgruppen

Alle bisher eingeführten und zukünftig auftretenden topologischen Räume X denken wir uns mit der σ-Algebra $\mathcal{B}(X)$ der Borelmengen versehen. Als *Borel-Maß* ρ auf X bezeichnen wir eine σ-additive Mengenfunktion auf $\mathcal{B}(X)$ mit $\rho \geq 0$ und $\rho(K) < \infty$ für jede kompakte Menge $K \subset X$. Daß wir diese Endlichkeitsbedingung zur Definition eines Borel-Maßes mit hinzunehmen, sei ausdrücklich betont. Statt „Borel-Maß" werden wir häufig auch kurz „Maß" sagen. Mit *meßbar* ist, solange nichts anderes gesagt ist, stets Borel-meßbar gemeint.

Sei φ eine stetige Operation der topologischen Gruppe G auf dem topologischen Raum X. Wir schreiben meist $\varphi(g, x) = gx$ und $\varphi(g, A) = gA$. Ein Maß ρ auf X heißt φ-*invariant* (oder auch G-*invariant*, falls die Operation φ aus dem Zusammenhang klar ist), wenn

$$\rho(gA) = \rho(A) \qquad \text{für alle } A \in \mathcal{B}(X) \text{ und alle } g \in G$$

gilt. Diese Definition ist sinnvoll: Wegen $g(g^{-1}x) = x$ ist die Abbildung $\varphi(g, \cdot)$ surjektiv, wegen $g^{-1}(gx) = x$ ist sie injektiv, und die Abbildungen $\varphi(g, \cdot)$ und $\varphi(g, \cdot)^{-1} = \varphi(g^{-1}, \cdot)$ sind stetig. Also ist $\varphi(g, \cdot)$ ein Homöomorphismus, und daher ist mit $A \in \mathcal{B}(X)$ auch gA eine Borelmenge. Invariante reguläre Borel-Maße auf lokalkompakten homogenen Räumen werden auch als *Haarsche Maße* bezeichnet.

In diesem und dem nächsten Abschnitt werden wir auf einigen konkreten homogenen Räumen invariante Maße einführen. (Da es sich dabei um lokalkompakte Räume mit abzählbarer Basis handelt, sind alle Borel-Maße auf ihnen regulär; siehe z.B. Cohn [1980], Proposition 7.2.3.) Dabei gehen wir vom Lebesgue-Maß auf $\mathbf{R}^n$ aus und konstruieren weitere Maße meist mittels stetiger (also meßbarer) Abbildungen. Sind X, Y topologische Räume, ρ ein Borel-Maß auf X und $f : X \to Y$ eine meßbare Abbildung, so bezeichnen wir das Bildmaß von ρ unter f mit $f(\rho)$. Die Bedingung der Endlichkeit von $f(\rho)$ auf kompakten Mengen folgt dabei nicht automatisch; sie muß im Einzelfall nachgeprüft werden. Wir werden jedoch auf diesen Nachweis nicht eingehen, wenn er direkt einzusehen ist.

Die Maße ρ, die wir betrachten, hängen von der Dimension n des Raumes $\mathbf{R}^n$ ab. Werden verschiedene Dimensionen $n, m, \ldots$ verwendet, so unterscheiden wir entsprechende Maße und andere Größen durch einen oberen Index, wie in $\rho^{(n)}, \rho^{(m)}$, etc. Größen ohne oberen Index beziehen sich immer auf die Dimension n.

Konstruktion und Eigenschaften des *Lebesgue-Maßes* λ auf dem R^n setzen wir als bekannt voraus; wir erinnern jedoch kurz an die elementare Behandlung, die ohne Verwendung des Integralbegriffs möglich ist. Man erklärt λ zunächst auf den Intervallen der Form

$$A = [a, b) := [a^1, b^1) \times \cdots \times [a^n, b^n)$$

mit $a, b \in \mathsf{R}^n, a^i \leq b^i$, durch

$$\lambda(A) := (b^1 - a^1) \cdots (b^n - a^n).$$

Dann setzt man λ additiv fort auf endliche Vereinigungen von Intervallen und weist die σ-Additivität nach. Mit den üblichen Erweiterungs- und Eindeutigkeitssätzen der Maßtheorie zeigt man, daß λ eindeutig fortsetzbar ist zu einem Maß auf $\mathcal{B}(\mathsf{R}^n)$. Nach Konstruktion ist λ *normiert*, d.h. es gilt $\lambda(W_1) = 1$ für den Würfel $W_1 = [0, 1)^n$. Aus der Definition für Intervalle und einem Eindeutigkeitssatz folgt sodann, daß λ *translationsinvariant* (T_n-invariant) ist. Umgekehrt gilt:

Satz 1.2.1. *Das Lebesgue-Maß* λ *ist das einzige normierte, translationsinvariante Maß auf* $\mathcal{B}(\mathsf{R}^n)$.

Beweis. Sei ρ ein translationsinvariantes Maß auf $\mathcal{B}(\mathsf{R}^n)$ mit $\rho(W_1) = 1$. Der Würfel W_1 ist disjunkte Vereinigung von k^n Translaten von $W_k := [0, 1/k)^n$, für beliebiges $k \in \mathsf{N}$. Daher ist $k^n \rho(W_k) = \rho(W_1) = 1 = \lambda(W_1) = k^n \lambda(W_k)$, also $\rho(W_k) = \lambda(W_k)$. Jedes Intervall $[a, b)$ mit rationalen a, b ist für geeignetes $k \in \mathsf{N}$ disjunkte Vereinigung von Translaten von W_k. Daraus folgt $\rho([a, b)) = \lambda([a, b))$. Da das System aller Intervalle $[a, b)$ mit rationalen a, b ein durchschnittsstabiles Erzeugendensystem von $\mathcal{B}(\mathsf{R}^n)$ ist, folgt $\rho = \lambda$ nach einem bekannten Eindeutigkeitssatz (z.B. Bauer [1990], Satz 5.4). $\blacksquare$

Jetzt folgt leicht, daß λ auch drehinvariant (SO_n-invariant) ist: Ist $\vartheta \in SO_n$ und definiert man $\rho(A) := \lambda(\vartheta A)$ für $A \in \mathcal{B}(\mathsf{R}^n)$, so ist ρ ein translationsinvariantes Maß auf $\mathcal{B}(\mathsf{R}^n)$. Nach Satz 1.2.1 folgt $\rho = c\lambda$ mit $c = \rho(W_1)$. Wegen $c\lambda(B^n) = \rho(B^n) = \lambda(\vartheta B^n) = \lambda(B^n)$ ist $c = 1$.

Das Lebesgue-Maß λ ist also bewegungsinvariant; somit ist es das (passend normierte) Haarsche Maß auf dem homogenen G_n-Raum R^n.

Weitere bekannte Eigenschaften des Lebesgue-Maßes werden ab jetzt stillschweigend benutzt. Wir erwähnen aber noch den speziellen Wert

$$\kappa_n := \lambda(B^n),$$

der in späteren Formeln häufig auftritt. Nach dem Satz von Fubini gilt

$$
\kappa_n = \int_{-1}^{1} \lambda^{(n-1)}(B^n \cap \{x \in \mathsf{R}^n : x^n = r\})\, dr
$$

$$
= \kappa_{n-1} \int_{-1}^{1} (1 - r^2)^{\frac{n-1}{2}}\, dr
$$

$$
= \kappa_{n-1} \int_{0}^{\pi} \sin^n \varphi\, d\varphi = 2\kappa_{n-1} \int_{0}^{\frac{\pi}{2}} \sin^n \varphi\, d\varphi
$$

$$
= \begin{cases} 2\kappa_{n-1} \dfrac{(n-1)(n-3)\cdots 3 \cdot 1}{n(n-2)\cdots 4 \cdot 2} \cdot \dfrac{\pi}{2}, & \text{falls } n \text{ gerade,} \\[2em] 2\kappa_{n-1} \dfrac{(n-1)(n-3)\cdots 4 \cdot 2}{n(n-2)\cdots 3 \cdot 1}, & \text{falls } n \text{ ungerade.} \end{cases}
$$

Mit $\kappa_1 = 2$ ergibt sich durch Induktion die Formel

$$
\kappa_n = \begin{cases} \dfrac{\pi^k}{k!} & \text{für } n = 2k,\ k = 1, 2, \ldots, \\[1.5em] \dfrac{\pi^k 2^{2k+1} k!}{(2k+1)!} & \text{für } n = 2k+1,\ k = 0, 1, \ldots. \end{cases}
$$

Beide Fälle lassen sich mit Verwendung der Γ-Funktion zusammenfassen zu

$$
\kappa_n = \frac{\pi^{\frac{n}{2}}}{\Gamma(\frac{n}{2} + 1)}.
$$

Wir setzen noch $\kappa_0 = 1$.

Das Haarsche Maß des homogenen SO_n-Raumes S^{n-1}, der Einheits-sphäre, läßt sich sofort aus dem Lebesgue-Maß herleiten: Für $A \in \mathcal{B}(S^{n-1})$ definieren wir

$$
\tilde{A} := \{\alpha x \in \mathsf{R}^n : x \in A,\ 0 \le \alpha \le 1\}.
$$

In üblicher Weise zeigt man leicht, daß $\tilde{A}$ eine Borelmenge des R^n ist; man kann also

$$
\omega(A) := n\lambda(\tilde{A})
$$

definieren. Damit ist ein endliches Maß ω auf $\mathcal{B}(S^{n-1})$ erklärt mit

$$
\omega(S^{n-1}) =: \omega_n = n\kappa_n = \frac{2\pi^{\frac{n}{2}}}{\Gamma(\frac{n}{2})}.
$$

Aus der Drehinvarianz von λ folgt die Drehinvarianz von ω. Genau wie das Lebesgue-Maß ist ω natürlich auch invariant gegenüber uneigentlichen Drehungen und somit O_n-invariant; dabei bezeichnet O_n die Gruppe aller Drehungen und Drehspiegelungen des $\mathbb{R}^n$. Wir bezeichnen ω (mit der gewählten Normierung) als das *sphärische Lebesgue-Maß*.

Das sphärische Lebesgue-Maß ist bis auf einen konstanten Faktor das einzige drehinvariante Borel-Maß auf $\mathcal{B}(S^{n-1})$. Den Beweis erbringen wir später (Korollar 1.3.2) in etwas allgemeinerem Rahmen.

Das nächste Ziel ist die Einführung eines invarianten Maßes auf der Drehgruppe SO_n. Bei Gruppen sind mehrere natürliche Invarianzbegriffe erklärbar. Eine topologische Gruppe G operiert auf sich vermöge der Abbildung $(g, x) \mapsto gx$ (Multiplikation in G) für $(g, x) \in G \times G$; die zugehörige Invarianz eines Maßes auf G nennt man Linksinvarianz. Allgemeiner schreibt man für $g \in G$ und $A \subset G$

$$gA \; := \; \{ga : a \in A\},$$

$$Ag \; := \; \{ag : a \in A\},$$

$$A^{-1} \; := \; \{a^{-1} : a \in A\}.$$

Mit $A \in \mathcal{B}(G)$ sind auch gA, Ag, A^{-1} Borelmengen, denn Multiplikation von links oder rechts und Inversenbildung sind Homöomorphismen. Sei nun ρ ein Maß auf G. Es heißt *linksinvariant*, wenn $\rho(gA) = \rho(A)$, und *rechtsinvariant*, wenn $\rho(Ag) = \rho(A)$ gilt, jeweils für alle $A \in \mathcal{B}(G)$ und alle $g \in G$. Das Maß ρ heißt *inversionsinvariant*, wenn $\rho(A^{-1}) = \rho(A)$ für alle $A \in \mathcal{B}(G)$ gilt. Hat schließlich ρ alle drei Invarianzeigenschaften, wollen wir es kurz *invariant* nennen.

An diese Definitionen knüpfen wir zunächst zwei allgemeine Bemerkungen. Sei ρ ein linksinvariantes Maß auf der topologischen Gruppe G. Für jede meßbare Funktion $f \geq 0$ auf G gilt dann

$$\int_G f(ag)\, d\rho(g) = \int_G f(g)\, d\rho(g) \tag{1.2}$$

für jedes $a \in G$. Das folgt unmittelbar aus der Integral-Definition. Umgekehrt folgt aus (1.2) (für alle meßbaren Funktionen $f \geq 0$) durch Anwendung auf Indikatorfunktionen sofort die Linksinvarianz von ρ. Analog ist die Rechtsinvarianz von ρ äquivalent mit

$$\int_G f(ga)\, d\rho(g) = \int_G f(g)\, d\rho(g) \tag{1.3}$$

für $a \in G$ und die Inversionsinvarianz mit

$$\int\limits_G f(g^{-1})\,d\rho(g) = \int\limits_G f(g)\,d\rho(g), \tag{1.4}$$

jeweils für alle meßbaren $f \geq 0$.

Sodann zeigen wir einen Satz über invariante Maße auf kompakten Gruppen, den wir zwar nur für die Drehgruppe benötigen, der aber ohne Mehraufwand allgemein bewiesen werden kann.

Satz 1.2.2. *Jedes linksinvariante Borel-Maß auf einer kompakten Gruppe G mit abzählbarer Basis ist invariant.*

Beweis. Sei ν ein linksinvariantes Borel-Maß auf G. Da es auf kompakten Mengen endlich ist, können wir o.B.d.A. $\nu(G) = 1$ annehmen. Für meßbare Funktionen $f \geq 0$ auf G und für $x \in G$ gilt

$$\int f(y^{-1}x)\,d\nu(y) = \int f((x^{-1}y)^{-1})\,d\nu(y) = \int f(y^{-1})\,d\nu(y), \tag{1.5}$$

wo sich die Integrationen, wie auch im folgenden, über G erstrecken. Mit dem Satz von Fubini ergibt sich

$$\int f(y^{-1})\,d\nu(y) = \int\int f(y^{-1}x)\,d\nu(y)d\nu(x)$$

$$= \int\int f(y^{-1}x)\,d\nu(x)d\nu(y) = \int f(x)\,d\nu(x).$$

Das Maß ν ist also inversionsinvariant. Daher und wegen (1.5) gilt für $x \in G$

$$\int f(yx)\,d\nu(y) = \int f(y^{-1}x)\,d\nu(y)$$

$$= \int f(y^{-1})\,d\nu(y) = \int f(y)\,d\nu(y),$$

also ist ν auch rechtsinvariant. ∎

Natürlich kann man in Satz 1.2.2 die Voraussetzung „linksinvariant" auch ersetzen durch „rechtsinvariant".

Zur Anwendung des Satzes von Fubini hier und später ist folgendes zu bemerken. Alle hier betrachteten topologischen Räume werden als lokalkompakt und mit abzählbarer Basis vorausgesetzt; sie sind daher σ-kompakt. Ferner sind alle betrachteten Maße auf kompakten Mengen endlich. Die vorkommenden Maßräume sind daher stets σ-endlich, so daß der Satz von

Fubini in üblicher Version (siehe z.B. Bauer [1990], §23) angewendet werden kann. Sind X, Y topologische Räume mit abzählbarer Basis, so gilt $\mathcal{B}(X \times Y) = \mathcal{B}(X) \otimes \mathcal{B}(Y)$ (siehe z.B. Cohn [1980], S. 242); dies ist gelegentlich bei Meßbarkeitsbeweisen zu beachten. Die Meßbarkeit der Funktion $(x, y) \mapsto f(y^{-1}x)$ im Beweis von Satz 1.2.2 bezüglich $\mathcal{B}(G) \otimes \mathcal{B}(G)$ folgt zum Beispiel aus der Stetigkeit der Abbildung $(x, y) \mapsto y^{-1}x$ und der Meßbarkeit der Funktion f. Wird bei nachfolgenden Anwendungen des Satzes von Fubini die Meßbarkeit des Integranden bezüglich der Produkt-σ-Algebra nicht eigens betont, ist sie auf ähnliche Weise einzusehen.

Der folgende Eindeutigkeitssatz für invariante Maße ist in dieser speziellen Fassung, die für unsere Zwecke zunächst ausreichend ist, bequem zu beweisen.

Satz 1.2.3. *Sei G eine lokalkompakte Gruppe mit abzählbarer Basis, sei $\nu \neq 0$ ein invariantes und μ ein linksinvariantes Borel-Maß auf G. Dann gilt $\mu = c\nu$ mit einer Konstanten $c \geq 0$.*

Beweis. Für meßbare Funktionen $f, g \geq 0$ auf G gilt

$$\int f\, d\nu \int g\, d\mu = \int \int f(xy)g(y)\, d\nu(x)d\mu(y)$$

$$= \int \int f(xy)g(y)\, d\mu(y)d\nu(x) = \int \int f(y)g(x^{-1}y)\, d\mu(y)d\nu(x)$$

$$= \int f(y) \int g(x^{-1}y)\, d\nu(x)d\mu(y) = \int g\, d\nu \int f\, d\mu,$$

wobei neben dem Satz von Fubini die Rechts- und Inversionsinvarianz von ν und die Linksinvarianz von μ benutzt wurden.

Da $\nu \neq 0$ ist, gibt es eine kompakte Menge $A_0 \subset G$ mit $\nu(A_0) > 0$. Für beliebiges $A \in \mathcal{B}(G)$ ergibt sich mit $f := \mathbf{1}_{A_0}$ und $g := \mathbf{1}_A$ dann $\nu(A_0)\mu(A) = \nu(A)\mu(A_0)$, also $\mu = c\nu$ mit $c := \mu(A_0)/\nu(A_0)$. ∎

Die hier benutzte Schreibweise $\mathbf{1}_A$ für die Indikatorfunktion einer Menge A werden wir auch im folgenden verwenden.

Die Existenz invarianter Maße zeigen wir nur für die im folgenden wirklich benutzten konkreten Gruppen.

Satz 1.2.4. *Auf der Drehgruppe SO_n gibt es ein invariantes Maß ν mit $\nu(SO_n) = 1$.*

Beweis. Mit LU_n bezeichnen wir die Menge der linear unabhängigen n-Tupel von Vektoren aus S^{n-1}. Wir definieren eine Abbildung $\psi : LU_n \rightarrow$

SO_n durch folgende Vorschrift. Sei $(x_1, \ldots, x_n) \in LU_n$. Durch das Gram-Schmidtsche Orthonormalisierungsverfahren werde das n-Tupel $(x_1, \ldots, x_n)$ transformiert in $(z_1, \ldots, z_n)$; dann sei $(\bar{z}_1, \ldots, \bar{z}_n)$ das positiv orientierte n-Tupel mit $\bar{z}_i = z_i$ für $i = 1, \ldots, n-1$ und $\bar{z}_n = \pm z_n$. Ist $(e_1, \ldots, e_n)$ die Standardbasis von $\mathbf{R}^n$, so gibt es eine eindeutig bestimmte Drehung $\vartheta \in SO_n$ mit $\vartheta e_i = \bar{z}_i$ für $i = 1, \ldots, n$. Wir setzen $\psi(x_1, \ldots, x_n) := \vartheta$.

Explizit ist $z_i := y_i / \|y_i\|$ mit $y_1 := x_1$ und

$$y_k := x_k - \sum_{j=1}^{k-1} \langle x_k, y_j \rangle \frac{y_j}{\|y_j\|^2}, \qquad k = 2, \ldots, n.$$

Daraus geht hervor: Ist $\rho \in SO_n$ eine Drehung und wird das n-Tupel $(x_1, \ldots, x_n) \in LU_n$ transformiert in $(z_1, \ldots, z_n)$ und dann in $(\bar{z}_1, \ldots, \bar{z}_n)$, so wird $(\rho x_1, \ldots, \rho x_n)$ transformiert in $(\rho z_1, \ldots, \rho z_n)$ und dann in $(\rho \bar{z}_1, \ldots, \rho \bar{z}_n)$. Also gilt $\psi(\rho x_1, \ldots, \rho x_n) = \rho \psi(x_1, \ldots, x_n)$.

Für $(x_1, \ldots, x_n) \in (S^{n-1})^n \setminus LU_n$ setzen wir noch $\psi(x_1, \ldots, x_n) := \mathrm{id}$. Für das Produktmaß

$$\omega^{\otimes n} := \underbrace{\omega \otimes \ldots \otimes \omega}_{n}$$

ist $(S^{n-1})^n \setminus LU_n$ eine Nullmenge; daher gilt für gegebenes $\rho \in SO_n$ die Gleichung $\psi(\rho x_1, \ldots, \rho x_n) = \rho \psi(x_1, \ldots, x_n)$ noch $\omega^{\otimes n}$-fast überall. Die Abbildung $\psi : (S^{n-1})^n \to SO_n$ ist meßbar, da LU_n offen und ψ auf LU_n stetig und auf $(S^{n-1})^n \setminus LU_n$ konstant ist.

Nun definieren wir $\bar{\nu}$ als das Bildmaß von $\omega^{\otimes n}$ unter ψ, also $\bar{\nu} = \psi(\omega^{\otimes n})$. Dann ist $\bar{\nu}$ ein endliches Maß auf SO_n, und für $\rho \in SO_n$ und meßbares $f \geq 0$ ergibt sich unter Verwendung des Transformationssatzes für Integrale

$$\int\limits_{SO_n} f(\rho \vartheta) \, d\bar{\nu}(\vartheta)$$

$$= \int\limits_{(S^{n-1})^n} f(\rho \psi(x_1, \ldots, x_n)) \, d\omega^{\otimes n}(x_1, \ldots, x_n)$$

$$= \int\limits_{(S^{n-1})^n} f(\psi(\rho x_1, \ldots, \rho x_n)) \, d\omega^{\otimes n}(x_1, \ldots, x_n)$$

$$= \int\limits_{S^{n-1}} \cdots \int\limits_{S^{n-1}} f(\psi(\rho x_1, \ldots, \rho x_n)) \, d\omega(x_1) \cdots d\omega(x_n)$$

$$= \int\limits_{S^{n-1}} \cdots \int\limits_{S^{n-1}} f(\psi(x_1, \ldots, x_n)) \, d\omega(x_1) \cdots d\omega(x_n)$$

$$= \int\limits_{SO_n} f(\vartheta)\, d\bar{\nu}(\vartheta).$$

Dabei wurde die Drehinvarianz des sphärischen Lebesgue-Maßes benutzt. Das Maß $\bar{\nu}$ ist also linksinvariant und damit invariant. Das Maß $\nu := \bar{\nu}/\bar{\nu}(SO_n)$ ist außerdem normiert. ∎

Die Bezeichnung ν für das normierte invariante Maß auf SO_n wird im folgenden beibehalten.

Später benötigen wir gelegentlich Aussagen der Art, daß gewisse Mengen von Translationen, Drehungen oder Bewegungen Nullmengen (bezüglich des jeweiligen invarianten Maßes) sind. Einen derartigen Satz für das Maß ν wollen wir nun bereitstellen. Der Beweis wird nur die Invarianz und Endlichkeit von ν benutzen und nicht eine explizite Darstellung.

Es seien L, L' lineare Unterräume des R^n. Wir sagen, L und L' seien *in spezieller Lage*, wenn

$$\mathrm{lin}\,(L \cup L') \neq \mathsf{R}^n \quad \text{und} \quad \dim\,(L \cap L') > 0$$

gilt.

Satz 1.2.5. *Seien L, L' lineare Unterräume des R^n. Sei $A \subset SO_n$ die Menge aller Drehungen ϑ, für die L und $\vartheta L'$ in spezieller Lage sind. Dann ist $\nu(A) = 0$.*

Beweis. Die Menge A ist abgeschlossen, also meßbar. Wir benutzen Induktion nach $p := \dim L$. Für $p = 0$ ist nichts zu zeigen, da in diesem Fall $A = \emptyset$ ist. Sei also $p \geq 1$ und die Behauptung bereits bewiesen für $\dim L < p$. Sei jetzt $\dim L = p$. Wir wählen einen $(n - p + 1)$-dimensionalen linearen Unterraum U des R^n, eine Zahl $k \in \mathsf{N}$ und k Vektoren $u_1, \dots, u_k \in U$, von denen je $n - p + 1$ linear unabhängig seien. Wir setzen $V := U^{\perp}$ und $L_i := \mathrm{lin}(V \cup \{u_i\})$; dann ist $\dim L_i = p$. Sei A_i die Menge der Drehungen $\vartheta \in SO_n$, für die L_i und $\vartheta L'$ in spezieller Lage sind. Da $L_i = \vartheta_i L$ mit passender Drehung ϑ_i und daher $A_i = \vartheta_i A$ ist, gilt $\nu(A_i) = \nu(A)$. Sei B die Menge aller Drehungen $\vartheta \in SO_n$, für die V und $\vartheta L'$ in spezieller Lage sind. Wegen $\dim V = p - 1$ gilt $\nu(B) = 0$ nach Induktionsannahme.

Wir behaupten, daß jede Drehung $\vartheta \in SO_n \backslash B$ in höchstens $n - p$ der Mengen $A_1, \dots, A_k$ liegt. Angenommen, das wäre falsch; o.B.d.A. gebe es eine Drehung $\vartheta \in SO_n \backslash B$ mit $\vartheta \in A_i$ für $i = 1, \dots, n - p + 1$. Für $i \in \{1, \dots, n - p + 1\}$ sind also L_i und $\vartheta L'$ in spezieller Lage, insbesondere gilt $\mathrm{lin}(L_i \cup \vartheta L') \neq \mathsf{R}^n$; wegen $V \subset L_i$ und $\mathrm{lin}(U \cup V) = \mathsf{R}^n$ ist daher $\vartheta L' \mid U \neq U$, wo $\vartheta L' \mid U$ die Orthogonalprojektion von $\vartheta L'$ auf U bezeichnet. Wegen $\vartheta \notin B$ sind V und $\vartheta L'$ nicht in spezieller Lage, aber L_i und $\vartheta L'$ sind in spezieller Lage. Hieraus folgt $u_i \in \mathrm{lin}(V \cup \vartheta L')$ und daher $u_i \in \vartheta L' \mid U$. Da die Vektoren $u_1, \ldots, u_{n-p+1}$ linear unabhängig sind und $\dim(\vartheta L' \mid U) \leq n - p$ ist, ist das ein Widerspruch.

Wir haben $\sum_{i=1}^{k} \mathbf{1}_{A_i}(\vartheta) \leq n - p$ für $\vartheta \in SO_n \backslash B$ gezeigt. Integration ergibt wegen $\nu(B) = 0$

$$k\nu(A) = \sum_{i=1}^{k} \nu(A_i) = \int_{SO_n} \sum_{i=1}^{k} \mathbf{1}_{A_i}(\vartheta) \, d\nu(\vartheta) \leq n - p.$$

Da hier $k \in \mathbb{N}$ beliebig gewählt werden kann, folgt $\nu(A) = 0$. ∎

Nun betrachten wir die Bewegungsgruppe G_n. Da sie nicht kompakt ist, kann ein invariantes Maß μ auf G_n nicht endlich sein, wie man unschwer zeigt. Wir können zum Zwecke der Normierung etwa die kompakte Menge $A_0 := \gamma([0,1]^n \times SO_n) \subset G_n$ herausgreifen und $\mu(A_0) = 1$ fordern.

Satz 1.2.6. *Auf der Bewegungsgruppe G_n gibt es ein invariantes Borel-Maß μ mit $\mu(A_0) = 1$. Es ist das einzige linksinvariante Maß auf G_n mit dieser Normierung.*

Beweis. Wir definieren μ als das Bildmaß des Produktmaßes $\lambda \otimes \nu$ unter dem Homöomorphismus $\gamma : \mathbb{R}^n \times SO_n \to G_n$. Dann ist μ ein Borel-Maß auf G_n mit $\mu(\gamma([0,1]^n \times SO_n)) = \lambda([0,1]^n)\nu(SO_n) = 1$.

Zum Nachweis der Linksinvarianz von μ sei $f \geq 0$ eine meßbare Funktion auf G_n und $g' \in G_n$. Dann gilt mit $g' = \gamma(t', \vartheta')$

$$\int_{G_n} f(g'g) \, d\mu(g)$$

$$= \int_{SO_n} \int_{\mathbb{R}^n} f(\gamma(t', \vartheta')\gamma(t, \vartheta)) \, d\lambda(t) d\nu(\vartheta)$$

$$= \int_{SO_n} \int_{\mathbb{R}^n} f(\gamma(t' + \vartheta't, \vartheta'\vartheta)) \, d\lambda(t) d\nu(\vartheta)$$

$$= \int_{SO_n} \int_{\mathbb{R}^n} f(\gamma(t, \vartheta)) \, d\lambda(t) d\nu(\vartheta)$$

$$= \int_{G_n} f(g) \, d\mu(g),$$

wobei die Bewegungsinvarianz von λ und die Linksinvarianz von ν benutzt wurden. Also ist μ linksinvariant. Analog folgt mit der Rechtsinvarianz von ν aus

$$\int\limits_{G_n} f(gg')\,d\mu(g) = \int\limits_{SO_n}\int\limits_{\mathbf{R}^n} f(\gamma(t + \vartheta t', \vartheta\vartheta'))\,d\lambda(t)d\nu(\vartheta)$$

$$= \int\limits_{SO_n}\int\limits_{\mathbf{R}^n} f(\gamma(t,\vartheta))\,d\lambda(t)d\nu(\vartheta) = \int\limits_{G_n} f(g)\,d\mu(g)$$

die Rechtsinvarianz von μ und aus

$$\int\limits_{G_n} f(g^{-1})\,d\mu(g) = \int\limits_{SO_n}\int\limits_{\mathbf{R}^n} f(\gamma(-\vartheta^{-1}t, \vartheta^{-1}))\,d\lambda(t)d\nu(\vartheta)$$

$$= \int\limits_{SO_n}\int\limits_{\mathbf{R}^n} f(\gamma(t,\vartheta))\,d\lambda(t)d\nu(\vartheta) = \int\limits_{G_n} f(g)\,d\mu(g),$$

wobei noch die Inversionsinvarianz von ν benutzt wurde, die Inversionsinvarianz von μ.

Die Eindeutigkeitsaussage ist ein Spezialfall von Satz 1.2.3. $\blacksquare$

Auch die Bezeichnung μ für das invariante Maß auf G_n wird im folgenden beibehalten.

Abschließend wollen wir zeigen, wie die Invarianzeigenschaften des Lebesgue-Maßes zu einer ersten Formel integralgeometrischen Charakters führen.

Satz 1.2.7. *Ist* α *ein* σ-*endliches Maß auf* $\mathcal{B}(\mathbf{R}^n)$, *so gilt für* $A, B \in \mathcal{B}(\mathbf{R}^n)$

$$\int\limits_{\mathbf{R}^n} \alpha(A \cap (B + t))\,d\lambda(t) = \alpha(A)\lambda(B).$$

Beweis. Mit dem Satz von Fubini ergibt sich

$$\int\limits_{\mathbf{R}^n} \alpha(A \cap (B + t))\,d\lambda(t)$$

$$= \int\limits_{\mathbf{R}^n}\int\limits_{\mathbf{R}^n} \mathbf{1}_A(x)\mathbf{1}_{B+t}(x)\,d\alpha(x)d\lambda(t)$$

$$= \int\limits_{\mathbf{R}^n} \mathbf{1}_A(x)\int\limits_{\mathbf{R}^n} \mathbf{1}_{-B+x}(t)\,d\lambda(t)d\alpha(x)$$

$$= \int\limits_{\mathbb{R}^n} \mathbf{1}_A(x)\lambda(-B+x)\,d\alpha(x)$$

$$= \alpha(A)\lambda(B).$$

■

1.3   Invariante Maße auf Räumen von Ebenen

Der Einführung invarianter Maße auf $\mathcal{L}_q^n$ und $\mathcal{E}_q^n$ schicken wir einige allgemeine Bemerkungen voraus.

Sei X ein topologischer Raum und G eine stetig auf X operierende topologische Gruppe. Wir nehmen jetzt stets an, daß die Operation φ von G auf X aus dem Zusammenhang klar ist; dementsprechend schreiben wir $gA = \varphi(g, A)$ für $g \in G$ und $A \subset X$ und bezeichnen ein Borel-Maß ρ auf X als G-invariant, wenn $\rho(gA) = \rho(A)$ für alle $g \in G$ und alle $A \in \mathcal{B}(X)$ gilt. Äquivalent mit $\rho(gA) = \rho(A)$ für alle $A \in \mathcal{B}(X)$ ist

$$\int\limits_X f(gx)\,d\rho(x) = \int\limits_X f(x)\,d\rho(x) \tag{1.6}$$

für alle meßbaren Funktionen $f \geq 0$ auf X. Ist X lokalkompakt mit abzählbarer Basis, so können wir uns auf Funktionen $f \geq 0$ aus dem Raum $\mathbf{C}_c(X)$ der stetigen Funktionen mit kompaktem Träger beschränken. Unter den angegebenen Voraussetzungen gilt nämlich für offene Mengen $A \subset X$

$$\rho(A) = \sup\left\{\int\limits_X f\,d\rho : f \in \mathbf{C}_c(X),\, 0 \leq f \leq \mathbf{1}_A\right\}$$

und für beliebige Borelmengen $A \in \mathcal{B}(X)$

$$\rho(A) = \inf\{\rho(U) : A \subset U,\, U \text{ offen}\}$$

(siehe z.B. Cohn [1980], Abschnitt 7.2).

Zunächst wollen wir ein Resultat vom Typ der integralgeometrischen Formel in Satz 1.2.7 herleiten, das uns speziell für Eindeutigkeitsfragen nützlich sein wird. Wir beweisen es in etwas allgemeinerer Form als benötigt.

Satz 1.3.1. *Die kompakte Gruppe G operiere stetig und transitiv auf dem Hausdorff-Raum X (G und X mit abzählbarer Basis). Sei ν ein invariantes*

Maß auf G mit $\nu(G) = 1$, $\rho \neq 0$ ein G-invariantes Borel-Maß auf X, α ein beliebiges Borel-Maß auf X.

Dann gilt

$$\int\limits_G \alpha(A \cap gB)\, d\nu(g) = \alpha(A)\rho(B)/\rho(X)$$

für alle $A, B \in \mathcal{B}(X)$.

Beweis. Ist φ die Operation von G auf X und ist $x \in X$, so ist die Abbildung $\varphi(\cdot, x) : G \to X$ stetig und surjektiv, also ist X kompakt. Die Borel-Maße α und ρ sind daher endlich. Seien $A, B \in \mathcal{B}(X)$. Für $g \in G$ gilt

$$\alpha(A \cap gB) = \int\limits_X \mathbf{1}_{A \cap gB}(x)\, d\alpha(x) = \int\limits_X \mathbf{1}_A(x)\mathbf{1}_B(g^{-1}x)\, d\alpha(x).$$

Mit dem Satz von Fubini folgt

$$\int\limits_G \alpha(A \cap gB)\, d\nu(g) = \int\limits_X \mathbf{1}_A(x) \int\limits_G \mathbf{1}_B(g^{-1}x)\, d\nu(g)d\alpha(x). \qquad (1.7)$$

Das Integral $\int_G \mathbf{1}_B(g^{-1}x)\, d\nu(g)$ ist unabhängig von x. Für $y \in X$ existiert nämlich ein $\tilde{g} \in G$ mit $y = \tilde{g}x$, und es folgt

$$\int\limits_G \mathbf{1}_B(g^{-1}y)\, d\nu(g) = \int\limits_G \mathbf{1}_B((\tilde{g}^{-1}g)^{-1}x)\, d\nu(g) = \int\limits_G \mathbf{1}_B(g^{-1}x)\, d\nu(g).$$

Daher ist

$$\rho(X) \int\limits_G \mathbf{1}_B(g^{-1}x)\, d\nu(g) = \int\limits_X \int\limits_G \mathbf{1}_B(g^{-1}x)\, d\nu(g)d\rho(x)$$

$$= \int\limits_G \int\limits_X \mathbf{1}_B(g^{-1}x)\, d\rho(x)d\nu(g) = \int\limits_G \rho(gB)\, d\nu(g) = \rho(B).$$

Einsetzen in (1.7) ergibt die Behauptung. ∎

Korollar 1.3.2. *Die kompakte Gruppe G operiere stetig und transitiv auf dem Hausdorff-Raum X (G und X mit abzählbarer Basis). Sei ν ein invariantes Maß auf G mit $\nu(G) = 1$.*

Es gibt genau ein G-invariantes Maß ρ auf X mit $\rho(X) = 1$. Es kann definiert werden durch

$$\rho(B) = \nu(\{g \in G : gx_0 \in B\}), \qquad B \in \mathcal{B}(X),$$

mit beliebigem $x_0 \in X$.

Beweis. Ist ρ ein G-invariantes Maß auf X mit $\rho(X) = 1$, $x_0 \in X$ und α das in x_0 konzentrierte Dirac-Maß, so ist nach Satz 1.3.1 mit $A := \{x_0\}$

$$\rho(B) = \nu(\{g \in G : g^{-1}x_0 \in B\})$$

für $B \in \mathcal{B}(X)$. Also ist ρ eindeutig bestimmt. Daß ρ, wie angegeben definiert, ein G-invariantes normiertes Maß wird, ist klar. ∎

Nun behandeln wir invariante Maße auf dem Raum $\mathcal{L}_q^n$ der q-dimensionalen linearen Unterräume und auf dem Raum $\mathcal{E}_q^n$ der q-dimensionalen affinen Unterräume des $\mathbb{R}^n$. Wie in Abschnitt 1.1 sei $q \in \{0, \ldots, n\}$, $L_q \in \mathcal{L}_q^n$ ein fester q-dimensionaler linearer Unterraum und

$$\beta_q : SO_n \;\rightarrow\; \mathcal{L}_q^n$$
$$\vartheta \;\mapsto\; \vartheta L_q,$$

$$\gamma_q : L_q^\perp \times SO_n \;\rightarrow\; \mathcal{E}_q^n$$
$$(x, \vartheta) \;\mapsto\; \vartheta(L_q + x).$$

Auf $\mathcal{L}_q^n$ und $\mathcal{E}_q^n$ operieren mehrere der bisher eingeführten Transformationsgruppen in stetiger Weise, zum Beispiel auf $\mathcal{E}_q^n$ die Gruppen T_n, SO_n und G_n. Transitiv ist dabei nur die Operation von G_n auf $\mathcal{E}_q^n$ (bzw. von SO_n auf $\mathcal{L}_q^n$). Unter einem *invarianten Maß* auf $\mathcal{E}_q^n$ wollen wir deshalb ein bewegungsinvariantes (also G_n-invariantes) Borel-Maß verstehen; ein *invariantes Maß* auf $\mathcal{L}_q^n$ soll drehinvariant (also SO_n-invariant) sein.

Satz 1.3.3. *Auf $\mathcal{L}_q^n$ gibt es genau ein invariantes Maß ν_q mit $\nu_q(\mathcal{L}_q^n) = 1$.*

Das ist lediglich ein Spezialfall von Korollar 1.3.2. Wir sehen auch, daß ν_q das Bildmaß von ν unter der Abbildung β_q ist.

Bei der entsprechenden Aussage für $\mathcal{E}_q^n$ müssen wir wieder die Normierung auf einer geeigneten kompakten Teilmenge A_0^q vornehmen. Wir wählen $A_0^q = \gamma_q([0,1]^{n-q} \times SO_n)$, wo $[0,1]^{n-q}$ ein $(n-q)$-dimensionaler Einheitswürfel in $L_q^\perp$ ist.

Satz 1.3.4. *Auf $\mathcal{E}_q^n$ gibt es genau ein invariantes Maß μ_q mit $\mu_q(A_0^q) = 1$.*

Beweis. Sei $\lambda^{(n-q)}$ das Lebesgue-Maß auf $L_q^\perp$. Wir setzen

$$\mu_q := \gamma_q(\lambda^{(n-q)} \otimes \nu). \tag{1.8}$$

Dann ist $\mu_q(A_0^q) = 1$.

Ist $A \subset \mathcal{E}_q^n$ kompakt, so ist das System der Mengen

$$\gamma_q(\{x \in L_q^\perp : \|x\| < k\} \times SO_n), \qquad k \in \mathbf{N},$$

eine offene Überdeckung von A, also ist A in einer von ihnen enthalten. Es folgt $\mu_q(A) < \infty$.

Für $g = \gamma(x, \vartheta)$ und mit den Bezeichnungen wie im Beweis von Satz 1.1.5 gilt für meßbare Funktionen $f \geq 0$ auf $\mathcal{E}_q^n$

$$\int\limits_{\mathcal{E}_q^n} f(gE)\, d\mu_q(E)$$

$$= \int\limits_{SO_n} \int\limits_{L_q^\perp} f(g\rho(L_q + y))\, d\lambda^{(n-q)}(y) d\nu(\rho)$$

$$= \int\limits_{SO_n} \int\limits_{L_q^\perp} f(\vartheta\rho(L_q + y + \Pi(\rho^{-1}\vartheta^{-1}x)))\, d\lambda^{(n-q)}(y) d\nu(\rho)$$

$$= \int\limits_{SO_n} \int\limits_{L_q^\perp} f(\vartheta\rho(L_q + y))\, d\lambda^{(n-q)}(y) d\nu(\rho)$$

$$= \int\limits_{SO_n} \int\limits_{L_q^\perp} f(\rho(L_q + y))\, d\lambda^{(n-q)}(y) d\nu(\rho)$$

$$= \int\limits_{\mathcal{E}_q^n} f(E)\, d\mu_q(E),$$

wobei die Invarianzeigenschaften von $\lambda^{(n-q)}$ und ν benutzt wurden. Damit ist die Invarianz von μ_q gezeigt.

Wir bemerken, daß auch

$$\int\limits_{\mathcal{E}_q^n} f\, d\mu_q = \int\limits_{SO_n} \int\limits_{L_q^\perp} f(\rho(L_q + x))\, d\lambda^{(n-q)}(x) d\nu(\rho)$$

$$= \int\limits_{SO_n} \int\limits_{(\rho L_q)^\perp} f(\rho L_q + y)\, d\lambda^{(n-q)}(y) d\nu(\rho)$$

geschrieben werden kann. Da ν_q das Bildmaß von ν unter β_q ist, gilt also

$$\int\limits_{\mathcal{E}_q^n} f\, d\mu_q = \int\limits_{\mathcal{L}_q^n} \int\limits_{L^\perp} f(L + y)\, d\lambda^{(n-q)}(y) d\nu_q(L). \tag{1.9}$$

Hieran liest man ab, daß μ_q nicht von der Wahl des Unterraumes L_q abhängt.

Zum Beweis der Eindeutigkeit nehmen wir an, τ sei ein weiteres invariantes Borel-Maß auf $\mathcal{E}_q^n$. Sei $\tilde{\mathcal{L}}_q^n$ (bzw. $\tilde{\mathcal{E}}_q^n$) die (offene) Menge aller $L \in \mathcal{L}_q^n$ (bzw. $E \in \mathcal{E}_q^n$), die $L_q^\perp$ in genau einem Punkt schneiden. Die Abbildung

$$\delta_q : L_q^\perp \times \tilde{\mathcal{L}}_q^n \;\to\; \tilde{\mathcal{E}}_q^n$$

$$(x, L) \;\mapsto\; L + x$$

ist ein Homöomorphismus. Für festes $B \in \mathcal{B}(\tilde{\mathcal{L}}_q^n)$ und beliebiges $A \in \mathcal{B}(L_q^\perp)$ definieren wir $\eta(A) := \tau(\delta_q(A \times B))$. Dann ist η ein Borel-Maß auf $L_q^\perp$, das invariant ist unter Translationen von $L_q^\perp$ in sich. Nach Satz 1.2.1 folgt $\eta(A) = \lambda^{(n-q)}(A)\alpha(B)$ mit einer Konstanten $\alpha(B) \geq 0$. Es gilt also

$$\tau(\delta_q(A \times B)) = \lambda^{(n-q)}(A)\alpha(B)$$

für beliebige $A \in \mathcal{B}(L_q^\perp)$, $B \in \mathcal{B}(\tilde{\mathcal{L}}_q^n)$. Offenbar wird hierdurch ein endliches Maß α auf $\mathcal{B}(\tilde{\mathcal{L}}_q^n)$ definiert, und es gilt $\delta_q^{-1}(\tau) = \lambda^{(n-q)} \otimes \alpha$. Für eine meßbare Funktion $f \geq 0$ auf $\tilde{\mathcal{E}}_q^n$ folgt

$$\int\limits_{\tilde{\mathcal{E}}_q^n} f \, d\tau \;=\; \int\limits_{\tilde{\mathcal{L}}_q^n} \int\limits_{L_q^\perp} f(L + x) \, d\lambda^{(n-q)}(x) d\alpha(L)$$

$$=\; \int\limits_{\tilde{\mathcal{L}}_q^n} \int\limits_{L^\perp} f(L + y) \, d\lambda^{(n-q)}(y) d\varphi(L) \qquad (1.10)$$

mit einem neuen Maß φ auf $\tilde{\mathcal{L}}_q^n$, das durch $d\varphi(L) = D(L_q^\perp, L^\perp)^{-1} d\alpha(L)$ definiert ist, wobei $D(L_q^\perp, L^\perp)$ den Absolutbetrag der Determinante der Orthogonalprojektion von $L_q^\perp$ auf $L^\perp$ bezeichnet.

Sei $B \in \mathcal{B}(\mathcal{L}_q^n)$ und

$$B' := \{L + y : L \in B, \, y \in L^\perp \cap B^n\}.$$

Durch $\beta(B) := \tau(B')$ wird auf $\mathcal{L}_q^n$ ein drehinvariantes endliches Maß β definiert. Nach Satz 1.3.3 ist β ein Vielfaches von ν_q. Nach (1.10) gilt für $B \subset \tilde{\mathcal{L}}_q^n$ andererseits $\tau(B') = \kappa_{n-q}\varphi(B)$. Es gibt also eine Konstante c mit $\varphi(B) = c\nu_q(B)$ für alle Borelmengen $B \subset \tilde{\mathcal{L}}_q^n$. Aus (1.10) und (1.9) folgt dann $\tau(A) = c\mu_q(A)$ für alle Borelmengen $A \subset \tilde{\mathcal{E}}_q^n$. Da μ_q unabhängig von der Wahl des Unterraumes $L_q \in \mathcal{L}_q^n$ ist, folgert man leicht, daß überhaupt $\tau = c\mu_q$ ist. $\blacksquare$

Wie erwähnt, ist das durch (1.8) definierte Maß μ_q unabhängig von der Wahl des Unterraumes $L_q \in \mathcal{L}_q^n$. Um diese Unabhängigkeit auch bei der Normierung zum Ausdruck zu bringen, können wir etwa

$$A_1^q := \gamma_q((B^n \cap L_q^\perp) \times SO_n) = \{E \in \mathcal{E}_q^n : E \cap B^n \neq \emptyset\}$$

wählen. Dann gilt

$$\mu_q(A_1^q) = \lambda^{(n-q)}(B^n \cap L_q^\perp) = \kappa_{n-q}.$$

Für $r > 0$ folgt entsprechend

$$\mu_q(\{E \in \mathcal{E}_q^n : E \cap rB^n \neq \emptyset\}) = r^{n-q}\kappa_{n-q}.$$

Bemerkungen und Literaturhinweise zu Kapitel 1

Aussagen über invariante Maße auf topologischen Gruppen und homogenen Räumen haben wir hier nur insoweit behandelt, wie sie für die folgenden Ausführungen benötigt werden. Über die allgemeine Theorie kann man sich zum Beispiel informieren in den Büchern von Nachbin [1965] und Hewitt & Ross [1963]; eine kurze Einführung findet man in Gaal [1973], Kapitel 5.

Der Beweis von Satz 1.2.5 ist entnommen aus Goodey & Schneider [1980]. Aussagen vom Typ des Satzes 1.2.7 gehen zurück auf Balanzat [1942]. Allgemeinere Versionen der Sätze 1.2.7 und 1.3.1 und weitere Literaturangaben findet man in Groemer [1980] und Schneider [1981b].

Verwandte Schlußweisen wie beim Beweis der Eindeutigkeitssaussage von Satz 1.3.4 werden u.a. auch in dem Buch von Ambartzumian [1990] verwendet.

Kapitel 2

Mengen und Funktionale

Integralgeometrische Formelsysteme, wie sie in der Einleitung angesprochen wurden und im folgenden allgemein behandelt werden sollen, beziehen sich auf geometrische Funktionale von gewissen Punktmengen. Als Mengenklasse im euklidischen Raum, die für Anwendungen hinreichend allgemein ist und doch eine relativ elementare Behandlung gestattet, wählen wir den Konvexring. Die Elemente des Konvexringes sind endliche Vereinigungen von konvexen Körpern. Demgemäß legen wir den integralgeometrischen Untersuchungen zunächst die Klasse der konvexen Körper zugrunde und dehnen die Ergebnisse dann, soweit möglich, auf den Konvexring aus. Diese Mengenklassen werden im folgenden untersucht. Als Funktionale konvexer Körper führen wir die Quermaßintegrale ein und ihre lokalen Verallgemeinerungen, die Krümmungsmaße. Die Ausdehnung auf den Konvexring geschieht durch additive Fortsetzung.

Einige grundlegende Tatsachen über konvexe Mengen werden ohne Beweis benutzt; sie sind in Anhang I zusammengestellt. Für weitere Informationen wird hier auf die Bücher von Bonnesen & Fenchel [1934] und Leichtweiß [1980] verwiesen.

2.1 Konvexe Körper und Konvexring

Eine kompakte konvexe Menge $K \subset \mathbb{R}^n$ wird *konvexer Körper* genannt. K kann leer oder niederdimensional sein. Die Dimension $\dim K$ eines konvexen Körpers ist durch $\dim \operatorname{aff} K$ definiert; wir setzen dabei $\dim \emptyset = -1$. Ist $\dim K = n$, so hat K innere Punkte. Die Menge aller konvexen Körper im $\mathbb{R}^n$ bezeichnen wir mit $\mathcal{K}$.

Eine wichtige Teilklasse von $\mathcal{K}$ ist die Menge $\mathcal{P}$ der Polytope. Eine Menge im R^n, die als Durchschnitt von endlich vielen abgeschlossenen Halbräumen darstellbar ist, heißt *polyedrisch*. Eine beschränkte polyedrische Menge heißt *konvexes Polytop* oder kurz *Polytop*.

Ist P eine polyedrische Menge und E eine Stützhyperebene an P, so ist $P \cap E$ wieder polyedrisch. $F := P \cap E$ heißt *Seite* von P, genauer m-*Seite*, wenn $\dim F = m$ ist, $m \in \{0, \ldots, n-1\}$. Zur Vereinfachung mancher Aussagen betrachten wir noch $\emptyset$ als (-1)-Seite und im Fall $\dim P = n$ die Menge P selbst als n-Seite von P. Mit $\mathcal{F}_m(P)$ wird die Menge aller m-Seiten von P bezeichnet und mit $\mathcal{F}(P) := \bigcup_{m=0}^{n} \mathcal{F}_m(P)$ die Menge aller nichtleeren Seiten von P. Für $F \in \mathcal{F}(P)$ sei λ_F das auf F eingeschränkte $(\dim F)$-dimensionale Lebesgue-Maß auf aff F; ferner wird $\lambda_\emptyset = 0$ gesetzt. Wir fassen λ_F als Maß auf $\mathcal{B}(\mathsf{R}^n)$ auf; es ist also

$$\lambda_F(B) = \lambda^{(\dim F)}(B \cap F) \qquad \text{für } B \in \mathcal{B}(\mathsf{R}^n).$$

Wichtige Größen bei polyedrischen Mengen und Polytopen sind die äußeren Winkel. Sei $P \subset \mathsf{R}^n$ polyedrisch, $F \in \mathcal{F}_m(P)$ eine Seite, $0 \leq m \leq n-1$, und x ein relativ innerer Punkt von F. Sei weiter $L \in \mathcal{L}_{n-m}^n$ orthogonal zu F und $N(P, F) \subset L$ der *Normalenkegel* von P in F, das heißt die Menge aller äußeren Normalenvektoren von Stützhyperebenen an P im Punkt x. $N(P, F)$ ist unabhängig von der speziellen Wahl von x. Die Größe

$$\gamma(F, P) := \frac{\omega^{(L)}(N(P, F) \cap S^{n-1})}{\omega^{(L)}(L \cap S^{n-1})},$$

wo $\omega^{(L)}$ das sphärische Lebesgue-Maß auf $L \cap S^{n-1}$ bezeichnet, heißt *äußerer Winkel* von P bei F. Wir setzen noch $\gamma(P, P) = 1$, ferner $\gamma(F, P) = 0$, wenn $F = \emptyset$ oder F keine Seite von P ist.

Für Polytope $P \in \mathcal{P} \backslash \{\emptyset\}$ gilt

$$\sum_{F \in \mathcal{F}_0(P)} \gamma(F, P) = 1, \tag{2.1}$$

da die Normalenkegel aller Ecken von P ganz R^n überdecken und paarweise keine inneren Punkte gemeinsam haben.

Nun betrachten wir auch nichtkonvexe Mengen. Unter dem *Konvexring*, bezeichnet mit $\mathcal{R}$, verstehen wir das System aller endlichen Vereinigungen konvexer Körper im R^n. Der Name Konvexring rührt daher, daß $\mathcal{R}$ gegen Vereinigungs- und Durchschnittsbildung abgeschlossen ist, das heißt, mit $K, M \in \mathcal{R}$ gilt auch $K \cup M \in \mathcal{R}$ und $K \cap M \in \mathcal{R}$. Weiter definieren wir

$$\mathcal{S} := \{A \in \mathsf{R}^n : A \cap r B^n \in \mathcal{R} \quad \text{für alle } r > 0\}.$$

Jede Menge $A \in \mathcal{S}$ kann also dargestellt werden als abzählbare Vereinigung von konvexen Körpern derart, daß jede beschränkte Teilmenge des R^n nur endlich viele von ihnen trifft. Das System $\mathcal{S}$ heißt *erweiterter Konvexring*.

Mit $\mathcal{C}$ bezeichnen wir das System der kompakten Mengen im R^n. Auf $\mathcal{C}\backslash\{\emptyset\}$ wird durch

$$d(A,B) := \inf \{\epsilon > 0 : A \subset B + \epsilon B^n, \ B \subset A + \epsilon B^n\}$$

für $A, B \in \mathcal{C}\backslash\{\emptyset\}$ eine Metrik definiert, die *Hausdorff-Metrik*. Die definierenden Eigenschaften einer Metrik sind leicht nachzuweisen. Mittels $d(\emptyset,\emptyset) = 0$ und $d(\emptyset,A) = d(A,\emptyset) = \infty$ für $A \in \mathcal{C}\backslash\{\emptyset\}$ können wir d auf ganz $\mathcal{C}$ fortsetzen. Topologische Begriffe, die wir im folgenden im Zusammenhang mit $\mathcal{C}$ oder $\mathcal{K}$ verwenden, beziehen sich immer auf die von der Hausdorff-Metrik induzierte Topologie.

Die metrischen Räume $(\mathcal{C}, d)$ und $(\mathcal{K}, d)$ sind vollständig und haben die Eigenschaft, daß in ihnen jede beschränkte, abgeschlossene Menge kompakt ist. Sie sind also insbesondere lokalkompakt, und sie besitzen abzählbare Basen. $\mathcal{K}$ ist abgeschlossen in $\mathcal{C}$; $\emptyset$ ist isolierter Punkt von $\mathcal{C}$. Der Konvexring $\mathcal{R}$ liegt dicht in $\mathcal{C}$, weil aus der Überdeckungseigenschaft für kompakte Mengen folgt, daß die Klasse der endlichen Punktmengen in $\mathcal{C}$ dicht liegt. Jede endliche Teilmenge des R^n ist aber Element des Konvexringes.

Die Abbildungsgruppen T_n, SO_n, G_n operieren auf jeder der Mengenklassen $\mathcal{K}$, $\mathcal{R}$, $\mathcal{C}$ in natürlicher Weise. Wir zeigen, daß diese Operationen stetig sind.

Satz 2.1.1. T_n, SO_n *und* G_n *operieren stetig auf* $\mathcal{K}$, $\mathcal{R}$ *und* $\mathcal{C}$.

Beweis. Wir können uns auf die Operation von G_n auf $\mathcal{C}$ beschränken. Zu zeigen ist die Stetigkeit der Abbildung

$$\varphi : G_n \times \mathcal{C} \ \rightarrow \ \mathcal{C}$$

$$(g, C) \ \mapsto \ gC.$$

Dabei ist gC das Bild der Menge C unter der Bewegung g. Weil $\mathcal{C}$ metrischer Raum und G_n metrisierbar ist, genügt es, Folgen zu betrachten. Sei also $((g_i, C_i))_{i \in \mathsf{N}}$ eine Folge in $G_n \times \mathcal{C}$ mit $(g_i, C_i) \rightarrow (g, C) \in G_n \times \mathcal{C}$ für $i \rightarrow \infty$. Es ist

$$d(g_iC_i, gC) \leq d(g_iC_i, g_iC) + d(g_iC, gC) = d(C_i, C) + d(g_iC, gC)$$

wegen der Bewegungsinvarianz der Hausdorff-Metrik. Mit $g_i = \gamma(x_i, \vartheta_i)$, $g = \gamma(x, \vartheta)$ gilt

$$d(g_iC, gC) = d(\vartheta_iC + x_i, \vartheta C + x)$$

$$\leq d(\vartheta_i C + x_i, \vartheta_i C + x) + d(\vartheta_i C + x, \vartheta C + x)$$
$$= \|x_i - x\| + d(\vartheta_i C, \vartheta C).$$

Nach Voraussetzung gilt $d(C_i, C) \to 0$ und $\|x_i - x\| \to 0$ für $i \to \infty$. Es bleibt also noch $d(\vartheta_i C, \vartheta C) \to 0$ für $i \to \infty$ zu zeigen. Es sei $\epsilon > 0$ gegeben. Wir können Punkte $x_1, \ldots, x_N \in C$ wählen mit

$$C \subset \bigcup_{k=1}^{N} (x_k + \frac{\epsilon}{2} B^n).$$

Da nach Voraussetzung $\vartheta_i \to \vartheta$ für $i \to \infty$ gilt, existiert ein $i_0 \in \mathsf{N}$ mit $\|\vartheta_i x_k - \vartheta x_k\| < \epsilon/2$ für $k = 1, \ldots, N$ und $i \geq i_0$. Für $i \geq i_0$ gilt also

$$\vartheta C \subset \bigcup_{k=1}^{N} (\vartheta x_k + \frac{\epsilon}{2} B^n) \subset \bigcup_{k=1}^{N} (\vartheta_i x_k + \epsilon B^n) \subset \vartheta_i C + \epsilon B^n$$

und analog $\vartheta_i C \subset \vartheta C + \epsilon B^n$, also $d(\vartheta_i C, \vartheta C) \leq \epsilon$. $\blacksquare$

Nun betrachten wir einige der geläufigen Mengenoperationen im R^n, wie Vereinigungs- und Durchschnittsbildung, Streckung, Addition, Projektion. Das Bild einer Menge C unter Orthogonalprojektion auf einen affinen Unterraum E wird wieder mit $C|E$ bezeichnet. Die meisten der genannten Mengenoperationen sind stetig.

Satz 2.1.2. *Die Abbildungen*

$$\psi_1 : \mathcal{C} \times \mathcal{C} \to \mathcal{C} \qquad\qquad \psi_2 : \mathsf{R} \times \mathcal{C} \to \mathcal{C}$$
$$(C, D) \mapsto C \cup D, \qquad\qquad (\alpha, C) \mapsto \alpha C,$$

$$\psi_3 : \mathcal{C} \times \mathcal{C} \to \mathcal{C} \qquad\qquad \psi_4 : \mathcal{C} \times \mathcal{L}_q^n \to \mathcal{C}$$
$$(C, D) \mapsto C + D, \qquad\qquad (C, L) \mapsto C|L$$

sind stetig.

Beweis. Die Stetigkeit von ψ_1 folgt sofort aus der Ungleichung

$$d(C \cup D, C' \cup D') \leq \max \{d(C, C'), d(D, D')\},$$

die für alle $C, D, C', D' \in \mathcal{C}$ gilt. Analog folgt die Stetigkeit von ψ_2 aus

$$d(\alpha C, \alpha' C') \leq d(\alpha C, \alpha C') + d(\alpha C', \alpha' C')$$
$$\leq |\alpha| d(C, C') + |\alpha - \alpha'| \max \{\|x\| : x \in C'\}$$

und die Stetigkeit von ψ_3 aus

$$d(C + D, C' + D') \leq d(C, C') + d(D, D').$$

Ferner gilt

$$d(C|L, C'|L') \leq d(C|L, C|L') + d(C|L', C'|L')$$

$$\leq d(C|L, C|L') + d(C, C').$$

Ist $(L_i)_{i \in \mathbb{N}}$ eine Folge in $\mathcal{L}_q^n$ mit $L_i \to L$, so gibt es Drehungen $\vartheta_i \in SO_n$ mit $\vartheta_i L = L_i$ und $\vartheta_i \to \mathrm{id}$. Da die Drehgruppe stetig auf $\mathcal{C}$ operiert, gilt $\vartheta_i^{-1} C \to C$, daher $\vartheta_i^{-1} C|L \to C|L$ und somit $C|L_i = \vartheta_i(\vartheta_i^{-1} C|L) \to C|L$. Daraus folgt die Stetigkeit von ψ_4. ∎

Die Abbildung $(C, D) \mapsto C \cap D$ ist selbst auf $\mathcal{K} \times \mathcal{K}$ nicht stetig. Sie ist aber meßbar (siehe Matheron [1975], S. 9 und S. 15 - 16). Da der Beweis etwas aufwendiger ist, gehen wir nur auf einen später benötigten Spezialfall ein.

Wir sagen, daß die konvexen Körper $K, M \in \mathcal{K}$ sich *berühren*, wenn $K \cap M \neq \emptyset$ gilt und es eine Hyperebene gibt, die K und M (schwach) trennt.

Hilfssatz 2.1.3. *Seien $K, M \in \mathcal{K}$ konvexe Körper und $(K_i)_{i \in \mathbb{N}}$, $(M_i)_{i \in \mathbb{N}}$ Folgen in $\mathcal{K}$ mit $K_i \to K$ und $M_i \to M$ für $i \to \infty$. Dann gilt:*

(a) *Ist $K \cap M = \emptyset$, so ist $K_i \cap M_i = \emptyset$ für alle genügend großen i.*

(b) *Ist $K \cap M \neq \emptyset$ und berühren sich K und M nicht, so gilt $K_i \cap M_i \to K \cap M$ für $i \to \infty$.*

Ein Beweis wird in Anhang I (im Anschluß an Satz 7.1.14) gegeben. Unter Verwendung dieses Hilfssatzes können wir eine Meßbarkeitsaussage über Durchschnitte bereitstellen.

Hilfssatz 2.1.4. *Seien $K, M \in \mathcal{K}$ konvexe Körper, sei*

$$G_n(K, M) := \{g \in G_n : K \text{ und } gM \text{ berühren sich}\}.$$

Dann ist $G_n(K, M)$ eine μ-Nullmenge, und auf $G_n \backslash G_n(K, M)$ ist die Abbildung $g \mapsto K \cap gM$ stetig.

Beweis. Für $g = \gamma(x, \vartheta)$ gilt $g \in G_n(K, M)$ genau dann, wenn $x \in \mathrm{bd}\,(K - \vartheta M)$ ist. Da der Rand eines konvexen Körpers Lebesgue-Maß Null hat, folgt

$$\mu(G_n(K, M)) = \int\limits_{SO_n} \int\limits_{\mathbb{R}^n} \mathbf{1}_{\gamma^{-1}(G_n(K,M))}(x, \vartheta)\, d\lambda(x) d\nu(\vartheta)$$

$$= \int_{SO_n} \lambda(\mathrm{bd}\,(K - \vartheta M))\,d\nu(\vartheta) = 0.$$

Nach Hilfssatz 2.1.3 und Satz 2.1.1 ist die Abbildung $g \mapsto K \cap gM$ außerhalb der abgeschlossenen Menge $G_n(K, M)$ stetig. ∎

2.2 Quermaßintegrale

Wir beginnen nun damit, die für das Folgende wichtigen Funktionale konvexer Körper einzuführen. Sie können durch einfache geometrische Konstruktionen aus dem Lebesgue-Maß abgeleitet werden. Zunächst setzen wir $V_n(K) := \lambda(K)$ für $K \in \mathcal{K}$ und nennen dies das *Volumen* von K. Das damit auf $\mathcal{K}$ definierte Volumen-Funktional ist stetig. Ist $P \in \mathcal{P} \backslash \{\emptyset\}$ ein Polytop und $0 \in P$, so gilt die elementar-geometrische Formel

$$V_n(P) = \frac{1}{n} \sum_{i=1}^{m} h_P(u_i) \lambda_{F_i}(F_i). \tag{2.2}$$

Hierbei sind $F_1, \ldots, F_m$ die $(n-1)$-Seiten von K, der Vektor $u_i \in S^{n-1}$ ist der äußere Normaleneinheitsvektor von F_i (bezüglich P), und $h_P(u_i)$ ist der Abstand von aff F_i zum Nullpunkt (*Stützabstand* in Richtung u_i).

Durch Übergang zum Parallelkörper $K + \epsilon B^n$, $K \in \mathcal{K}$, $\epsilon \geq 0$, können wir nun neue Funktionale einführen.

Satz 2.2.1 (Steiner-Formel). *Für konvexe Körper $K \in \mathcal{K}$ und für $\epsilon \geq 0$ ist $V_n(K + \epsilon B^n)$ ein Polynom in ϵ,*

$$V_n(K + \epsilon B^n) = \sum_{j=0}^{n} \epsilon^{n-j} \kappa_{n-j} V_j(K), \tag{2.3}$$

mit Koeffizienten $V_j(K)$, die nur von K abhängen.

Beweis. Zunächst gilt die Behauptung für $K = \emptyset$ mit $V_j(K) = 0$ für $j = 0, \ldots, n$. Sei nun $K \neq \emptyset$, und seien P_k, Q_k, $k \in \mathbb{N}$, konvexe Polytope mit $P_k \to K$ und $Q_k \to B^n$ für $k \to \infty$. Dann gilt $P_k + \epsilon Q_k \to K + \epsilon B^n$ (nach Satz 2.1.2) und $V_n(P_k + \epsilon Q_k) \to V_n(K + \epsilon B^n)$. Wenn wir also zeigen, daß für jedes Paar $P, Q \in \mathcal{P}$ und alle $\epsilon \geq 0$ das Volumen $V_n(P + \epsilon Q)$ ein Polynom in ϵ vom Grad $\leq n$ ist, so ist auch $V_n(K + \epsilon B^n)$ ein solches Polynom. Seien also $P, Q \in \mathcal{P} \backslash \{\emptyset\}$, o.B.d.A. $0 \in P \cap Q$, und sei $\epsilon \geq 0$. Dann ist $P + \epsilon Q$ ebenfalls ein Polytop. Wir benutzen Induktion nach n. Für $n = 1$ ist

$V_1(P + \epsilon Q) = V_1(P) + \epsilon V_1(Q)$, also Polynom vom Grad ≤ 1. Sei nun $n \geq 2$ und die Behauptung bewiesen in allen Dimensionen kleiner als n. Nach (2.2) gilt

$$V_n(P + \epsilon Q) = \frac{1}{n} \sum_{i=1}^{m} h_{P+\epsilon Q}(u_i) \lambda_{F_i}(F_i),$$

wo $F_1, \ldots, F_m$ die $(n-1)$-Seiten von $P + \epsilon Q$ sind und u_i der äußere Normaleneinheitsvektor auf F_i sowie $h_{P+\epsilon Q}(u_i)$ der Stützabstand von $P + \epsilon Q$ in Richtung u_i ist. Es gilt

$$h_{P+\epsilon Q}(u_i) = h_P(u_i) + \epsilon h_Q(u_i), \qquad i = 1, \ldots, m.$$

Weiter ist F_i die Stützmenge $(P + \epsilon Q)(u_i)$ von $P + \epsilon Q$ in Richtung u_i. Daher gilt

$$(P + \epsilon Q)(u_i) = P(u_i) + \epsilon Q(u_i),$$

wo $P(u_i)$, $Q(u_i)$ die entsprechenden Stützmengen von P und Q sind. Also folgt

$$V_n(P + \epsilon Q) = \frac{1}{n} \sum_{i=1}^{m} \left(h_P(u_i) + \epsilon h_Q(u_i)\right) \lambda_{P(u_i)+\epsilon Q(u_i)}(P(u_i) + \epsilon Q(u_i)).$$

Da $P(u_i)$, $Q(u_i)$ Polytope der Dimension $\leq n - 1$ sind, folgt nach Induktionsvoraussetzung, daß $\lambda_{P(u_i)+\epsilon Q(u_i)}(P(u_i)+\epsilon Q(u_i))$ für jedes $i \in \{1, \ldots, m\}$ ein Polynom in ϵ vom Grad $\leq n - 1$ ist. Daraus ergibt sich die Behauptung.

Es bleibt zu bemerken, daß (2.3) mit der bereits erfolgten Definition von $V_n(K)$ konsistent ist, da sich für $\epsilon = 0$ auf beiden Seiten $V_n(K)$ ergibt. ∎

Durch Satz 2.2.1 werden für jeden konvexen Körper $K \in \mathcal{K}$ neue Maßzahlen $V_0(K), \ldots, V_{n-1}(K)$ erklärt. Für $j \in \{0, \ldots, n\}$ bezeichnet man $V_j(K)$ als das j-te *innere Volumen* von K. In der Literatur gebräuchlich ist auch eine Bezeichnungsweise mit anderer Normierung. Man nennt

$$W_i(K) := \frac{\kappa_i}{\binom{n}{i}} V_{n-i}(K), \qquad i \in \{0, \ldots, n\}, \tag{2.4}$$

das i-te *Quermaßintegral* von K. Diese klassische Bezeichnung bezieht sich auf eine Projektionsformel, die wir in Abschnitt 4.2 behandeln werden und die häufig auch zur Definition dieser Funktionale benutzt wird. Die Verwendung der inneren Volumina hat einige Vorteile; insbesondere lassen sich mit ihnen manche Formeln etwas einfacher schreiben. Wir benutzen deshalb im folgenden ausschließlich die Funktionale $V_j, j = 0, \ldots, n$, reden aber trotzdem gelegentlich von Quermaßintegralen.

Zur geometrischen Bedeutung der inneren Volumina geben wir im nächsten Abschnitt ausführlichere Erläuterungen. Hier bemerken wir nur einige Spezialfälle. Natürlich ist $V_n(K)$ das Volumen von K, und wegen

$$\kappa_1 V_{n-1}(K) = \lim_{\epsilon \to 0+} \frac{1}{\epsilon}\left(V_n(K + \epsilon B^n) - V_n(K)\right)$$

und $\kappa_1 = 2$ läßt sich $2V_{n-1}(K)$ für n-dimensionale Körper K als die *Oberfläche* von K interpretieren. Genaueres hierzu sagen wir ebenfalls im nächsten Abschnitt. Das Funktional V_1 ist bis auf einen Faktor die mittlere Breite,

$$V_1(K) = \frac{n\kappa_n}{2\kappa_{n-1}} b(K). \tag{2.5}$$

Dabei ist die mittlere Breite $b(K)$ erklärt als der Mittelwert der Abstände je zweier paralleler Stützebenen von K. Diese Gleichung wird in Abschnitt 4.2 (letzte Formel) bewiesen. Schließlich folgt für $K \in \mathcal{K}\setminus\{\emptyset\}$ aus (2.3) nach Division durch ϵ^n und mit $\epsilon \to \infty$

$$V_0(K) = 1,$$

und nach Definition ist $V_0(\emptyset) = 0$. Man nennt $V_0(K)$ auch die *Eulersche Charakteristik* von K. Dieses Funktional erscheint zunächst als uninteressant, wird sich im Gegenteil aber für die Integralgeometrie als besonders wichtig erweisen. Ein Grund hierfür liegt zum Beispiel darin, daß für $K, M \in \mathcal{K}$ das invariante Maß aller Bewegungen, die M in eine Trefflage mit K bringen, durch

$$\mu(\{g \in G_n : K \cap gM \neq \emptyset\}) = \int_{G_n} V_0(K \cap gM)d\mu(g)$$

ausgedrückt werden kann und daß für ein Polytop $P \in \mathcal{P}$ nach (2.1)

$$V_0(P) = \sum_{F \in \mathcal{F}_0(P)} \gamma(F, P)$$

ist, also $V_0(P)$ aus lokal definierten Größen berechnet werden kann.

Die Funktionale $V_j : \mathcal{K} \to \mathbb{R}$ haben eine Reihe von wichtigen Eigenschaften, die wir nun zusammenstellen. Sei zunächst $\varphi : \mathcal{K} \to \mathbb{R}$ eine beliebige Funktion. Sie heißt *bewegungsinvariant*, wenn $\varphi(gK) = \varphi(K)$ für alle $g \in G_n$ und alle $K \in \mathcal{K}$ gilt, und *homogen vom Grad* k, $k \in \{0,1,2,\dots\}$, wenn $\varphi(\alpha K) = \alpha^k \varphi(K)$ für $\alpha > 0$ und alle $K \in \mathcal{K}$ gilt. Die Funktion φ heißt *additiv*, wenn $\varphi(\emptyset) = 0$ ist und

$$\varphi(K \cup M) + \varphi(K \cap M) = \varphi(K) + \varphi(M)$$

für alle $K, M \in \mathcal{K}$ mit $K \cup M \in \mathcal{K}$ gilt. Ferner heißt φ *monoton*, wenn für $K, M \in \mathcal{K}$ mit $K \subset M$ stets $\varphi(K) \leq \varphi(M)$ gilt.

Satz 2.2.2. *Sei $j \in \{0, \ldots, n\}$. Das Funktional V_j ist bewegungsinvariant, homogen vom Grad j, additiv, stetig und monoton.*

Außerdem bemerken wir noch, daß $V_j(\{0\}) = 0$ für $j = 1, \ldots, n$ und $V_0(\{0\}) = 1$ gilt, wie sofort aus (2.3) folgt. Die in Satz 2.2.2 behaupteten Eigenschaften, bis auf die letzte, werden wir in den nächsten beiden Abschnitten in allgemeinerem Rahmen beweisen. Die Monotonie ergibt sich in Abschnitt 3.3 aus einer integralgeometrischen Formel (im Anschluß an Korollar 3.3.2).

Durch geeignete der in Satz 2.2.2 aufgelisteten Eigenschaften können die inneren Volumina axiomatisch charakterisiert werden.

Satz 2.2.3. *Ist $\varphi : \mathcal{K} \to \mathrm{R}$ ein Funktional, das bewegungsinvariant, additiv und stetig ist, so gibt es reelle Konstanten $c_0, \ldots, c_n$ mit*

$$\varphi = \sum_{j=0}^{n} c_j V_j.$$

Ist $\varphi : \mathcal{K} \to \mathrm{R}$ bewegungsinvariant, additiv und monoton, so gibt es nichtnegative Konstanten $c_0, \ldots, c_n$ mit

$$\varphi = \sum_{j=0}^{n} c_j V_j.$$

Entsprechend dem Charakter der Voraussetzungen, die ja bei Linearkombination erhalten bleiben, können hier nur die Linearkombinationen der inneren Volumina mit konstanten Koeffizienten gekennzeichnet werden. Um das individuelle Funktional V_j bis auf einen Faktor zu charakterisieren, braucht man nur noch die Forderung der Homogenität vom Grad j hinzuzufügen.

Für den Beweis von Satz 2.2.3, der ein tieferes Eindringen in die Zerlegungstheorie der Polytope erfordert, verweisen wir auf das Buch von Hadwiger [1957]. Wir werden von diesem Satz keinen Gebrauch machen. Er wurde nur zitiert, um die Sonderrolle der Funktionale V_j, die durch einfache, geometrisch wichtige Forderungen charakterisiert werden können, ins rechte Licht zu rücken.

Eine weitere Eigenschaft der V_j (jetzt im Gegensatz zu den Quermaßintegralen W_i) ist ihre Dimensionsunabhängigkeit. Wenn $K \in \mathcal{K}$ k-dimensional ist mit $k \leq n - 1$, so ist zunächst $V_j(K) = 0$ für $j \geq k + 1$. Weiter stimmen die Werte $V_j(K)$ für $j \leq k$ überein mit den Werten, die sich ergeben würden, wenn wir die affine Hülle aff K als umgebenden $\mathbb{R}^k$ auffassen und hierin die j-ten inneren Volumina von K berechnen würden. Auch das beweisen wir allgemeiner im nächsten Abschnitt.

Definiert haben wir die inneren Volumina über die Steiner-Formel für das Volumen. Wir zeigen, daß die inneren Volumina selbst wieder einer Formel vom Steinerschen Typ genügen.

Satz 2.2.4. *Für $K \in \mathcal{K}$, $k \in \{0, \ldots, n\}$ und $\epsilon \geq 0$ gilt*

$$V_k(K + \epsilon B^n) = \sum_{j=0}^{k} \epsilon^{k-j} \binom{n-j}{n-k} \frac{\kappa_{n-j}}{\kappa_{n-k}} V_j(K).$$

Beweis. Für $\delta > 0$ betrachten wir

$$V_n((K + \epsilon B^n) + \delta B^n) = V_n(K + (\epsilon + \delta)B^n).$$

Links ergibt sich nach Satz 2.2.1

$$\sum_{k=0}^{n} \delta^{n-k} \kappa_{n-k} V_k(K + \epsilon B^n)$$

und rechts

$$\sum_{j=0}^{n} (\epsilon + \delta)^{n-j} \kappa_{n-j} V_j(K)$$

$$= \sum_{j=0}^{n} \sum_{r=0}^{n-j} \binom{n-j}{r} \epsilon^r \delta^{n-j-r} \kappa_{n-j} V_j(K)$$

$$= \sum_{k=0}^{n} \delta^{n-k} \kappa_{n-k} \sum_{j=0}^{k} \epsilon^{k-j} \binom{n-j}{n-k} \frac{\kappa_{n-j}}{\kappa_{n-k}} V_j(K).$$

Vergleich der Koeffizienten von δ^{n-k} ergibt die Behauptung. $\blacksquare$

Die Steiner-Formel für das Volumen, die wir in der Form

$$V_n((K + \epsilon B^n)\backslash K) = \sum_{j=0}^{n-1} \epsilon^{n-j} \kappa_{n-j} V_j(K)$$

schreiben können, legt eine Verallgemeinerung nahe. Die schalenförmige Menge $(K + \epsilon B^n)\backslash K$ läßt sich auch wie folgt beschreiben. Zu jedem Randpunkt x von K betrachten wir jeden Strahl mit Endpunkt x in Richtung eines äußeren Normalenvektors von K in x und tragen hierauf von x aus eine Strecke der Länge ϵ ab. Die Vereinigung dieser Strecken ergibt die Menge $(K + \epsilon B^n)\backslash K$. Dieses Abtragen können wir aber auch lokal vornehmen, das heißt für die Randpunkte x aus einer vorgegebenen (meßbaren) Menge. Betrachten wir das Lebesgue-Maß der so entstehenden „lokalen Parallelmenge", so wird dessen Wachstum in Abhängigkeit von ϵ Aufschluß geben über das Verhalten des Randes von K innerhalb der vorgegebenen Menge. Die Stärke des Wachstums ist, in einem zunächst noch vagen und anschaulichen Sinne, ein Maß für die Krümmung. Besonders einfach kann man sich das Wachstum des lokalen Parallelvolumens über den Seiten verschiedener Dimension bei einem Polytop verdeutlichen. Im nächsten Abschnitt bauen wir diesen Ansatz aus und ordnen damit jedem konvexen Körper eine Serie von Krümmungsmaßen zu.

2.3　Krümmungsmaße

Um die Überlegungen von Abschnitt 2.2 zu lokalisieren, ist es bequem, die metrische Projektion zu verwenden. Für $K \in \mathcal{K}\backslash\{\emptyset\}$ und $x \in \mathsf{R}^n$ bezeichnet also $p(K, x)$ den zu x nächsten Punkt in K; er ist eindeutig bestimmt. Die Abbildung

$$p : (\mathcal{K}\backslash\{\emptyset\}) \times \mathsf{R}^n \to \mathsf{R}^n$$

ist stetig. Bei festem K schreiben wir häufig $p(K, \cdot) =: p_K$.

Sei $K \in \mathcal{K}\backslash\{\emptyset\}$ und $\epsilon \geq 0$. Zu jeder Teilmenge $A \subset \mathsf{R}^n$ definieren wir eine *lokale Parallelmenge* von K durch

$$U_\epsilon(K, A) := \{x \in \mathsf{R}^n : \|x - p_K(x)\| \leq \epsilon,\ p_K(x) \in A\}.$$

Anschaulich kann man $U_\epsilon(K, A)$ so beschreiben: $U_\epsilon(K, A)$ besteht aus $K \cap A$ sowie allen Strecken mit Endpunkten $y, y + \epsilon u$, wobei $y \in A \cap \mathrm{bd}\, K$ und $u \in S^{n-1}$ ein äußerer Normalenvektor an K in y ist. Für $A \supset K$ ist $U_\epsilon(K, A) = K + \epsilon B^n$.

Ist $A \in \mathcal{B}(\mathsf{R}^n)$ eine Borelmenge, so ist wegen

$$U_\epsilon(K, A) = p_K^{-1}(A) \cap (K + \epsilon B^n)$$

und der Stetigkeit von p_K auch $U_\epsilon(K, A)$ eine Borelmenge. Wir definieren

$$\rho_\epsilon(K, A) := \lambda(U_\epsilon(K, A)) \qquad \text{für } A \in \mathcal{B}(\mathsf{R}^n).$$

$\rho_\epsilon(K, \cdot)$ ist also das Bildmaß des auf $K + \epsilon B^n$ eingeschränkten Lebesgue-Maßes unter der Abbildung p_K und ist daher ein endliches Maß auf $\mathcal{B}(\mathsf{R}^n)$.

Wir ergänzen die Definition von U_ϵ und ρ_ϵ durch $U_\epsilon(\emptyset, A) := \emptyset$ für alle $A \in \mathcal{B}(\mathsf{R}^n)$ und entsprechend $\rho_\epsilon(\emptyset, \cdot) = 0$.

Wir zeigen, daß das Maß $\rho_\epsilon(K, \cdot)$ stetig von $K \in \mathcal{K}$ abhängt. Dabei verwenden wir für endliche Maße auf R^n die *schwache Konvergenz*. Sind $\mu_0, \mu_1, \mu_2, \ldots$ endliche Maße auf R^n, so heißt die Folge $(\mu_i)_{i \in \mathsf{N}}$ *schwach konvergent* gegen μ_0, wenn

$$\int\limits_{\mathsf{R}^n} f(x)\, d\mu_i(x) \to \int\limits_{\mathsf{R}^n} f(x)\, d\mu_0(x) \qquad (i \to \infty) \tag{2.6}$$

für jede beschränkte stetige Funktion $f : \mathsf{R}^n \to \mathsf{R}$ gilt. Äquivalent damit ist, daß

$$\liminf_{i \to \infty} \mu_i(A) \geq \mu_0(A)$$

für jede offene Menge $A \subset \mathsf{R}^n$ und

$$\lim_{i \to \infty} \mu_i(\mathsf{R}^n) = \mu_0(\mathsf{R}^n)$$

gilt (siehe z.B. Gänssler & Stute [1977], S. 342, oder Bauer [1990], S. 226 – 227). Für die im folgenden vorkommenden Folgen $(\mu_i)_{i \in \mathsf{N}}$ wird es stets eine kompakte Menge $C \subset \mathsf{R}^n$ geben mit $\mu_i(\mathsf{R}^n \setminus C) = 0$ für $i = 0, 1, 2, \ldots$; in diesem Fall folgt aus der Gültigkeit von (2.6) für alle stetigen Funktionen f mit kompaktem Träger bereits die Gültigkeit für alle stetigen Funktionen f.

Satz 2.3.1. *Konvergiert die Folge $(K_i)_{i \in \mathsf{N}}$ in $\mathcal{K}$ gegen K, so konvergieren die Maße $\rho_\epsilon(K_i, \cdot)$ schwach gegen $\rho_\epsilon(K, \cdot)$.*

Beweis. Wir setzen $\epsilon > 0$ und $K \neq \emptyset$ voraus; im Fall $\epsilon = 0$ ist $\rho_\epsilon(K, \cdot)$ das auf K eingeschränkte Lebesgue-Maß. Der Beweis verläuft dann ähnlich, ist aber noch einfacher.

Sei $A \subset \mathsf{R}^n$ offen und $x \in U_\epsilon(K, A)$ mit $\|p_K(x) - x\| < \epsilon$. Wir setzen $y := p_K(x)$ und $y_i := p_{K_i}(x)$. Dann folgt $y_i \to y$, also $\|x - y_i\| < \epsilon$ für fast alle i. Außerdem ist $y_i \in A$ für fast alle i und somit $x \in U_\epsilon(K_i, A)$ für fast alle i. Es folgt

$$U_\epsilon(K, A) \backslash \mathrm{bd}(K + \epsilon B^n) \subset \liminf_{i \to \infty} U_\epsilon(K_i, A)$$

und daher

$$\rho_\epsilon(K, A) = \lambda(U_\epsilon(K, A)) = \lambda(U_\epsilon(K, A) \backslash \mathrm{bd}(K + \epsilon B^n))$$

$$\leq \lambda(\liminf_{i \to \infty} U_\epsilon(K_i, A)) \leq \liminf_{i \to \infty} \rho_\epsilon(K_i, A).$$

Außerdem gilt $K_i + \epsilon B^n \to K + \epsilon B^n$, also

$$\rho_\epsilon(K_i, \mathsf{R}^n) = V_n(K_i + \epsilon B^n) \to V_n(K + \epsilon B^n) = \rho_\epsilon(K, \mathsf{R}^n)$$

für $i \to \infty$. Nach dem vorstehenden Kriterium folgt daraus die Behauptung. ∎

Zur Aufstellung integralgeometrischer Formeln benötigen wir die folgende Meßbarkeitsaussage.

Hilfssatz 2.3.2. *Für jedes $A \in \mathcal{B}(\mathsf{R}^n)$ ist die Funktion*

$$K \mapsto \rho_\epsilon(K, A)$$

auf $\mathcal{K}$ meßbar.

Beweis. Sei $\mathcal{A}$ das System aller $A \in \mathcal{B}(\mathsf{R}^n)$, für die die Funktion $K \mapsto \rho_\epsilon(K, A)$ meßbar ist. Wegen der Maßeigenschaften von $\rho_\epsilon(K, \cdot)$ ist $\mathcal{A}$ abgeschlossen gegen die Bildung von Komplementen und disjunkten abzählbaren Vereinigungen. Enthält daher $\mathcal{A}$ das System der offenen Mengen, so auch die davon erzeugte σ-Algebra (Bauer [1990], §2), also $\mathcal{B}(\mathsf{R}^n)$.

Sei nun A offen. Wie im Beweis von Satz 2.3.1 gezeigt, folgt für $K_i \to K$

$$\liminf_{i \to \infty} \rho_\epsilon(K_i, A) \geq \rho_\epsilon(K, A).$$

Für jedes $a \in \mathsf{R}$ ist also die Menge $\{K \in \mathcal{K} : \rho_\epsilon(K, A) \leq a\}$ abgeschlossen; somit ist $\rho_\epsilon(\cdot, A)$ meßbar, also $A \in \mathcal{A}$. ∎

Ähnliche Meßbarkeitsaussagen werden im folgenden häufiger zu verwenden sein; sie werden in allgemeinerer Form in Anhang II behandelt.

Nun können wir das Hauptergebnis dieses Abschnitts formulieren.

Satz 2.3.3. (Lokale Steiner-Formel). *Zu jedem $K \in \mathcal{K}$ existieren endliche Maße $\Phi_0(K, \cdot), \ldots, \Phi_n(K, \cdot)$ auf $\mathcal{B}(\mathsf{R}^n)$ derart, daß*

$$\rho_\epsilon(K, A) = \sum_{j=0}^{n} \epsilon^{n-j} \kappa_{n-j} \Phi_j(K, A) \tag{2.7}$$

für alle $A \in \mathcal{B}(\mathsf{R}^n)$ und alle $\epsilon \geq 0$ gilt.

Beweis. Der Fall $K = \emptyset$ ist trivial, und es ist $\Phi_j(\emptyset, \cdot) = 0$ für $j = 0, \ldots, n$. Sei also $K \neq \emptyset$. Zunächst sei K ein Polytop. Dann gilt

$$K = \bigcup_{j=0}^{n} \bigcup_{F \in \mathcal{F}_j(K)} \operatorname{relint} F. \tag{2.8}$$

Hier bezeichnet relint F das relative Innere der Menge F (das Innere, bezogen auf aff F). Die Zerlegung (2.8) ist disjunkt. Aus ihr ergibt sich für gegebenes $A \in \mathcal{B}(\mathbb{R}^n)$ die disjunkte Zerlegung

$$A = (A \backslash K) \cup \bigcup_{j=0}^{n} \bigcup_{F \in \mathcal{F}_j(K)} (A \cap \text{relint } F).$$

Es folgt

$$\rho_\epsilon(K, A) = \sum_{j=0}^{n} \sum_{F \in \mathcal{F}_j(K)} \rho_\epsilon(K, A \cap \text{relint } F).$$

Mit dem Satz von Fubini findet man für $F \in \mathcal{F}_j(K)$ die Darstellung

$$\rho_\epsilon(K, A \cap \text{relint } F) = \epsilon^{n-j} \kappa_{n-j} \gamma(F, K) \lambda_F(A).$$

Wir erhalten daher

$$\rho_\epsilon(K, A) = \sum_{j=0}^{n} \epsilon^{n-j} \kappa_{n-j} \Phi_j(K, A)$$

mit

$$\Phi_j(K, \cdot) := \sum_{F \in \mathcal{F}_j(K)} \gamma(F, K) \lambda_F. \tag{2.9}$$

Für Polytope ist die Aussage also bewiesen, und wir haben sogar mit (2.9) eine explizite Darstellung der Maße $\Phi_j(K, \cdot)$ bekommen.

Sei nun $K \in \mathcal{K} \backslash \{\emptyset\}$ beliebig und $(K_i)_{i \in \mathbb{N}}$ eine Folge von Polytopen mit $K_i \to K$ für $i \to \infty$. Nach Satz 2.3.1 konvergieren die Maße $\rho_\epsilon(K_i, \cdot)$ für jedes $\epsilon \geq 0$ schwach gegen $\rho_\epsilon(K, \cdot)$. Wir setzen $\epsilon = 1, 2, \ldots, n+1$ und lösen das lineare Gleichungssystem

$$\rho_k(K_i, A) = \sum_{j=0}^{n} k^{n-j} \kappa_{n-j} \Phi_j(K_i, A), \qquad k = 1, \ldots, n+1,$$

nach den Größen $\Phi_0(K_i, A), \ldots, \Phi_n(K_i, A)$ auf, das ergibt

$$\Phi_j(K_i, A) = \sum_{k=1}^{n+1} \alpha_{jk} \rho_k(K_i, A), \qquad j = 0, \ldots, n.$$

Die Zahlen α_{jk} (die man nach der Cramerschen Regel ermitteln kann), sind dabei unabhängig von K_i und A. Es folgt also

$$\Phi_j(K_i, \cdot) = \sum_{k=1}^{n+1} \alpha_{jk} \rho_k(K_i, \cdot), \qquad i \in \mathbb{N},$$

für jedes $j \in \{0, \ldots, n\}$. Folglich konvergieren die Maße $\Phi_j(K_i, \cdot)$ für $i \to \infty$ gegen ein endliches Maß $\Phi_j(K, \cdot)$, das durch

$$\Phi_j(K, \cdot) = \sum_{k=1}^{n+1} \alpha_{jk} \rho_k(K, \cdot)$$

definiert ist $(j = 0, \ldots, n)$. (Daß das so definierte signierte Maß tatsächlich nichtnegativ ist, folgt aus der schwachen Konvergenz und der entsprechenden Eigenschaft von $\Phi_j(K_i, \cdot)$; die Endlichkeit ist klar, da alle Maße $\rho_k(K, \cdot)$ endlich sind.)

Aus der Gleichung

$$\rho_\epsilon(K_i, \cdot) = \sum_{j=0}^{n} \epsilon^{n-j} \kappa_{n-j} \Phi_j(K_i, \cdot),$$

die für $i \in \mathsf{N}$ und alle $\epsilon \geq 0$ gilt, folgt nun wegen der schwachen Konvergenz $\rho_\epsilon(K_i, \cdot) \to \rho_\epsilon(K, \cdot)$ und $\Phi_j(K_i, \cdot) \to \Phi_j(K, \cdot)$, $j = 0, \ldots, n$, die entsprechende Gleichung für K, also

$$\rho_\epsilon(K, \cdot) = \sum_{j=0}^{n} \epsilon^{n-j} \kappa_{n-j} \Phi_j(K, \cdot)$$

und damit die Behauptung.   ■

Das Maß $\Phi_j(K, \cdot)$ wird als j-tes *Krümmungsmaß* des Körpers $K \in \mathcal{K}$ bezeichnet $(j = 0, \ldots, n)$. Für $j = n$ ist diese Bezeichnung allerdings nicht ganz passend, da einfach

$$\Phi_n(K, A) = \lambda(K \cap A) \qquad \text{für } A \in \mathcal{B}(\mathsf{R}^n)$$

gilt. Dies ist ebenso an (2.7) abzulesen wie die wichtige Tatsache, daß

$$\Phi_j(K, \mathsf{R}^n) = V_j(K) \qquad \text{für } j = 0, \ldots, n$$

ist; die totalen Krümmungsmaße sind also gerade die inneren Volumina. Die im folgenden für die Krümmungsmaße nachgewiesenen Eigenschaften gelten daher speziell (sinngemäß) auch für die inneren Volumina.

Da $\rho_\epsilon(K, A) - \lambda(K \cap A)$ nur von $A \cap \mathrm{bd}K$ abhängt, sind die Maße $\Phi_0(K, \cdot), \ldots, \Phi_{n-1}(K, \cdot)$ auf $\mathrm{bd}\, K$ konzentriert, also außerhalb $\mathrm{bd}\, K$ identisch Null.

Die im Beweis von Satz 2.3.3 gewonnene Darstellung der Krümmungsmaße von Polytopen halten wir gesondert fest.

Korollar 2.3.4. *Für Polytope $P \in \mathcal{P}$ gilt*

$$\Phi_j(P, \cdot) = \sum_{F \in \mathcal{F}_j(P)} \gamma(F, P) \lambda_F,$$

$$V_j(P) = \sum_{F \in \mathcal{F}_j(P)} \gamma(F, P) \lambda_F(F)$$

für $j = 0, \ldots, n$.

Eine explizite Darstellung der Krümmungsmaße von $K \in \mathcal{K}$ ist auch möglich, wenn der Rand von K eine (im Sinne der Differentialgeometrie) reguläre Hyperfläche der Differenzierbarkeits-Klasse C^2 ist. In diesem Fall kann man das lokale Parallelvolumen $\rho_\epsilon(K, A)$ mit differentialgeometrischen Methoden berechnen (was hier nicht ausgeführt werden soll), und man erhält

$$\Phi_j(K, A) = \frac{\binom{n}{j}}{n \kappa_{n-j}} \int_{A \cap \mathrm{bd}\, K} H_{n-1-j} \, dS$$

für $j = 0, \ldots, n - 1$. Dabei bezeichnet H_k die k-te normierte elementarsymmetrische Funktion der Hauptkrümmungen von $\mathrm{bd}\, K$, und dS ist das differentialgeometrische Oberflächenelement. Die Bezeichnung „Krümmungsmaß" wird damit besonders plausibel.

Für allgemeine konvexe Körper K, die also weder Polytope noch besonders glatt sind, gestatten noch die Maße $\Phi_0(K, \cdot)$ und $\Phi_{n-1}(K, \cdot)$ eine einfache anschauliche Deutung: Es ist

$$\Phi_{n-1}(K, A) = \frac{1}{2} \mathcal{H}^{n-1}(A \cap \mathrm{bd} K),$$

falls $\dim K \neq n - 1$ ist, wobei $\mathcal{H}^{n-1}$ das $(n - 1)$-dimensionale Hausdorff-Maß bezeichnet. (Im Fall $\dim K = n - 1$ ist der Faktor $\frac{1}{2}$ zu streichen.) Somit mißt $2\Phi_{n-1}(K, A)$ den Flächeninhalt von $\mathrm{bd}\, K$ innerhalb A. Das Maß Φ_0 ist der normierte Flächeninhalt des sphärischen Bildes: Bezeichnet $\sigma(K, A) \subset S^{n-1}$ die Menge aller äußeren Normaleneinheitsvektoren von K in Punkten von $A \cap \mathrm{bd} K$, so gilt

$$\Phi_0(K, A) = \frac{1}{n \kappa_n} \mathcal{H}^{n-1}(\sigma(K, A)).$$

Im folgenden Satz stellen wir einige allgemeine Eigenschaften der Krümmungsmaße zusammen.

Satz 2.3.5. *Sei $j \in \{0, \ldots, n\}$.*

(a) *$\Phi_j(K, \cdot)$ hängt stetig von K ab, das heißt, aus $K_i \to K$ folgt die schwache Konvergenz $\Phi_j(K_i, \cdot) \to \Phi_j(K, \cdot)$ für $i \to \infty$. Insbesondere ist V_j stetig.*

(b) *Für jedes $A \in \mathcal{B}(\mathbf{R}^n)$ ist die Funktion $\Phi_j(\cdot, A)$ meßbar auf $\mathcal{K}$.*

(c) *Φ_j ist bewegungskovariant, das heißt, es gilt*

$$\Phi_j(gK, gA) = \Phi_j(K, A)$$

für $K \in \mathcal{K}$, $A \in \mathcal{B}(\mathbf{R}^n)$ und $g \in G_n$.

(d) *Φ_j ist homogen vom Grad j, das heißt, es gilt*

$$\Phi_j(\alpha K, \alpha A) = \alpha^j \Phi_j(K, A)$$

für $K \in \mathcal{K}$, $A \in \mathcal{B}(\mathbf{R}^n)$ und $\alpha > 0$.

(e) *Φ_j ist lokal erklärt, das heißt, für jede offene Menge $A \subset \mathbf{R}^n$ und alle $K, M \in \mathcal{K}$ mit*

$$K \cap A = M \cap A$$

gilt

$$\Phi_j(K, B) = \Phi_j(M, B)$$

für jede Borelmenge $B \subset A$.

Beweis. Die im Beweis von Satz 2.3.3 benutzte Darstellung

$$\Phi_j(K, \cdot) = \sum_{k=1}^{n+1} \alpha_{jk} \rho_k(K, \cdot) \tag{2.10}$$

gestattet es, Eigenschaften von $\rho_\epsilon(K, \cdot)$ direkt auf $\Phi_j(K, \cdot)$ zu übertragen. So ergeben sich (a) und (b) aus Satz 2.3.1 bzw. Hilfssatz 2.3.2, ferner (c) aus der nach Definition offensichtlichen Bewegungskovarianz von ρ_ϵ. Die Behauptung (d) folgt aus $\rho_{\alpha\epsilon}(\alpha K, \alpha A) = \alpha^n \rho_\epsilon(K, A)$ und (2.7). Ist $A \subset \mathbf{R}^n$ offen und $K \cap A = M \cap A$, so folgt $U_\epsilon(K, B) = U_\epsilon(M, B)$ für alle $B \subset A$ und alle $\epsilon \geq 0$. Daraus ergibt sich $\rho_\epsilon(K, B) = \rho_\epsilon(M, B)$ für Borelmengen $B \subset A$ und damit (e).   ■

Ferner stellen wir noch die Dimensionsunabhängigkeit der Krümmungsmaße fest. Für einen k-dimensionalen Körper $K \in \mathcal{K}$, $k \leq n - 1$, ist also

$\Phi_j(K, \cdot) = 0$ für $j \geq k + 1$, und $\Phi_j(K, \cdot)$ für $j \leq k$ stimmt im $\mathbb{R}^n$ und in $\mathbb{R}^k = \text{aff } K$ überein (wobei zu berücksichtigen ist, daß $\Phi_j(K, \mathbb{R}^n \backslash \text{bd } K) = 0$, also auch $\Phi_j(K, \mathbb{R}^n \backslash \text{aff } K) = 0$ gilt). Diese Aussage folgt für Polytope aus Korollar 2.3.4, da äußere Winkel nicht von der Dimension des umgebenden Raumes abhängen (wie sofort mit dem Satz von Fubini folgt), und dann für beliebige $K \in \mathcal{K}$ nach Satz 2.3.5(a).

Die verallgemeinerte Steiner-Formel aus Satz 2.2.4 läßt sich auf Krümmungsmaße ausdehnen. Man beachte aber, daß im folgenden Satz $k < n$ ist und $A \subset K$ vorausgesetzt werden muß.

Satz 2.3.6. *Für $K \in \mathcal{K}$, $A \in \mathcal{B}(\mathbb{R}^n)$ mit $A \subset K$, $k \in \{0, \dots, n-1\}$ und $\epsilon \geq 0$ gilt*

$$\Phi_k(K + \epsilon B^n, A + \epsilon S^{n-1}) = \sum_{j=0}^{k} \epsilon^{k-j} \binom{n-j}{n-k} \frac{\kappa_{n-j}}{\kappa_{n-k}} \Phi_j(K, A).$$

Beweis. Wie man leicht zeigt, ist mit $A \in \mathcal{B}(\mathbb{R}^n)$ und $A \subset K$ auch $(A + \epsilon S^{n-1}) \cap \text{bd}\,(K + \epsilon B^n)$ eine Borelmenge; daher ist $\Phi_k(K + \epsilon B^n, A + \epsilon S^{n-1})$ wohldefiniert (vgl. Hilfssatz 4.1.2). Wir setzen $K_\epsilon := K + \epsilon B^n$. Für $x \in \mathbb{R}^n \backslash K_\epsilon$ behaupten wir, daß

$$p(K_\epsilon, x) = p(K, x) + \epsilon u(K, x) \tag{2.11}$$

mit

$$u(K, x) := \frac{x - p(K, x)}{\|x - p(K, x)\|}$$

gilt. Zum Beweis sei y der Schnittpunkt der Verbindungsstrecke von x und $p(K, x)$ mit $\text{bd}\, K_\epsilon$. Angenommen, es wäre $p(K_\epsilon, x) \neq y$, dann ist $\|x - p(K_\epsilon, x)\| < \|y - x\|$. Wegen $p(K_\epsilon, x) \in \text{bd}\, K_\epsilon$ und $y \in \text{bd}\, K_\epsilon$ gilt für den Punkt $z := p(K, p(K_\epsilon, x))$

$$\|p(K_\epsilon, x) - z\| = \epsilon \leq \|y - p(K, x)\|,$$

also

$$\|x - z\| \leq \|x - p(K_\epsilon, x)\| + \|p(K_\epsilon, x) - z\|$$

$$< \|x - y\| + \|y - p(K, x)\| = \|x - p(K, x)\|,$$

im Widerspruch zur Definition von $p(K, x)$. Somit ist $p(K_\epsilon, x) = y$, und daraus folgt (2.11).

Für $B \in \mathcal{B}(\mathsf{R}^n)$ setzen wir

$$U'_\epsilon(K, B) := \{x \in \mathsf{R}^n : 0 < \|x - p(K, x)\| \le \epsilon, \ p(K, x) \in B\},$$

dann ist

$$\lambda(U'_\epsilon(K, B)) = \sum_{j=0}^{n-1} \epsilon^{n-j} \kappa_{n-j} \Phi_j(K, B) \qquad (2.12)$$

wegen (2.7) und $\Phi_n(K, B) = \lambda(K \cap B)$. Aus (2.11) ergibt sich für $\delta > 0$

$$U'_{\epsilon+\delta}(K, A) = U'_\epsilon(K, A) \cup U'_\delta(K_\epsilon, A + \epsilon S^{n-1}). \qquad (2.13)$$

Sei nämlich $x \in U'_{\epsilon+\delta}(K, A)$, also $0 < \|x - p(K, x)\| \le \epsilon + \delta$ und $p(K, x) \in A$. Im Fall $\|x - p(K, x)\| \le \epsilon$ ist $x \in U'_\epsilon(K, A)$, im Fall $\|x - p(K, x)\| > \epsilon$ ist $\|x - p(K_\epsilon, x)\| > 0$ und $p(K_\epsilon, x) = p(K, x) + \epsilon u(K, x) \in A + \epsilon S^{n-1}$, also $x \in U'_\delta(K_\epsilon, A + \epsilon S^{n-1})$. Umgekehrt gilt $U'_\epsilon(K, A) \subset U'_{\epsilon+\delta}(K, A)$ trivialerweise. Sei $x \in U'_\delta(K_\epsilon, A + \epsilon S^{n-1})$. Dann ist $x \notin K_\epsilon$, und es gilt $p(K_\epsilon, x) = a + \epsilon v$ mit $a \in A$ und $v \in S^{n-1}$. Wegen $a \in K$, $\|p(K_\epsilon, x) - a\| = \epsilon$ und (2.11) folgt $a = p(K, x)$ und damit $x \in U'_{\epsilon+\delta}(K, A)$.

Die Vereinigung in (2.13) ist disjunkt, also ergibt sich

$$\lambda(U'_{\epsilon+\delta}(K, A)) = \lambda(U'_\epsilon(K, A)) + \lambda(U'_\delta(K_\epsilon, A + \epsilon S^{n-1})).$$

Einsetzen von (2.12) und Vergleich der Koeffizienten der Potenzen von δ ergibt die Behauptung. $\blacksquare$

2.4 Additive Fortsetzung auf den Konvexring

Innere Volumina und Krümmungsmaße sind Spezialfälle von Abbildungen $\varphi : \mathcal{K} \to X$ in einen Vektorraum X (bei den inneren Volumina ist $X = \mathsf{R}$, bei den Krümmungsmaßen können wir für X den Vektorraum $\mathcal{M}(\mathsf{R}^n)$ der endlichen signierten Maße auf $\mathcal{B}(\mathsf{R}^n)$ nehmen). Man nennt, wie schon in Abschnitt 2.2 erwähnt, eine solche Abbildung φ *additiv*, wenn $\varphi(\emptyset) = 0$ ist und

$$\varphi(K \cup M) + \varphi(K \cap M) = \varphi(K) + \varphi(M) \qquad (2.14)$$

für alle $K, M \in \mathcal{K}$ gilt, die $K \cup M \in \mathcal{K}$ erfüllen. Ebenso heißt eine Abbildung $\varphi : \mathcal{R} \to X$ additiv, wenn $\varphi(\emptyset) = 0$ und (2.14) für alle $K, M \in \mathcal{R}$ gilt.

Satz 2.4.1. *Die Abbildungen* $V_j : \mathcal{K} \to \mathsf{R}$ *und*

$$\Phi_j : \mathcal{K} \ \to \ \mathcal{M}(\mathsf{R}^n)$$

$$K \ \mapsto \ \Phi_j(K, \cdot)$$

sind additiv $(j = 0, \ldots, n)$.

Beweis. Wegen $V_j(K) = \Phi_j(K, \mathsf{R}^n)$ genügt es, die Additivität von Φ_j nachzuweisen. Seien also $K, M, K \cup M \in \mathcal{K}$, o.B.d.A. $K, M \neq \emptyset$, ferner $A \in \mathcal{B}(\mathsf{R}^n)$ und $\epsilon \geq 0$. Sei $x \in \mathsf{R}^n$. Im Fall $p(K \cup M, x) \in K$ ist $p(K \cup M, x) = p(K, x)$ und (wegen der Konvexität von $K \cup M$) $p(K \cap M, x) = p(M, x)$. Für die Indikatorfunktionen folgt also

$$\mathbf{1}_{U_\epsilon(K \cup M, A)}(x) = \mathbf{1}_{U_\epsilon(K,A)}(x), \quad \mathbf{1}_{U_\epsilon(K \cap M, A)}(x) = \mathbf{1}_{U_\epsilon(M,A)}(x)$$

und daher

$$\mathbf{1}_{U_\epsilon(K \cup M, A)}(x) + \mathbf{1}_{U_\epsilon(K \cap M, A)}(x) = \mathbf{1}_{U_\epsilon(K,A)}(x) + \mathbf{1}_{U_\epsilon(M,A)}(x).$$

Analog erhält man diese Gleichung auch für $x \in \mathsf{R}^n$ mit $p(K \cup M, x) \in M$; sie gilt also allgemein. Integration liefert

$$\rho_\epsilon(K \cup M, A) + \rho_\epsilon(K \cap M, A) = \rho_\epsilon(K, A) + \rho_\epsilon(M, A),$$

also ist $K \mapsto \rho_\epsilon(K, \cdot)$ für jedes $\epsilon \geq 0$ additiv. Aus (2.10) folgt nun die Additivität der Krümmungsmaße. $\blacksquare$

Ist $\varphi : \mathcal{K} \to X$ additiv, so liegt es nahe, nach der Möglichkeit einer additiven Fortsetzung $\varphi : \mathcal{R} \to X$ zu fragen. Existiert eine solche Fortsetzung, so läßt sich der Wert $\varphi(K)$ für $K \in \mathcal{R}$ mit der Darstellung $K = \bigcup_{i=1}^m K_i$, $K_i \in \mathcal{K}$, berechnen nach der Formel

$$\varphi(K) = \sum_{v \in S(m)} (-1)^{|v|-1} \varphi(K_v). \tag{2.15}$$

Hierbei bezeichnen wir mit $S(m)$ die Familie aller nichtleeren Teilmengen von $\{1, \ldots, m\}$, $|v|$ ist die Anzahl der Elemente von $v \in S(m)$, und für $v = \{i_1, \ldots, i_k\}$ ist

$$K_v := K_{i_1} \cap \ldots \cap K_{i_k}$$

gesetzt. Die Gleichung (2.15) wird unter Verwendung der Additivität durch Induktion nach $|v|$ erhalten. Sie zeigt, daß eine additive Fortsetzung der Funktion φ von $\mathcal{K}$ auf $\mathcal{R}$ eindeutig ist. Die Existenz einer solchen Fortsetzung wird aber durch (2.15) nicht gesichert. Will man $\varphi(K)$ für $K \in \mathcal{R}$ durch (2.15) definieren, so muß man zeigen, daß $\varphi(K)$ nicht von der speziellen Darstellung $K = \bigcup_{i=1}^m K_i$ abhängt.

Unter der zusätzlichen Voraussetzung der Stetigkeit können wir die Existenz einer additiven Fortsetzung beweisen. Dazu muß X ein topologischer Vektorraum sein (also ein Vektorraum mit einer verträglichen Topologie).

Satz 2.4.2. *Sei X ein topologischer Vektorraum und $\varphi : \mathcal{K} \to X$ eine stetige additive Abbildung. Dann existiert genau eine additive Fortsetzung $\varphi : \mathcal{R} \to X$.*

Beweis. Zu zeigen ist nur noch die Existenz.

Zur Vereinfachung der Schreibweise bezeichnen wir in diesem Beweis die Indikatorfunktion einer Menge $K \subset \mathsf{R}^n$ mit K^*. Wir zeigen zunächst:

HILFSAUSSAGE. Aus

$$\sum_{i=1}^{m} \alpha_i K_i^* = 0$$

mit $m \in \mathsf{N}$, $\alpha_i \in \mathsf{R}$, $K_i \in \mathcal{K}$ folgt

$$\sum_{i=1}^{m} \alpha_i \varphi(K_i) = 0.$$

Angenommen, diese Hilfsaussage wäre falsch. Dann gibt es ein minimales m, $m \geq 2$, Zahlen $\alpha_i \in \mathsf{R}$ und Körper $K_i \in \mathcal{K}$ mit

$$\sum_{i=1}^{m} \alpha_i K_i^* = 0, \qquad\qquad (2.16)$$

aber

$$\sum_{i=1}^{m} \alpha_i \varphi(K_i) = a \neq 0. \qquad\qquad (2.17)$$

Sei $H \subset \mathsf{R}^n$ eine Hyperebene mit $K_1 \subset \mathrm{int}H^+$, wo H^+, H^- die beiden von H berandeten abgeschlossenen Halbräume sind. Dann ist wegen (2.16)

$$\sum_{i=1}^{m} \alpha_i (K_i \cap H^-)^* = 0, \qquad \sum_{i=1}^{m} \alpha_i (K_i \cap H)^* = 0.$$

Wegen $K_1 \cap H^- = \emptyset$ und $K_1 \cap H = \emptyset$ hat jede dieser Summen höchstens $m - 1$ von Null verschiedene Summanden. Wegen der Minimalität von m (und $\varphi(\emptyset) = 0$) folgt

$$\sum_{i=1}^{m} \alpha_i \varphi(K_i \cap H^-) = 0, \qquad \sum_{i=1}^{m} \alpha_i \varphi(K_i \cap H) = 0.$$

Da φ auf $\mathcal{K}$ additiv ist, gilt also

$$\sum_{i=1}^{m} \alpha_i \varphi(K_i \cap H^+) = a, \qquad\qquad (2.18)$$

nach (2.16) aber

$$\sum_{i=1}^{m} \alpha_i (K_i \cap H^+)^* = 0. \tag{2.19}$$

Nun wählen wir eine Folge $(H_j)_{j \in \mathbb{N}}$ von Hyperebenen mit $K_1 \subset \mathrm{int} H_j^+$ und

$$K_1 = \bigcap_{j=1}^{\infty} H_j^+$$

(zur Existenz einer solchen Folge siehe Anhang I). Wird das Argument, das von (2.16), (2.17) zu (2.19), (2.18) führte, k-mal angewendet, so erhalten wir

$$\sum_{i=1}^{m} \alpha_i \varphi (K_i \cap \bigcap_{j=1}^{k} H_j^+) = a.$$

Für $k \to \infty$ ergibt sich

$$\sum_{i=1}^{m} \alpha_i \varphi (K_i \cap K_1) = a \tag{2.20}$$

wegen der Stetigkeit von φ. Wegen (2.16) gilt dabei

$$\sum_{i=1}^{m} \alpha_i (K_i \cap K_1)^* = 0. \tag{2.21}$$

Das Verfahren, das von (2.16) und (2.17) zu (2.21) und (2.20) führte, kann wiederholt werden, indem statt K_i und K_1 die Körper $K_i \cap K_1$ und K_2 benutzt werden, dann $K_i \cap K_1 \cap K_2$ und K_3, und so weiter. Schließlich erhält man

$$\sum_{i=1}^{m} \alpha_i (K_1 \cap \ldots \cap K_m)^* = 0$$

und

$$\sum_{i=1}^{m} \alpha_i \varphi (K_1 \cap \ldots \cap K_m) = a$$

(wegen $K_i \cap K_1 \cap \ldots \cap K_m = K_1 \cap \ldots \cap K_m$). Wegen $a \neq 0$ folgt $\sum_{i=1}^{m} \alpha_i \neq 0$, also $(K_1 \cap \ldots \cap K_m)^* = 0$ nach der ersten Beziehung, aber dann ist $\varphi (K_1 \cap \ldots \cap K_m) = 0$, im Widerspruch zur zweiten Beziehung. Damit ist die Hilfsaussage bewiesen.

Nun betrachten wir den reellen Vektorraum V aller endlichen Linearkombinationen der Indikatorfunktionen von Elementen aus $\mathcal{K}$. Die Abbildung

$K \mapsto K^*$ ist trivialerweise additiv. Für $K \in \mathcal{R}$, $K = \bigcup_{i=1}^{m} K_i$, $K_i \in \mathcal{K}$, gilt daher

$$K^* = \sum_{v \in S(m)} (-1)^{|v|-1}(K_v)^*,$$

also $K^* \in V$. Für gegebenes $f \in V$ wählen wir eine Darstellung

$$f = \sum_{i=1}^{m} \alpha_i K_i^*$$

mit $m \in \mathsf{N}$, $\alpha_i \in \mathsf{R}$, $K_i \in \mathcal{K}$ und setzen

$$\tilde{\varphi}(f) := \sum_{i=1}^{m} \alpha_i \varphi(K_i).$$

Wegen der Hilfsaussage ist diese Definition möglich. Offensichtlich ist dann $\tilde{\varphi} : V \to X$ eine lineare Abbildung mit $\tilde{\varphi}(K^*) = \varphi(K)$ für $K \in \mathcal{K}$. Setzen wir nun

$$\varphi(K) := \tilde{\varphi}(K^*) \qquad \text{für } K \in \mathcal{R},$$

so ist φ damit von $\mathcal{K}$ auf $\mathcal{R}$ fortgesetzt, und wegen der Linearität von $\tilde{\varphi}$ und der Additivität von $K \mapsto K^*$ gilt für $K, M \in \mathcal{R}$

$$\begin{aligned}
\varphi(K \cup M) + \varphi(K \cap M) &= \tilde{\varphi}((K \cup M)^*) + \tilde{\varphi}((K \cap M)^*) \\
&= \tilde{\varphi}((K \cup M)^* + (K \cap M)^*) = \tilde{\varphi}(K^* + M^*) \\
&= \tilde{\varphi}(K^*) + \tilde{\varphi}(M^*) = \varphi(K) + \varphi(M),
\end{aligned}$$

also ist φ auf $\mathcal{R}$ additiv.   ■

Wegen Satz 2.4.1 und Satz 2.3.5 können wir Satz 2.4.2 auf V_j und Φ_j anwenden (im Fall Φ_j ist $X = \mathcal{M}(\mathsf{R}^n)$ mit der Topologie der schwachen Konvergenz).

Korollar 2.4.3. *Die inneren Volumina V_j und die Krümmungsmaße Φ_j besitzen eine eindeutige additive Fortsetzung auf den Konvexring $\mathcal{R}$ ($j = 0, \ldots, n$).*

Die Fortsetzungen werden mit denselben Symbolen bezeichnet. Man beachte, daß bei der Fortsetzung einige Eigenschaften verlorengehen. So nehmen die Fortsetzungen für $j \leq n - 2$ auch negative Werte an, insbesondere sind die Krümmungsmaße auf $\mathcal{R}$ nur noch signierte Maße. Die Krümmungsmaße und die inneren Volumina sind auf $\mathcal{R}$ nicht mehr stetig (dies sieht man sofort, wenn man etwa B^n durch endliche Mengen approximiert). Andere Eigenschaften übertragen sich aber unmittelbar von $\mathcal{K}$ auf $\mathcal{R}$.

Satz 2.4.4. *Sei $j \in \{0, \ldots, n\}$. Die Abbildung $V_j : \mathcal{R} \to \mathbb{R}$ ist additiv, homogen vom Grad j und bewegungsinvariant. Die Abbildung $\Phi_j : \mathcal{R} \to \mathcal{M}(\mathbb{R}^n)$ ist additiv, homogen vom Grad j und bewegungskovariant.*

Beweis. Die Additivität ergab sich bereits bei der Fortsetzung; die anderen Eigenschaften sind klar nach (2.15) und den entsprechenden Eigenschaften auf $\mathcal{K}$. ∎

Die fortgesetzten Krümmungsmaße sind auch wieder meßbar im ersten Argument; dies wird in Anhang II (Satz 7.2.1) gezeigt. Ferner sind sie lokal erklärt (vgl. Satz 2.3.5(e)), was sich folgendermaßen einsehen läßt. Seien $K, M \in \mathcal{R}$, sei $A \subset \mathbb{R}^n$ eine nichtleere offene Menge mit $K \cap A = M \cap A$. Sei $W \subset A$ ein abgeschlossener Würfel und $B \subset \mathrm{int}\, W$ eine Borelmenge. Es genügt,

$$\Phi_j(K, B) = \Phi_j(M, B) \tag{2.22}$$

zu zeigen. Hierzu wählen wir zunächst beliebige Darstellungen $K = \bigcup_i \tilde{K}_i$, $M = \bigcup_j \tilde{M}_j$ mit endlich vielen konvexen Körpern $\tilde{K}_i, \tilde{M}_j \in \mathcal{K}$. Wir bezeichnen mit $K_r = M_r$, $r = 1, \ldots, t$, die nichtleeren Körper der Form $\tilde{K}_i \cap \tilde{M}_j \cap W$, in einer beliebigen Numerierung. Sodann seien $K_{t+1}, \ldots, K_k$ in beliebiger Numerierung die nichtleeren Körper der Form $\tilde{K}_i \cap H$, wo H die abgeschlossenen Halbräume durchläuft, die von Facetten-Hyperebenen von W berandet werden und W nicht enthalten. Analog werden $M_{t+1}, \ldots, M_m$ definiert. Dann gilt

$$K = \bigcup_{r=1}^{k} K_r, \qquad M = \bigcup_{r=1}^{m} M_r.$$

Die Inklusion $\supset$ ist nämlich trivial, und jeder Punkt $x \in K$ liegt entweder in einem passenden $\tilde{K}_i \cap H$ oder in einem $\tilde{K}_i \cap W$, und wegen $K \cap W = M \cap W$ gilt

$$\tilde{K}_i \cap W \subset \bigcup_j (\tilde{K}_i \cap \tilde{M}_j \cap W).$$

Wegen der Additivität von $\Phi_j(\,\cdot\,, B)$ gilt nun

$$\begin{aligned}
\Phi_j(K, B) &= \sum_{v \in S(k)} (-1)^{|v|-1} \Phi_j(K_v, B) \\
&= \sum_{v \in S(t)} (-1)^{|v|-1} \Phi_j(K_v, B),
\end{aligned}$$

denn wenn die Teilmenge v eine Zahl größer als t enthält, ist $K_v \cap B = \emptyset$. Für $v \in S(t)$ ist aber $K_v = M_v$ und daher $\Phi_j(K_v, B) = \Phi_j(M_v, B)$. Damit folgt (2.22).

Da Φ_j lokal erklärt ist, folgt auch sofort, daß $\Phi_j(K, \cdot)$ für $j \leq n - 1$ auf dem Rand von K konzentriert ist.

Ferner kann die Eigenschaft der Krümmungsmaße, lokal erklärt zu sein, dazu benutzt werden, Krümmungmaße auch für unbeschränkte Mengen des erweiterten Konvexringes zu definieren. Sei dazu $K \in \mathcal{S}$ und $A \in \mathcal{B}(\mathbb{R}^n)$ beschränkt. Sei rB^n, $r > 0$, eine Kugel um 0 mit $A \subset \operatorname{int} rB^n$. Dann setzen wir

$$\Phi_j(K, A) := \Phi_j(K \cap rB^n, A).$$

Die Definition ist wegen $K \cap rB^n \in \mathcal{R}$ sinnvoll, und sie ist unabhängig von rB^n, weil Φ_j lokal erklärt ist. Die so definierte Mengenfunktion $\Phi_j(K, \cdot)$ ist ein signiertes Radon-Maß; sie ist nur auf der Teilklasse $\mathcal{B}_b(\mathbb{R}^n) \subset \mathcal{B}(\mathbb{R}^n)$ der beschränkten Borelmengen erklärt. Ist aber K konvex und $B \in \mathcal{B}(\mathbb{R}^n)$, so ist $K \cap rB^n \in \mathcal{K}$, also $\Phi_j(K, B \cap rB^n) \geq 0$ und mit r monoton wachsend. In diesem Fall kann also

$$\Phi_j(K, B) := \lim_{r \to \infty} \Phi_j(K, B \cap rB^n)$$

definiert werden, und $\Phi_j(K, \cdot)$ ist dann ein Maß auf $\mathcal{B}(\mathbb{R}^n)$.

Für eine Menge $K \in \mathcal{R}$ mit der Darstellung $K = \bigcup_{i=1}^m K_i$, $K_i \in \mathcal{K}$, ist das Krümmungsmaß Φ_j gegeben durch

$$\Phi_j(K, \cdot) = \sum_{v \in S(m)} (-1)^{|v|-1} \Phi_j(K_v, \cdot). \tag{2.23}$$

Es läßt sich also im Prinzip berechnen aus seinen Werten auf den konvexen Körpern. Es sind auch direktere geometrische Interpretationen möglich, die nur auf die Punktmenge K selbst zurückgreifen und nicht auf spezielle Darstellungen als Vereinigungen konvexer Körper. Wir erläutern dies kurz für die Fälle $j = n$, $n - 1$ und 0.

Für konvexe Körper $K \in \mathcal{K}$ und Borelmengen $A \in \mathcal{B}(\mathbb{R}^n)$ gilt $\Phi_n(K, A) = \lambda(A \cap K)$. Da $\lambda(A \cap \cdot)$ additiv ist, gilt

$$\Phi_n(K, A) = \lambda(A \cap K) \tag{2.24}$$

auch für $K \in \mathcal{R}$.

Auch die Deutung

$$\Phi_{n-1}(K, A) = \frac{1}{2}\mathcal{H}^{n-1}(A \cap \operatorname{bd} K) \tag{2.25}$$

läßt sich auf Mengen K des Konvexringes übertragen, wenn vorausgesetzt wird, daß K die abgeschlossene Hülle von int K ist.

Für $j = 0$ gehen wir nur auf das totale Krümmungsmaß ein, also auf V_0. Die Größe $V_0(K)$ für $K \in \mathcal{R}$, die wegen

$$V_0(K) = \sum_{v \in S(m)} (-1)^{|v|-1} V_0(K_v)$$

$(K = \bigcup_{i=1}^m K_i,\ K_i \in \mathcal{K})$ und $V_0(K_v) \in \{0,1\}$ eine ganze Zahl ist, heißt (*Eulersche*) *Charakteristik* von K; sie wird oft auch mit $\chi(K)$ bezeichnet. (Sie stimmt auf $\mathcal{R}$ überein mit der in der Topologie auf ganz anderem Wege erklärten topologischen Invariante gleichen Namens.) Für $n = 2$ und $K \in \mathcal{R}$ ist $V_0(K) = k(K) - l(K)$, wo $k(K)$ die Anzahl der Zusammenhangskomponenten von K und $l(K)$ die Anzahl der „Löcher" (der beschränkten Zusammenhangskomponenten des Komplements) von K ist.

Bemerkungen und Literaturhinweise zu Kapitel 2

Die Quermaßintegrale konvexer Körper, die in Spezialfällen auf Minkowski zurückgehen, haben in der metrischen Konvexgeometrie eine zentrale Bedeutung. Ihre Rolle in der Integralgeometrie konvexer Körper wird besonders deutlich im sechsten Kapitel des Buches von Hadwiger [1957]. Dort werden auch konsequent additive Funktionale auf dem Konvexring verwendet. Einen Überblick über additive Funktionale gibt der Artikel von McMullen & Schneider [1983].

Die Krümmungsmaße sind von Federer [1959] eingeführt worden, und zwar für Mengen positiver Reichweite. Eine kompakte Menge $M \subset \mathbb{R}^n$ heißt *von positiver Reichweite*, wenn es eine Zahl $\epsilon > 0$ gibt derart, daß zu jedem Punkt $x \in \mathbb{R}^n$, der von M nicht weiter als ϵ entfernt ist, ein eindeutig bestimmter nächster Punkt in M existiert. Konvexe Körper sind spezielle Mengen von positiver Reichweite. Für sie lassen sich die Krümmungsmaße in elementarer Weise einführen und zusätzliche Resultate gewinnen, siehe Schneider [1978a]. Zum Beispiel ist dort eine axiomatische Charakterisierung der Krümmungsmaße konvexer Körper bewiesen worden, die analog ist zu Satz 2.2.3 und die die in den Sätzen 2.3.5 und 2.4.1 gesammelten Eigenschaften verwendet.

Die additive Fortsetzbarkeit der Krümmungsmaße haben wir hier aus Satz 2.4.2 gefolgert. Dieser Satz und sein Beweis stammen von Groemer [1978].

Auf eine explizitere Weise ist die additive Fortsetzung von Schneider [1980a] konstruiert worden. Um dieses Verfahren zu skizzieren, bezeichnen wir für den Moment mit $B(z,\rho) \subset \mathsf{R}^n$ die abgeschlossene Kugel mit Mittelpunkt z und Radius ρ. Für $K \in \mathcal{R}$ und Punkte $q, x \in \mathsf{R}^n$ mit $q \neq x$ erklärt man den *Index* von K bei q bezüglich x durch

$$j(K,q,x) := 1 - \lim_{\delta \to 0+} \lim_{\epsilon \to 0+} V_0(K \cap B(x, \|x - q\| - \epsilon) \cap B(q,\delta)),$$

falls $q \in K$ ist, und durch $j(K,q,x) := 0$ im Fall $q \notin K$. Hier haben wir benutzt, daß die Eulersche Charakteristik V_0 eine additive Fortsetzung auf den Konvexring besitzt, wie man in einfacher Weise nach Hadwiger [1957], Abschnitt 6.3.3, einsehen kann. Für eine Borelmenge $A \in \mathcal{B}(\mathsf{R}^n)$ und für $\epsilon > 0$ sei dann

$$c_\epsilon(K,A,x) := \sum_{q \in A \setminus \{x\}} j(K \cap B(x,\epsilon), q, x)$$

(nur endlich viele Summanden sind verschieden von Null). Ist K insbesondere konvex, so ist

$$c_\epsilon(K,A,\cdot) = 1_{U_\epsilon(K,A)};$$

im übrigen ist $c_\epsilon(\cdot, A, x)$ additiv auf $\mathcal{R}$. Man kann daher durch

$$\rho_\epsilon(K,A) := \int\limits_{\mathsf{R}^n} c_\epsilon(K,A,x) d\lambda(x)$$

die Funktion $\rho_\epsilon(\cdot, A)$ additiv fortsetzen auf den Konvexring, und in Verallgemeinerung der lokalen Steiner-Formel (2.7) gilt dann eine Polynomentwicklung

$$\rho_\epsilon(K,A) = \sum_{j=0}^{n} \epsilon^{n-j} \kappa_{n-j} \Phi_j(K,A)$$

für $K \in \mathcal{R}$. Rechts stehen jetzt die auf den Konvexring fortgesetzten Krümmungsmaße.

Für die additive Fortsetzung $\rho_\epsilon(K,A)$ gilt auch noch Hilfssatz 2.3.2: Für jedes feste $A \in \mathcal{B}(\mathsf{R}^n)$ ist die Funktion $\rho_\epsilon(\cdot, A)$ auf $\mathcal{R}$ meßbar (und damit auch $\Phi_j(\cdot, A)$ für $j = 0, \dots, n$) bezüglich der Borelschen σ-Algebra, die durch die Hausdorff-Metrik auf $\mathcal{R}$ induziert wird. Es gilt nämlich, daß ein additives Funktional $\varphi : \mathcal{R} \to \mathsf{R}$ genau dann meßbar ist, wenn die Einschränkung von φ auf $\mathcal{K}$ meßbar ist. Diesen Satz, der von Weil & Wieacker [1984] stammt, beweisen wir in Anhang II (Satz 7.2.1).

Kapitel 3

Die kinematische Hauptformel

In diesem Kapitel werden die wichtigsten integralgeometrischen Formeln, die kinematische Hauptformel und die Crofton-Formel, behandelt. Wir beweisen sie in einer allgemeinen Fassung für Krümmungsmaße und die Mengen des Konvexringes.

Zur Erläuterung betrachten wir zunächst zwei konvexe Körper $K, M \in \mathcal{K}$. Wir halten K fest und bewegen M, das heißt wir betrachten die Bilder gM von M unter allen Bewegungen $g \in G_n$. Dann interessieren wir uns für das invariante Maß der Menge aller Bewegungen, die M in eine Trefflage mit K bringen, also für

$$\mu(\{g \in G_n : K \cap gM \neq \emptyset\}).$$

Unter Verwendung der Eulerschen Charakteristik können wir dieses Maß auch als das Integral

$$\int_{G_n} V_0(K \cap gM)\, d\mu(g)$$

schreiben. Ein Spezialfall der kinematischen Hauptformel (siehe Korollar 3.2.4) drückt dieses Integral durch die inneren Volumina von K und M aus:

$$\int_{G_n} V_0(K \cap gM)\, d\mu(g) = \sum_{k=0}^{n} \alpha_{nk} V_k(K) V_{n-k}(M)$$

mit gewissen Konstanten α_{nk}. Für manche Anwendungen muß man mehrfache kinematische Integrale ermitteln, wie etwa

$$\int_{G_n} \int_{G_n} V_0(K \cap g_1 M_1 \cap g_2 M_2)\, d\mu(g_1) d\mu(g_2).$$

Dazu benötigt man offenbar Formeln für

$$\int_{G_n} V_j(K \cap gM) \, d\mu(g), \qquad j = 0, \ldots, n.$$

Allgemeiner lassen sich diese Betrachtungen auch lokal durchführen, indem Integrale der Form

$$\int_{G_n} \Phi_j(K \cap gM, A \cap gB) \, d\mu(g)$$

für Borelmengen A, B bestimmt werden. Das Ergebnis wird durch Satz 3.2.3 gegeben.

Das letzte Integral können wir gemäß der Definition von μ in der Form

$$\int_{SO_n} \int_{\mathsf{R}^n} \Phi_j(K \cap (\vartheta M + x), A \cap (\vartheta B + x)) \, d\lambda(x) d\nu(\vartheta)$$

schreiben. Im nächsten Abschnitt betrachten wir zunächst das innere Integral, untersuchen also translative Integrale der Gestalt

$$\int_{\mathsf{R}^n} \Phi_j(K \cap (M + x), A \cap (B + x)) \, d\lambda(x)$$

für $A, B \in \mathcal{B}(\mathsf{R}^n)$. In Abschnitt 3.2 kommt dann die Integration über die Drehungen hinzu.

3.1   Translative Integralformeln

Zunächst stellen wir eine translative Integralformel für Polytope auf. Dazu benötigen wir noch einige Bezeichnungen. Seien $L, L' \subset \mathsf{R}^n$ zwei lineare Unterräume. Wir wählen eine Orthonormalbasis von $L \cap L'$ und ergänzen sie einerseits zu einer Orthonormalbasis von L und andererseits zu einer Orthonormalbasis von L'. Ist P das von den erhaltenen Vektoren aufgespannte Parallelepiped, so setzen wir $[L, L'] := V_n(P)$. Die Größe $[L, L']$ hängt nur von den Unterräumen L und L' ab. Im Fall $L + L' \neq \mathsf{R}^n$ ist $[L, L'] = 0$.

Wir erweitern diese Definition auf Seiten $F \in \mathcal{F}(K)$, $G \in \mathcal{F}(M)$ von Polytopen $K, M \in \mathcal{P}$, indem wir $[F, G] := [L, L']$ setzen, wobei L der zu aff F parallele und L' der zu aff G parallele lineare Unterraum ist.

Für Polytope $K, M \in \mathcal{P}$ und Seiten F von P und G von Q definieren wir einen *gemeinsamen äußeren Winkel* durch

$$\gamma(F, G, K, M) := \gamma(F \cap (G + x), K \cap (M + x)),$$

wo $x \in \mathbb{R}^n$ so gewählt ist, daß

$$\operatorname{relint} F \cap \operatorname{relint}(G + x) \neq \emptyset$$

gilt. Offensichtlich ist diese Definition unabhängig von der speziellen Wahl von x.

Zwei Seiten F und G von Polytopen nennen wir *in spezieller Lage*, wenn die parallelen linearen Unterräume in spezieller Lage sind (vgl. die Definition vor Satz 1.2.5).

Satz 3.1.1. *Für Polytope* $K, M \in \mathcal{P}$, *Borelmengen* $A, B \in \mathcal{B}(\mathbb{R}^n)$ *und für* $j = 0, \ldots, n$ *gilt*

$$\int_{\mathbb{R}^n} \Phi_j(K \cap (M + x), A \cap (B + x)) \, d\lambda(x) = \sum_{k=j}^{n} \Phi_k^{(j)}(K, M, A \times B)$$

mit endlichen Maßen $\Phi_k^{(j)}(K, M, \cdot)$ *auf* $\mathbb{R}^n \times \mathbb{R}^n$, *die durch*

$$\Phi_k^{(j)}(K, M, \cdot) := \sum_{F \in \mathcal{F}_k(K)} \sum_{G \in \mathcal{F}_{n+j-k}(M)} \gamma(F, G, K, M)[F, G]\lambda_F \otimes \lambda_G$$

$(k = j, \ldots, n)$ *definiert sind. Insbesondere gilt*

$$\Phi_j^{(j)}(K, M, A \times B) = \Phi_j(K, A)\Phi_n(M, B),$$

$$\Phi_n^{(j)}(K, M, A \times B) = \Phi_n(K, A)\Phi_j(M, B).$$

Beweis. Wir befassen uns zunächst mit der Meßbarkeit der Funktion

$$x \mapsto \Phi_j(K \cap (M + x), A \cap (B + x)),$$

und zwar für beliebige konvexe Körper $K, M \in \mathcal{K}$ und Borelmengen $A, B \in \mathcal{B}(\mathbb{R}^n)$.

Für festes $x \in \mathbb{R}^n$ definieren wir

$$T_x : \mathbb{R}^n \to \mathbb{R}^n \times \mathbb{R}^n \qquad \text{durch} \quad T_x(y) := (y, y - x)$$

und

$$\varphi^{(j)}(x, K, M, \cdot) := T_x(\Phi_j(K \cap (M + x), \cdot)).$$

Dann ist $\varphi^{(j)}(x, K, M, \cdot)$ ein endliches Maß auf $\mathbb{R}^n \times \mathbb{R}^n$, und es gilt

$$\varphi^{(j)}(x, K, M, A \times B) = \Phi_j(K \cap (M + x), A \cap (B + x))$$

für $A, B \in \mathcal{B}(\mathbb{R}^n)$. Nach dem Transformationssatz für Integrale gilt

$$\int_{\mathbb{R}^n \times \mathbb{R}^n} f(y, z)\, d\varphi^{(j)}(x, K, M, (y, z)) = \int_{\mathbb{R}^n} f(y, y - x)\, d\Phi_j(K \cap (M + x), y)$$

für $f \in C(\mathbb{R}^n \times \mathbb{R}^n)$. Nach Hilfssatz 2.1.3 ist die Abbildung $x \mapsto K \cap (M + x)$ stetig außerhalb der Menge

$$\{x \in \mathbb{R}^n : K \text{ und } M + x \text{ berühren sich}\} = \mathrm{bd}\,(K - M).$$

Nach Satz 2.3.5(a) ist daher die Abbildung

$$x \mapsto \Phi_j(K \cap (M + x), \cdot)$$

auf $\mathbb{R}^n \backslash \mathrm{bd}\,(K - M)$ stetig (bezüglich der schwachen Topologie). Für $f \in C(\mathbb{R}^n \times \mathbb{R}^n)$ und $x_i \to x_0 \notin \mathrm{bd}\,(K - M)$ folgt daher

$$\int_{\mathbb{R}^n} f(y, y - x_i)\, d\Phi_j(K \cap (M + x_i), y)$$

$$\to \int_{\mathbb{R}^n} f(y, y - x_0)\, d\Phi_j(K \cap (M + x_0), y)$$

(da $\Phi_j(K \cap (M + x_i), \cdot)$ außerhalb eines von i unabhängigen Kompaktums Null ist und f auf einem Kompaktum gleichmäßig stetig ist). Also ist die Abbildung

$$x \mapsto \int_{\mathbb{R}^n \times \mathbb{R}^n} f(y, z)\, d\varphi^{(j)}(x, K, M, (y, z))$$

auf $\mathbb{R}^n \backslash \mathrm{bd}\,(K - M)$ stetig. Wie in Anhang II (Hilfssatz 7.2.2) gezeigt wird, folgt hieraus die Meßbarkeit der Abbildung

$$x \mapsto \varphi^{(j)}(x, K, M, A \times B) = \Phi_j(K \cap (M + x), A \cap (B + x))$$

auf $\mathbb{R}^n \backslash \mathrm{bd}\,(K - M)$ für beliebige $A, B \in \mathcal{B}(\mathbb{R}^n)$.

Wegen $\lambda(\mathrm{bd}(K - M)) = 0$ ist also das Integral

$$I := \int_{\mathbf{R}^n} \Phi_j(K \cap (M + x), A \cap (B + x))\, d\lambda(x)$$

erklärt.

Nun seien $K, M \in \mathcal{P}$ Polytope. Nach Korollar 2.3.4 gilt

$$I = \int_{\mathbf{R}^n} \sum_{F' \in \mathcal{F}_j(K \cap (M+x))} \gamma(F', K \cap (M + x))\lambda_{F'}(A \cap (B + x))\, d\lambda(x). \quad (3.1)$$

Die Seiten $F' \in \mathcal{F}_j(K \cap (M + x))$ sind genau die j-dimensionalen Mengen der Form $F' = F \cap (G + x)$ mit einer Seite $F \in \mathcal{F}_k(K)$ und einer Seite $G \in \mathcal{F}_i(M)$, für geeignete $k, i \in \{j, \ldots, n\}$. Bei der Berechnung des Integrals I brauchen nur die Vektoren x berücksichtigt werden, die für ein Paar F, G mit $F \cap (G + x) \neq \emptyset$ auch relint $F \cap$ relint $(G + x) \neq \emptyset$ erfüllen, da die übrigen x eine λ-Nullmenge bilden. Ferner liefern die Paare F, G, für die $k + i < n$ ist oder die in spezieller Lage sind, keinen Beitrag zum Integral, da für diese

$$\lambda(\{x \in \mathbf{R}^n : F \cap (G + x) \neq \emptyset\}) = \lambda(F - G) = 0$$

ist. In den übrigen Fällen ist $\dim F' = \dim F + \dim G - n$, also $k + i = n + j$. Somit ergibt sich

$$I = \sum_{k=j}^{n} \sum_{F \in \mathcal{F}_k(K)} \sum_{G \in \mathcal{F}_{n+j-k}(M)}$$

$$\int_{\mathbf{R}^n} \gamma(F \cap (G + x), K \cap (M + x))\lambda_{F \cap (G+x)}(A \cap (B + x))\, d\lambda(x)$$

$$= \sum_{k=j}^{n} \sum_{F \in \mathcal{F}_k(K)} \sum_{G \in \mathcal{F}_{n+j-k}(M)} \gamma(F, G, K, M) J(F, G)$$

mit

$$J(F, G) := \int_{\mathbf{R}^n} \lambda_{F \cap (G+x)}(A \cap (B + x))\, d\lambda(x).$$

Sei das Paar F, G nicht in spezieller Lage (andernfalls ist $J(F, G) = 0$). Zur Berechnung von $J(F, G)$ können wir

$$0 \in L_1 := \mathrm{aff}\, F \cap \mathrm{aff}\, G$$

voraussetzen. Sei dann

$$L_2 := L_1^\perp \cap \text{aff}\, F, \qquad L_3 := L_1^\perp \cap \text{aff}\, G,$$

und seien $\lambda^{(j)}$, $\lambda^{(k-j)}$, $\lambda^{(n-k)}$ die Lebesgue-Maße auf L_1, L_2, L_3. Dann gilt $\mathbb{R}^n = L_1 \oplus L_2 \oplus L_3$, also können wir $x \in \mathbb{R}^n$ eindeutig in der Form $x = x_1 + x_2 + x_3$ mit $x_i \in L_i$ für $i = 1, 2, 3$ schreiben. Mit $A' := A \cap F$, $B' := B \cap G$ erhalten wir

$$J(F, G) = [F, G] \int_{L_3} \int_{L_2} \int_{L_1} \lambda_{F \cap (G + x_1 + x_2 + x_3)}(A' \cap (B' + x_1 + x_2 + x_3))$$

$$d\lambda^{(j)}(x_1) d\lambda^{(k-j)}(x_2) d\lambda^{(n-k)}(x_3).$$

Wegen

$$(A' \cap (B' + x_1 + x_2 + x_3)) - x_2 = (A' - x_2) \cap (B' + x_1 + x_3) \subset L_1$$

ist

$$\int_{L_1} \lambda_{F \cap (G + x_1 + x_2 + x_3)}(A' \cap (B' + x_1 + x_2 + x_3))\, d\lambda^{(j)}(x_1)$$

$$= \int_{L_1} \lambda^{(j)}((A' - x_2) \cap (B' + x_3 + x_1))\, d\lambda^{(j)}(x_1)$$

$$= \lambda^{(j)}((A' - x_2) \cap L_1)\lambda^{(j)}((B' + x_3) \cap L_1)$$

nach Satz 1.2.7. Mit dem Satz von Fubini ergibt sich

$$\int_{L_2} \lambda^{(j)}((A' - x_2) \cap L_1)\, d\lambda^{(k-j)}(x_2) = \lambda^{(j)} \otimes \lambda^{(k-j)}(A') = \lambda_F(A)$$

und

$$\int_{L_3} \lambda^{(j)}((B' + x_3) \cap L_1)\, d\lambda^{(n-k)}(x_3) = \lambda^{(j)} \otimes \lambda^{(n-k)}(B') = \lambda_G(B).$$

Insgesamt erhalten wir

$$J(F, G) = [F, G]\lambda_F(A)\lambda_G(B),$$

also die im Satz behauptete Darstellung des Maßes $\Phi_k^{(j)}(K, M, \cdot)$.

Im Fall $k = j$ ist

$$\sum_{F \in \mathcal{F}_k(K)} \sum_{G \in \mathcal{F}_{n+j-k}(M)} \gamma(F, G, K, M)[F, G]\lambda_F \otimes \lambda_G$$

$$= \sum_{F \in \mathcal{F}_j(K)} \gamma(F, M, K, M)[F, M]\lambda_F \otimes \lambda_M$$

$$= \sum_{F \in \mathcal{F}_j(K)} \gamma(F, K)\lambda_F \otimes \lambda_M$$

$$= \Phi_j(K, \cdot) \otimes \Phi_n(M, \cdot).$$

Analog ergibt sich im Fall $k = n$ das Maß $\Phi_n(K, \cdot) \otimes \Phi_j(M, \cdot)$. ∎

Korollar 3.1.2. *Für Polytope* $K, M \in \mathcal{P}$ *und für* $j \in \{0, \ldots, n\}$ *gilt*

$$\int_{\mathsf{R}^n} V_j(K \cap (M + x))\, d\lambda(x)$$

$$= V_j(K)V_n(M) + \sum_{k=j+1}^{n-1} V_k^{(j)}(K, M) + V_n(K)V_j(M)$$

mit

$$V_k^{(j)}(K, M) := \sum_{F \in \mathcal{F}_k(K)} \sum_{G \in \mathcal{F}_{n+j-k}(M)} \gamma(F, G, K, M)[F, G]V_k(F)V_{n+j-k}(G).$$

Satz 3.1.1 und Korollar 3.1.2 werden nun durch Approximation auf beliebige Körper $K, M \in \mathcal{K}$ übertragen. Allerdings hat dieses Resultat eher qualitativen Charakter, da für die auftretenden Maße $\Phi_k^{(j)}(K, M, \cdot)$ bzw. die Funktionale $V_k^{(j)}(K, M)$ im allgemeinen Fall keine einfachen expliziten Darstellungen bekannt sind. Die im Satz enthaltene Information ist aber für einige Anwendungen schon ausreichend.

Satz 3.1.3. *Seien* $K, M \in \mathcal{K}$ *konvexe Körper, sei* $j \in \{0, \ldots, n\}$. *Dann existieren endliche Maße* $\Phi_{j+1}^{(j)}(K, M, \cdot), \ldots, \Phi_{n-1}^{(j)}(K, M, \cdot)$ *auf* $\mathsf{R}^n \times \mathsf{R}^n$, *die* *auf* bd K × bd M *konzentriert sind und für die*

$$\int_{\mathbf{R}^n} \Phi_j(K \cap (M + x), A \cap (B + x))\, d\lambda(x)$$

$$= \Phi_j(K, A)\Phi_n(M, B) + \sum_{k=j+1}^{n-1} \Phi_k^{(j)}(K, M, A \times B) + \Phi_n(K, A)\Phi_j(M, B)$$

$$(3.2)$$

für alle $A, B \in \mathcal{B}(\mathbf{R}^n)$ *und*

$$\int_{\mathbf{R}^n} V_j(K \cap (M + x))\, d\lambda(x)$$

$$= V_j(K)V_n(M) + \sum_{k=j+1}^{n-1} V_k^{(j)}(K, M) + V_n(K)V_j(M)$$

mit $V_k^{(j)}(K, M) := \Phi_k^{(j)}(K, M, \mathbf{R}^n \times \mathbf{R}^n)$ *gilt.*

Für $K, M \in \mathcal{K}$ *hängt* $\Phi_k^{(j)}(K, M, \cdot)$ *stetig von* K *und* M *ab und ist homogen vom Grad* k *in* K *bzw. vom Grad* $n + j - k$ *in* M. *Für Polytope* K, M *stimmt* $\Phi_k^{(j)}(K, M, \cdot)$ *mit dem in Satz 3.1.1 erklärten Maß überein.*

Beweis. Wie bereits im Beweis von Satz 3.1.1 begründet wurde, ist der Integrand auf der linken Seite von (3.2) für λ-fast alle x meßbar, daher ist das Integral in (3.2) erklärt. Zunächst bemerken wir nun, daß die Gleichung (3.2), wenn die Maße $\Phi_k^{(j)}(K, M, \cdot)$ existieren, äquivalent ist mit

$$\int_{\mathbf{R}^n}\int_{\mathbf{R}^n} f(x, x - y)\, d\Phi_j(K \cap (M + y), x)\, d\lambda(y)$$

$$= \sum_{k=j}^{n} \int_{\mathbf{R}^n \times \mathbf{R}^n} f(x, y)\, d\Phi_k^{(j)}(K, M, (x, y))$$

$$(3.3)$$

für jede stetige Funktion f auf $\mathbf{R}^n \times \mathbf{R}^n$, wobei wir

$$\Phi_j^{(j)}(K, M, \cdot) := \Phi_j(K, \cdot) \otimes \Phi_n(M, \cdot)$$

und

$$\Phi_n^{(j)}(K, M, \cdot) := \Phi_n(K, \cdot) \otimes \Phi_j(M, \cdot)$$

gesetzt haben. Gilt nämlich (3.2), so gilt (3.3) mit $f = 1_{A \times B}$, also folgt (3.3) für Elementarfunktionen und dann in üblicher Weise für integrierbare Funktionen. Gilt (3.3), so folgt (3.2) für kompakte Mengen A, B, da $1_{A \times B}$ in diesem Fall Grenzfunktion einer absteigenden Folge stetiger Funktionen ist, und dann für beliebige Borelmengen, da beide Seiten Maße in A und B sind.

Nach Satz 3.1.1 gilt (3.2) und damit auch (3.3), falls K und M Polytope sind.

Wir setzen nun

$$J(f, K, M) := \int_{\mathbf{R}^n} \int_{\mathbf{R}^n} f(x, x - y)\, d\Phi_j(K \cap (M + y), x) d\lambda(y)$$

für $K, M \in \mathcal{K}$ und stetiges f auf $\mathbf{R}^n \times \mathbf{R}^n$ und zeigen, daß $J(f, K, M)$ stetig von $K, M \in \mathcal{K}$ abhängt. Seien dazu $K_i \to K$, $M_i \to M$ konvergente Folgen in $\mathcal{K}$. Aus Hilfssatz 2.1.3 und Satz 2.3.5(a) folgt die schwache Konvergenz

$$\Phi_j(K_i \cap (M_i + y), \cdot) \to \Phi_j(K \cap (M + y), \cdot)$$

und damit die punktweise Konvergenz

$$\int_{\mathbf{R}^n} f(x, x - y)\, d\Phi_j(K_i \cap (M_i + y), x) \to \int_{\mathbf{R}^n} f(x, x - y)\, d\Phi_j(K \cap (M + y), x)$$

für $i \to \infty$ und alle $y \notin \mathrm{bd}\,(K - M)$. Mit dem Satz von der majorisierten Konvergenz ergibt sich daraus

$$\lim_{i \to \infty} J(f, K_i, M_i)$$

$$= \int_{\mathbf{R}^n} \left(\lim_{i \to \infty} \int_{\mathbf{R}^n} f(x, x - y)\, d\Phi_j(K_i \cap (M_i + y), x) \right) d\lambda(y)$$

$$= \int_{\mathbf{R}^n} \int_{\mathbf{R}^n} f(x, x - y)\, d\Phi_j(K \cap (M + y), x) d\lambda(y)$$

$$= J(f, K, M).$$

Wir müssen aber noch eine von i unabhängige integrierbare Majorante angeben für

$$\left| \int_{\mathbf{R}^n} f(x, x - y)\, d\Phi_j(K_i \cap (M_i + y), x) \right|.$$

Der Durchschnitt $K_i \cap (M_i + y)$ ist genau dann nicht leer, wenn $y \in K_i - M_i$ ist. Wählen wir eine Kugel rB^n, $r > 0$, die alle K_i, M_i (und damit auch die Grenzkörper K und M) enthält, und bezeichnen wir mit $\|f\|_r$ das Maximum der stetigen Funktion f auf $2rB^n$, so folgt daher

$$\left| \int_{\mathbf{R}^n} f(x, x - y)\, d\Phi_j(K_i \cap (M_i + y), x) \right| \leq \|f\|_r V_j(K_i \cap (M_i + y)).$$

Hier wollen wir nun die einfache Abschätzung

$$V_j(K_i \cap (M_i + y)) \leq V_j(K_i) \mathbf{1}_{K_i - M_i}(y)$$

nicht verwenden, weil sie die (noch nicht bewiesene) Monotonie der inneren Volumina benutzt. Wir können aber wie im Beweis von Satz 2.3.3 die Darstellung

$$V_j(K) = \sum_{k=1}^{n+1} \alpha_{jk} V_n(K + kB^n)$$

für alle $K \in \mathcal{K}$ heranziehen und damit die Monotonie des Lebesgue-Maßes ausnutzen:

$$\begin{aligned}
V_j(K_i \cap (M_i + y)) &\leq \sum_{k=1}^{n+1} |\alpha_{jk}| V_n\left((K_i \cap (M_i + y)) + kB^n\right) \\
&\leq \sum_{k=1}^{n+1} |\alpha_{jk}| V_n(K_i + kB^n) \mathbf{1}_{K_i - M_i}(y) \\
&\leq \left(\sum_{k=1}^{n+1} |\alpha_{jk}| (r + k)^n \kappa_n \right) \mathbf{1}_{2rB^n}(y).
\end{aligned}$$

Damit ist eine von i unabhängige integrierbare Majorante gefunden, und die Voraussetzungen für die Anwendungen des Satzes von der majorisierten Konvergenz sind erfüllt.

Für $r, s > 0$ sei $D_{r,s}$ die durch

$$D_{r,s}(x, y) = \left(\frac{x}{r}, \frac{y}{s} \right), \qquad x, y \in \mathbf{R}^n,$$

definierte stetige Abbildung von $\mathbf{R}^n \times \mathbf{R}^n$ in sich. Für Polytope K, M gilt nach (3.3)

$$D_{r,s}J(f,K,M) := \int\limits_{\mathsf{R}^n}\int\limits_{\mathsf{R}^n} f\left(\frac{x}{r},\frac{x}{r}-\frac{y}{s}\right) d\Phi_j(K\cap(M+y),x)d\lambda(y)$$

$$= \sum_{k=j}^{n} \int\limits_{\mathsf{R}^n\times\mathsf{R}^n} f\left(\frac{x}{r},\frac{y}{s}\right) d\Phi_k^{(j)}(K,M,(x,y))$$

$$= \sum_{k=j}^{n} \int\limits_{\mathsf{R}^n\times\mathsf{R}^n} f(x,y)\, dD_{r,s}(\Phi_k^{(j)}(K,M,\cdot))(x,y).$$

Für die Polytope rK und sM läßt sich das Bildmaß $D_{r,s}(\Phi_k^{(j)}(rK,sM,\cdot))$ nach der in Satz 3.1.1 angegebenen Formel bestimmen; daraus ergibt sich

$$D_{r,s}(\Phi_k^{(j)}(rK,sM,\cdot)) = r^k s^{n+j-k}\Phi_k^{(j)}(K,M,\cdot).$$

Zu gegebenen konvexen Körpern K,M wählen wir nun Polytope K_i,M_i für $i\in\mathsf{N}$ mit $K_i\to K$, $M_i\to M$ für $i\to\infty$. Dann folgt

$$D_{r,s}J(f,rK_i,sM_i) \to D_{r,s}J(f,rK,sM)$$

für jede stetige Funktion f auf $\mathsf{R}^n\times\mathsf{R}^n$ und alle r, $s > 0$. Wie wir eben gesehen haben, gilt

$$D_{r,s}J(f,rK_i,sM_i) = \sum_{k=j}^{n} r^k s^{n+j-k} \int\limits_{\mathsf{R}^n\times\mathsf{R}^n} f(x,y)\, d\Phi_k^{(j)}(K_i,M_i,(x,y)). \quad (3.4)$$

Damit ergibt sich aber die Konvergenz der Koeffizienten

$$\int\limits_{\mathsf{R}^n\times\mathsf{R}^n} f(x,y)\, d\Phi_k^{(j)}(K_i,M_i,(x,y))$$

in dem Polynom (3.4), also die schwache Konvergenz der Maße

$$\Phi_k^{(j)}(K_i,M_i,\cdot), \qquad k=j,\ldots,n,$$

für $i\to\infty$. Die Grenzwerte $\Phi_k^{(j)}(K,M,\cdot)$, $k=j,\ldots,n$, sind wieder endliche Maße, die

$$D_{r,s}J(f,rK,sM) = \sum_{k=j}^{n} r^k s^{n+j-k} \int\limits_{\mathsf{R}^n\times\mathsf{R}^n} f(x,y)\, d\Phi_k^{(j)}(K,M,(x,y)) \quad (3.5)$$

erfüllen. Für $r = s = 1$ erhalten wir (3.3).

Aus der Polynom-Entwicklung (3.5) ergibt sich auch, daß die Maße $\Phi_k^{(j)}(K, M, \cdot)$ stetig von K und M abhängen. Die Tatsache, daß $\Phi_{j+1}^{(j)}(K, M, \cdot)$, $\ldots, \Phi_{n-1}^{(j)}(K, M, \cdot)$ auf bd $K \times$ bd M konzentriert sind, folgt für Polytope K, M aus Satz 3.1.1 und für beliebige Körper K, M durch Approximation mit Polytopen. ∎

Speziell im Fall $j = n$ erhalten wir aus Satz 3.1.3

$$\int_{\mathbb{R}^n} V_n(K \cap (M + x))\, d\lambda(x) = V_n(K)V_n(M)$$

bzw. die entsprechende Gleichung für Φ_n. Dies ist aber nur ein spezieller Fall von Satz 1.2.7. Interessanter ist der Fall $j = n - 1$. Hier ergibt sich

$$\int_{\mathbb{R}^n} V_{n-1}(K \cap (M + x))\, d\lambda(x) = V_{n-1}(K)V_n(M) + V_n(K)V_{n-1}(M)$$

und die entsprechende lokale Version. Man kann diese Gleichung leicht heuristisch einsehen und im übrigen auch durch zweimalige Anwendung von Satz 1.2.7 erhalten.

Für $j \leq n - 1$ treten in der Translationsformel für V_j gemischte Funktionale $V_k^{(j)}(K, M)$ auf, die wir nicht weiter untersuchen werden. Erwähnenswert ist noch der Fall $j = 0$. Da $V_0(K \cap (M + x)) = 1$ gleichwertig ist mit $K \cap (M + x) \neq \emptyset$ und daher mit $x \in K - M$, folgt

$$\int_{\mathbb{R}^n} V_0(K \cap (M + x))\, d\lambda(x) = V_n(K - M).$$

Ähnlich wie bei der Steiner-Formel kann man auch das Volumen der Summe $K + \epsilon L$, $\epsilon \geq 0$, in ein Polynom in ϵ entwickeln; als Koeffizienten treten sogenannte *gemischte Volumina* auf (siehe Anhang I). Damit erhält man

$$V_k^{(0)}(K, M) = \binom{n}{k} V(\underbrace{K, \ldots, K}_{k}, \underbrace{-M, \ldots, -M}_{n-k})$$

für $k = 1, \ldots, n - 1$, wo rechts ein gemischtes Volumen steht.

3.2 Drehintegrale

Ziel unserer Überlegungen ist immer noch, eine Formel für

$$\int_{G_n} \Phi_j(K \cap gM, A \cap gB)\, d\mu(g)$$

$$= \int_{SO_n} \int_{\mathbf{R}^n} \Phi_j(K \cap (\vartheta M + x), A \cap (\vartheta B + x))\, d\lambda(x) d\nu(\vartheta) \tag{3.6}$$

herzuleiten. Für Polytope $K, M \in \mathcal{P}$ können wir nun Satz 3.1.1 benutzen. Wir erhalten dann für die rechte Seite von (3.6) den Ausdruck

$$\Phi_j(K, A)\Phi_n(M, B) + \Phi_n(K, A)\Phi_j(M, B)$$

$$+ \sum_{k=j+1}^{n-1} \sum_{F \in \mathcal{F}_k(K)} \sum_{G \in \mathcal{F}_{n+j-k}(M)} \lambda_F(A)\lambda_G(B) \int_{SO_n} \gamma(F, \vartheta G, K, \vartheta M)[F, \vartheta G]\, d\nu(\vartheta).$$

Das hier auftretende Integral über die Drehgruppe wird im folgenden Satz bestimmt.

Satz 3.2.1. *Seien* K, $M \in \mathcal{P}$ *Polytope,* $j \in \{0, \ldots, n-2\}$, $k \in \{j+1, \ldots, n-1\}$, $F \in \mathcal{F}_k(K)$ *und* $G \in \mathcal{F}_{n+j-k}(M)$. *Dann gilt*

$$\int_{SO_n} \gamma(F, \vartheta G, K, \vartheta M)[F, \vartheta G]\, d\nu(\vartheta) = \alpha_{njk}\gamma(F, K)\gamma(G, M)$$

mit einer Konstanten α_{njk} *(deren expliziter Wert in Hilfssatz 3.3.3 angegeben wird).*

Beweis. Nach Definition ist

$$\gamma(F, \vartheta G, K, \vartheta M) = \gamma(F \cap (\vartheta G + x), K \cap (\vartheta M + x))$$

mit geeignetem $x \in \mathbf{R}^n$. Bezeichnen wir wieder mit $N(P, F)$ den Normalenkegel an P in einem relativ inneren Punkt von F, so erhalten wir aus der Definition des äußeren Winkels

$$\gamma(F, \vartheta G, K, \vartheta M) = \frac{\omega^{(L)}(N(K \cap (\vartheta M + x), F \cap (\vartheta G + x)) \cap S^{n-1})}{\omega^{(L)}(L \cap S^{n-1})},$$

wo $L \in \mathcal{L}^n_{n-j}$ der Orthogonalraum von $F \cap (\vartheta G + x)$ ist. Nun gilt (siehe Anhang I)

$$N(K \cap (\vartheta M + x), F \cap (\vartheta G + x)) = N(K, F) + \vartheta N(M, G),$$

also müssen wir das Integral

$$\int\limits_{SO_n} \omega^{(L_1 + \vartheta L_2)}((N(K, F) + \vartheta N(M, G)) \cap S^{n-1})[F, \vartheta G] \, d\nu(\vartheta)$$

betrachten, wo L_1 der Orthogonalraum von F und L_2 der Orthogonalraum von G ist.

Wir definieren allgemeiner

$$I(A, B) := \int\limits_{SO_n} \omega^{(L_1 + \vartheta L_2)}((C(A) + \vartheta C(B)) \cap S^{n-1})[F, \vartheta G] \, d\nu(\vartheta)$$

für beliebige Borelmengen $A \subset L_1 \cap S^{n-1}$ und $B \subset L_2 \cap S^{n-1}$, wobei

$$C(A) := \{\alpha x : x \in A, \alpha \geq 0\}$$

den von A erzeugten Kegel bezeichnet. Zur Meßbarkeit des Integranden bemerken wir folgendes. Die Funktion $\vartheta \mapsto [F, \vartheta G]$ ist stetig, also auch meßbar. Sei U die Menge aller Drehungen $\vartheta \in SO_n$, für die L_1 und ϑL_2 nicht in spezieller Lage sind. Nach Satz 1.2.5 ist $\nu(SO_n \backslash U) = 0$. Für $\vartheta \in U$ ist wegen

$$\dim L_1 + \dim L_2 = (n - k) + (k - j) = n - j \leq n$$

die Summe $L_1 + \vartheta L_2$ direkt, also ist $C(A) + \vartheta C(B)$ Borelmenge (im allgemeinen muß die Summe von Borelmengen keine Borelmenge sein). Alle Mengen $C(A) + \vartheta C(B)$ für $\vartheta \in U$ gehen auseinander durch lineare Transformationen des $\mathbb{R}^n$ hervor. Hieraus folgert man leicht die Meßbarkeit der Abbildung

$$\vartheta \mapsto \omega^{(L_1 + \vartheta L_2)}((C(A) + \vartheta C(B)) \cap S^{n-1})$$

auf U.

Für festes $B \in \mathcal{B}(L_2 \cap S^{n-1})$ sei nun

$$\bar\omega(A) := I(A, B) \quad \text{für } A \in \mathcal{B}(L_1 \cap S^{n-1})$$

gesetzt. Ist $\bigcup_{i=1}^{\infty} A_i$ eine disjunkte Vereinigung von Mengen $A_i \in \mathcal{B}(L_1 \cap S^{n-1})$, so ist

$$\left(C\left(\bigcup_{i=1}^{\infty} A_i \right) + \vartheta C(B) \right) \cap S^{n-1} = \bigcup_{i=1}^{\infty}((C(A_i) + \vartheta C(B)) \cap S^{n-1})$$

für $\vartheta \in U$, und diese Vereinigung ist wieder disjunkt bis auf eine $\omega^{(L_1+\vartheta L_2)}$-Nullmenge. Es folgt

$$\omega^{(L_1+\vartheta L_2)}\left(\left(C\left(\bigcup_{i=1}^{\infty} A_i\right) + \vartheta C(B)\right) \cap S^{n-1}\right)$$

$$= \sum_{i=1}^{\infty} \omega^{(L_1+\vartheta L_2)}((C(A_i) + \vartheta C(B)) \cap S^{n-1})$$

für $\vartheta \in U$, also

$$\bar{\omega}\left(\bigcup_{i=1}^{\infty} A_i\right) = \sum_{i=1}^{\infty} \bar{\omega}(A_i)$$

nach dem Satz von der monotonen Konvergenz. Somit ist $\bar{\omega}$ ein endliches Maß auf $L_1 \cap S^{n-1}$. Sei $\rho \in SO_n(L_1)$. Dann ist

$$C(\rho A) + \vartheta C(B) = \rho(C(A) + \rho^{-1}\vartheta C(B))$$

und

$$[F, \vartheta G] = [\rho F, \vartheta G] = [F, \rho^{-1}\vartheta G],$$

also

$$\bar{\omega}(\rho A) = \int\limits_{SO_n} \omega^{(L_1+\vartheta L_2)}((C(\rho A) + \vartheta C(B)) \cap S^{n-1})[F, \vartheta G]\, d\nu(\vartheta)$$

$$= \int\limits_{SO_n} \omega^{(L_1+\rho^{-1}\vartheta L_2)}((C(A) + \rho^{-1}\vartheta C(B)) \cap S^{n-1})[F, \rho^{-1}\vartheta G]\, d\nu(\vartheta)$$

$$= \bar{\omega}(A).$$

Nach Korollar 1.3.2 ist daher $\bar{\omega}$ ein Vielfaches von $\omega^{(L_1)}$. Analog zeigt sich, daß $I(A, \cdot)$ bei festem $A \in \mathcal{B}(L_1 \cap S^{n-1})$ ein Vielfaches von $\omega^{(L_2)}$ ist. Insgesamt erhalten wir

$$I(A, B) = \alpha(L_1, L_2)\omega^{(L_1)}(A)\omega^{(L_2)}(B)$$

für alle $A \in \mathcal{B}(L_1 \cap S^{n-1})$, $B \in \mathcal{B}(L_2 \cap S^{n-1})$; dabei ist $\alpha(L_1, L_2)$ eine Konstante, die nur von L_1 und L_2 abhängt. Die Wahl $A = L_1 \cap S^{n-1}$, $B = L_2 \cap S^{n-1}$, zusammen mit den Invarianzeigenschaften des Funktionals I, die aus seiner Definition folgen, zeigt aber, daß $\alpha(L_1, L_2)$ nur von den Dimensionen n, j, k abhängt.

Speziell ergibt sich daher mit einer Konstanten $\alpha_{njk} > 0$

$$I(N(K, F) \cap S^{n-1}, N(M, G) \cap S^{n-1}) = \alpha_{njk}\gamma(F, K)\gamma(G, M)$$

und damit die Behauptung. ∎

Korollar 3.2.2. *Für konvexe Körper* $K, M \in \mathcal{K}$, *Borelmengen* $A, B \in \mathcal{B}(\mathbb{R}^n)$ *und für* $j \in \{0, \dots, n-2\}$, $k \in \{j+1, \dots, n-1\}$ *gilt*

$$\int\limits_{SO_n} \Phi_k^{(j)}(K, \vartheta M, A \times \vartheta B)\, d\nu(\vartheta) = \alpha_{njk} \Phi_k(K, A) \Phi_{n+j-k}(M, B). \tag{3.7}$$

Beweis. Für Polytope K, M ist nach Definition von $\Phi_k^{(j)}(K, M, \cdot)$ und nach Satz 3.2.1

$$\int\limits_{SO_n} \Phi_k^{(j)}(K, \vartheta M, A \times \vartheta B)\, d\nu(\vartheta)$$

$$= \sum_{F \in \mathcal{F}_k(K)} \sum_{G \in \mathcal{F}_{n+j-k}(M)} \lambda_F(A) \lambda_G(B) \int\limits_{SO_n} \gamma(F, \vartheta G, K, \vartheta M)[F, \vartheta G]\, d\nu(\vartheta)$$

$$= \alpha_{njk} \left(\sum_{F \in \mathcal{F}_k(K)} \lambda_F(A) \gamma(F, K) \right) \left(\sum_{G \in \mathcal{F}_{n+j-k}(M)} \lambda_G(B) \gamma(G, M) \right)$$

$$= \alpha_{njk} \Phi_k(K, A) \Phi_{n+j-k}(M, B).$$

Für beliebige Körper $K, M \in \mathcal{K}$ folgt (3.7) durch Approximation mit Polytopen. Dazu muß zunächst wieder die Meßbarkeit des Integranden gezeigt werden. Sie ergibt sich (wie im Fall von Satz 3.1.3) aus der schwachen Stetigkeit der Maße $\Phi_k^{(j)}(K, \vartheta M, \cdot)$, $\vartheta \in SO_n$, (Satz 3.1.3) und aus der zu (3.7) äquivalenten Gleichung

$$\int\limits_{SO_n} \int\limits_{\mathbb{R}^n} f(x, \vartheta^{-1}x)\, d\Phi_k^{(j)}(K, \vartheta M, x)\, d\nu(\vartheta)$$

$$= \alpha_{njk} \int\limits_{\mathbb{R}^n} \int\limits_{\mathbb{R}^n} f(x, y)\, d\Phi_k(K, x)\, d\Phi_{n+j-k}(M, y)$$

für alle $f \in C(\mathbb{R}^n \times \mathbb{R}^n)$, wobei der Nachweis der Äquivalenz ebenfalls wie im Beweis von Satz 3.1.3 erfolgt.

Auch den Grenzübergang führt man wie im Beweis von Satz 3.1.3 durch; neben der schwachen Stetigkeit der beteiligten Maße (Satz 2.3.5(a) und Satz 3.1.3) wird der Satz von der majorisierten Konvergenz benutzt. ∎

Nun können wir das gewünschte Endergebnis zeigen.

Satz 3.2.3 (Lokale kinematische Hauptformel). *Für Mengen $K, M \in \mathcal{R}$ des Konvexringes, Borelmengen $A, B \in \mathcal{B}(\mathbf{R}^n)$ und für $j \in \{0, \ldots, n\}$ gilt*

$$\int_{G_n} \Phi_j(K \cap gM, A \cap gB)\, d\mu(g) = \sum_{k=j}^{n} \alpha_{njk} \Phi_k(K, A) \Phi_{n+j-k}(M, B). \qquad (3.8)$$

BEMERKUNG. Die Konstanten α_{njk} sind durch Hilfssatz 3.3.3 gegeben; ihre Berechnung verschieben wir auf Abschnitt 3.3. Wir können aber schon festhalten, daß $\alpha_{njj} = \alpha_{njn} = 1$ gilt.

Beweis von Satz 3.2.3. Für konvexe Körper $K, M \in \mathcal{K}$ gilt (3.8) nach Satz 3.1.3 und Korollar 3.2.2.

Sei nun $K \in \mathcal{R}$ eine Menge des Konvexringes und $M \in \mathcal{K}$. Wir wählen eine Darstellung $K = \bigcup_{i=1}^{m} K_i$ mit $K_i \in \mathcal{K}$. Für jedes $g \in G_n$ ist

$$K \cap gM = \bigcup_{i=1}^{m} (K_i \cap gM),$$

also

$$\Phi_j(K \cap gM, \cdot) = \sum_{v \in S(m)} (-1)^{|v|-1} \Phi_j(K_v \cap gM, \cdot).$$

Damit ergibt sich die Meßbarkeit von

$$g \mapsto \Phi_j(K \cap gM, A \cap gB)$$

für $A, B \in \mathcal{B}(\mathbf{R}^n)$ und dann

$$\int_{G_n} \Phi_j(K \cap gM, A \cap gB)\, d\mu(g)$$

$$= \sum_{v \in S(m)} (-1)^{|v|-1} \int_{G_n} \Phi_j(K_v \cap gM, A \cap gB)\, d\mu(g)$$

$$= \sum_{v \in S(m)} (-1)^{|v|-1} \sum_{k=j}^{n} \alpha_{njk} \Phi_k(K_v, A) \Phi_{n+j-k}(M, B)$$

$$= \sum_{k=j}^{n} \alpha_{njk} \Phi_k(K, A) \Phi_{n+j-k}(M, B).$$

In derselben Weise kann jetzt auch M durch ein Element des Konvexringes ersetzt werden. ∎

BEMERKUNG. Weil die Krümmungsmaße lokal erklärt sind, kann Satz 3.2.3 auch auf Mengen $K, M \in S$ des erweiterten Konvexringes ausgedehnt werden, wenn die Borelmengen A, B beschränkt sind.

Als Spezialfall von Satz 3.2.3 erhalten wir die klassische kinematische Hauptformel.

Korollar 3.2.4. *Für $K, M \in \mathcal{R}$ und $j \in \{0, \ldots, n\}$ gilt*

$$\int_{G_n} V_j(K \cap gM) \, d\mu(g) = \sum_{k=j}^{n} \alpha_{njk} V_k(K) V_{n+j-k}(M).$$

Insbesondere ergibt der Fall $j = 0$ für konvexe Körper $K, M \in \mathcal{K}$:

$$\mu(\{g \in G_n : K \cap gM \neq \emptyset\}) = \sum_{k=0}^{n} \alpha_{n0k} V_k(K) V_{n-k}(M).$$

Das Formelsystem aus Korollar 3.2.4 wollen wir noch für die Dimensionen 2 und 3 ausführlich aufschreiben, wobei wir andere Bezeichnungen benutzen und die Bestimmung der Konstanten schon vorwegnehmen. Im folgenden seien K und M nichtleere konvexe Körper, dann ist $V_0(K) = V_0(M) = 1$. Im Fall $n = 2$ bezeichnen wir den Flächeninhalt mit F und den Umfang mit U und erhalten neben den Formeln

$$\int_{\mathbf{R}^2} F(K \cap (M + x)) \, d\lambda(x) = F(K)F(M),$$

$$\int_{\mathbf{R}^2} U(K \cap (M + x)) \, d\lambda(x) = U(K)F(M) + F(K)U(M),$$

die Spezialfälle von Satz 3.1.3 sind, die weitere Formel

$$\mu(\{g \in G_2 : K \cap gM \neq \emptyset\}) = F(M) + \frac{1}{2\pi}U(K)U(M) + F(K).$$

Im $\mathbf{R}^3$ sei V das Volumen, S die Oberfläche und b die mittlere Breite (für die wir die ebenfalls noch nicht bewiesene Gleichung (2.5) benutzen). Dann haben wir hier das Formelsystem

$$\int_{\mathbf{R}^3} V(K \cap (M + x)) \, d\lambda(x) = V(K)V(M),$$

$$\int_{\mathbf{R}^3} S(K \cap (M + x))\, d\lambda(x) = S(K)V(M) + V(K)S(M),$$

$$\int_{G_3} b(K \cap gM)\, d\mu(g) = b(K)V(M) + \frac{\pi}{32}S(K)S(M) + V(K)b(M),$$

$$\mu(\{g \in G_3 : K \cap gM \neq \emptyset\}) = V(M) + \frac{1}{2}b(K)S(M) + \frac{1}{2}S(K)b(M) + V(K).$$

3.3 Croftonsche Formeln

In der kinematischen Hauptformel werden Krümmungsmaße oder innere Volumina vom Durchschnitt einer festen und einer beweglichen Menge des Konvexringes gebildet und dann über alle Bewegungen integriert. Die bewegliche kompakte Menge kann hier auch durch einen variablen affinen Unterraum ersetzt werden. Derartige Formeln lassen sich direkt aus der kinematischen Hauptformel herleiten.

Satz 3.3.1 (Lokale Crofton-Formel). *Für Mengen $K \in \mathcal{R}$ des Konvexringes, Borelmengen $A \in \mathcal{B}(\mathbf{R}^n)$, $q \in \{0,\dots,n\}$ und $j \in \{0,\dots,q\}$ gilt*

$$\int_{\mathcal{E}_q^n} \Phi_j(K \cap E, A \cap E)\, d\mu_q(E) = \alpha_{njq}\Phi_{n+j-q}(K, A).$$

Man beachte, daß α_{njq} die gleiche Konstante ist, die in der kinematischen Hauptformel auftritt (für $k = q$).

Beweis von Satz 3.3.1. Wir dürfen $K \in \mathcal{K}$ annehmen; die Ausdehnung auf $\mathcal{K} \in \mathcal{R}$ geschieht wie im Beweis von Satz 3.2.3. Wie in Abschnitt 1.3 sei $L_q \in \mathcal{L}_q^n$ fest und $\mu_q = \gamma_q(\lambda^{(n-q)} \otimes \nu)$. Sei W ein Einheitswürfel in L_q. Weil $L_q \in \mathcal{S}$ gilt, W beschränkt ist und A durch die beschränkte Menge $A \cap K$ ersetzt werden kann, gilt wegen der Bemerkung nach dem Beweis von Satz 3.2.3

$$J := \int_{G_n} \Phi_j(L_q \cap gK, W \cap gA)\, d\mu(g) = \sum_{k=j}^{n} \alpha_{njk}\Phi_k(L_q, W)\Phi_{n+j-k}(K, A).$$

Nun ist

$$\Phi_k(L_q, W) = \begin{cases} \lambda_{L_q}(W) & \text{für } k = q, \\ 0 & \text{für } k \neq q, \end{cases}$$

also

$$J = \alpha_{njq}\Phi_{n+j-q}(K, A).$$

Andererseits ist

$$J = \int\limits_{SO_n} \int\limits_{\mathbb{R}^n} \Phi_j(L_q \cap (\vartheta K + x), W \cap (\vartheta A + x))\, d\lambda(x) d\nu(\vartheta)$$

$$= \int\limits_{SO_n} \int\limits_{L_q^\perp} \int\limits_{L_q} \Phi_j(L_q \cap (\vartheta K + x_1 + x_2), W \cap (\vartheta A + x_1 + x_2))$$

$$d\lambda^{(q)}(x_2) d\lambda^{(n-q)}(x_1) d\nu(\vartheta).$$

Zur Berechnung des inneren Integrals setzen wir

$$\Phi_j(L_q \cap (\vartheta K + x_1), \cdot) =: \varphi, \qquad \vartheta A + x_1 =: A'.$$

Dann ist

$$\int\limits_{L_q} \Phi_j(L_q \cap (\vartheta K + x_1 + x_2), W \cap (\vartheta A + x_1 + x_2))\, d\lambda^{(q)}(x_2)$$

$$= \int\limits_{L_q} \varphi((W - x_2) \cap A')\, d\lambda^{(q)}(x_2)$$

$$= \varphi(A')\lambda^{(q)}(W)$$

$$= \Phi_j(L_q \cap (\vartheta K + x_1), L_q \cap (\vartheta A + x_1)),$$

wobei Satz 1.2.7 benutzt wurde. Insgesamt ergibt sich daher

$$J = \int\limits_{SO_n} \int\limits_{L_q^\perp} \Phi_j(L_q \cap (\vartheta K + x_1), L_q \cap (\vartheta A + x_1))\, d\lambda^{(n-q)}(x_1) d\nu(\vartheta)$$

$$= \int\limits_{SO_n} \int\limits_{L_q^\perp} \Phi_j(K \cap \vartheta(L_q + x), A \cap \vartheta(L_q + x))\, d\lambda^{(n-q)}(x) d\nu(\vartheta)$$

$$= \int\limits_{\mathcal{E}_q^n} \Phi_j(K \cap E, A \cap E)\, d\mu_q(E),$$

wobei wir die Bewegungskovarianz der Krümmungsmaße und die Inversionsinvarianz von $\lambda^{(n-q)}$ und ν ausgenutzt haben. Die beiden für J erhaltenen Darstellungen beweisen die Behauptung. ∎

Korollar 3.3.2 (Croftonsche Formel). *Für Mengen $K \in \mathcal{R}$ des Konvexringes und für $q \in \{0, \ldots, n\}$, $j \in \{0, \ldots, q\}$ gilt*

$$\int\limits_{\mathcal{E}_q^n} V_j(K \cap E) d\mu_q(E) = \alpha_{njq} V_{n+j-q}(K).$$

BEMERKUNG. Der Spezialfall $j = 0$ ergibt für konvexe Körper $K \in \mathcal{K}$ die Gleichung

$$\mu_q(\{E \in \mathcal{E}_q^n : K \cap E \neq \emptyset\}) = \alpha_{n0q} V_{n-q}(K)$$

und damit eine Deutung des inneren Volumens $V_{n-q}(K)$: Es ist bis auf einen Zahlenfaktor das invariante Maß der Menge aller q-dimensionalen Ebenen, die K treffen. Ebenso erhält man mit

$$\Phi_{n-q}(K, A) = \frac{1}{\alpha_{n0q}} \int_{\mathcal{E}_q^n} \Phi_0(K \cap E, A \cap E) \, d\mu_q(E)$$

eine integralgeometrische Deutung des Krümmungsmaßes $\Phi_{n-q}(K, A)$ als Mittelwert, bis auf einen Zahlenfaktor, von $\Phi_0(K \cap E, A \cap E)$, wobei über die Schnitte mit q-dimensionalen Ebenen gemittelt wird. Das Maß Φ_0 hat dabei laut Abschnitt 2.3 eine einfache anschauliche Interpretation.

Aus der Croftonschen Formel folgt auch die bereits in Satz 2.2.2 behauptete Monotonie der Funktionale V_{n-q}. Sind K, M konvexe Körper mit $K \subset M$, so folgt aus $K \cap E \neq \emptyset$ stets $M \cap E \neq \emptyset$, also ist $V_{n-q}(K) \leq V_{n-q}(M)$. Im Fall $K \neq M$ und $\dim M \geq n - q$ gibt es eine Menge von q-Ebenen mit positivem Maß, die M, aber nicht K treffen, also ist dann $V_{n-q}(K) < V_{n-q}(M)$.

Abschließend bestimmen wir die Konstanten α_{njq}.

Hilfssatz 3.3.3. *Es gilt*

$$\alpha_{njq} = \frac{\binom{q}{j} \kappa_q \kappa_{n+j-q}}{\binom{n}{q-j} \kappa_j \kappa_n} = \frac{\Gamma\left(\frac{q+1}{2}\right) \Gamma\left(\frac{n+j-q+1}{2}\right)}{\Gamma\left(\frac{j+1}{2}\right) \Gamma\left(\frac{n+1}{2}\right)}.$$

Beweis. Nach der Steiner-Formel (2.3) ist

$$(1 + \epsilon)^n \kappa_n = V_n(B^n + \epsilon B^n) = \sum_{j=0}^{n} \epsilon^{n-j} \kappa_{n-j} V_j(B^n)$$

für $\epsilon \geq 0$, also

$$V_j(B^n) = \frac{\binom{n}{j} \kappa_n}{\kappa_{n-j}} \qquad \text{für } j = 0, \ldots, n.$$

Anwendung von Korollar 3.3.2 auf B^n ergibt

$$\alpha_{njq} V_{n+j-q}(B^n) = \int_{\mathcal{E}_q^n} V_j(B^n \cap E) \, d\mu_q(E)$$

$$\begin{aligned}
&= \int_{SO_n} \int_{L^\perp} V_j(B^n \cap \vartheta(L + x))\, d\lambda^{(n-q)}(x)\, d\nu(\vartheta) \\[2ex]
&= \int_{L^\perp} (1 - \|x\|^2)^{j/2} V_j(B^n \cap L)\, d\lambda^{(n-q)}(x) \\[2ex]
&= \frac{\binom{q}{j}\kappa_q}{\kappa_{q-j}} \int_{L^\perp} (1 - \|x\|^2)^{j/2}\, d\lambda^{(n-q)}(x).
\end{aligned}$$

Das letzte Integral führt nach Einführung räumlicher Polarkoordinaten und einer Substitution auf ein Beta-Integral, und man erhält

$$\begin{aligned}
\int_{L^\perp} (1 - \|x\|^2)^{j/2}\, d\lambda^{(n-q)}(x) &= (n-q)\kappa_{n-q} \int_0^1 (1 - r^2)^{j/2} r^{n-q-1}\, dr \\[2ex]
&= \frac{1}{2}(n-q)\kappa_{n-q} \int_0^1 (1-t)^{j/2} t^{\frac{n-q-2}{2}}\, dt = \frac{1}{2}(n-q)\kappa_{n-q} \mathrm{B}\left(\frac{j+2}{2}, \frac{n-q}{2}\right) \\[2ex]
&= \frac{1}{2}(n-q)\kappa_{n-q} \frac{\Gamma\left(\frac{j+2}{2}\right)\Gamma\left(\frac{n-q}{2}\right)}{\Gamma\left(\frac{n+j-q+2}{2}\right)} = \frac{\kappa_{n+j-q}}{\kappa_j}.
\end{aligned}$$

Insgesamt ergibt sich

$$\alpha_{njq} = \frac{\binom{q}{j}\kappa_q \kappa_{n+j-q}}{V_{n+j-q}(B^n)\kappa_{q-j}\kappa_j} = \frac{\binom{q}{j}\kappa_q \kappa_{n+j-q}}{\binom{n}{q-j}\kappa_n \kappa_j}.$$

Zur weiteren Umformung kann man die Identität

$$n!\kappa_n = 2^n \pi^{\frac{n-1}{2}} \Gamma\left(\frac{n+1}{2}\right)$$

benutzen.   ∎

Zur Illustration der Crofton-Formel betrachten wir wieder die Fälle $n = 2$ und $n = 3$ für einen konvexen Körper $K \in \mathcal{K}$. Bezeichnen wir die Länge im $\mathbb{R}^1$ mit l, so ergibt sich für $n = 2$ (neben der trivialen Formel für $q = 0$)

$$\int_{\mathcal{G}} l(K \cap G)\, d\mu_1(G) = F(K),$$

$$\mu_1(\{G \in \mathcal{G} : K \cap G \neq \emptyset\}) = \frac{1}{\pi}U(K),$$

wo wir die Geradenmenge $\mathcal{E}_1^2$ kurz mit $\mathcal{G}$ bezeichnet haben.

Für $n = 3$ erhalten wir, mit den entsprechenden Bezeichnungen $\mathcal{G} = \mathcal{E}_1^3$ und $\mathcal{E} = \mathcal{E}_2^3$,

$$\int_{\mathcal{G}} l(K \cap G)\, d\mu_1(G) = V(K),$$

$$\mu_1(\{G \in \mathcal{G} : K \cap G \neq \emptyset\}) = \frac{1}{4}S(K)$$

sowie

$$\int_{\mathcal{E}} F(K \cap E)\, d\mu_2(E) = V(K),$$

$$\int_{\mathcal{E}} U(K \cap E)\, d\mu_2(E) = \frac{\pi}{4}S(K),$$

$$\mu_2(\{E \in \mathcal{E} : K \cap E \neq \emptyset\}) = b(K).$$

Bemerkungen und Literaturhinweise zu Kapitel 3

Zum besseren Vergleich mit älterer Literatur schreiben wir den Fall $j = 0$ von Korollar 3.2.4 unter Verwendung der Eulerschen Charakteristik $\chi = V_0$ und der durch (2.4) erklärten (und additiv auf den Konvexring $\mathcal{R}$ fortgesetzten) Quermaßintegrale W_i in der Form

$$\int_{G_n} \chi(K \cap gM)\, d\mu(g) = \frac{1}{\kappa_n} \sum_{k=0}^{n} \binom{n}{k} W_k(K)W_{n-k}(M). \tag{3.9}$$

Hier dürfen K und M beliebige Mengen des Konvexringes sein. Im allgemeinen wird (3.9) als *kinematische Hauptformel* bezeichnet. Sie geht, in speziellen Fällen und unter verschiedenartigen Voraussetzungen an die zugelassenen Mengen, auf Santaló und Blaschke zurück. Mehrere Versionen und Hinweise auf ihre Ursprünge findet man in den Werken von Blaschke [1937a], Hadwiger [1957], Santaló [1976].

Bei einem Vergleich mit diesen Literaturstellen ist zu beachten, daß das invariante Maß auf der Drehgruppe bei Santaló und Hadwiger so normiert ist, daß SO_n das Gesamtmaß

$$c_n = \frac{n!}{2}\kappa_1 \cdots \kappa_n$$

hat. Bei dieser Normierung erhält die rechte Seite von (3.9) den zusätzlichen Faktor c_n, bei Santaló ferner noch den Faktor 2, da dort auch über die uneigentlichen Bewegungen integriert wird. (Die bei Santaló häufig auftretende Konstante O_k ist durch $(k+1)\kappa_{k+1}$ gegeben.)

Ist K ein konvexer Körper, dessen Rand eine zweimal stetig differenzierbare Hyperfläche ist, so gilt

$$nW_i(K) = \int\limits_{\mathrm{bd}\,K} H_{i-1}\, dS =: M_{i-1}(\mathrm{bd}\,K) \qquad \text{für } i = 1,\ldots,n,$$

wo mit H_{i-1} die $(i-1)$-te normierte elementarsymmetrische Funktion der Hauptkrümmungen von $\mathrm{bd}\,K$ bezeichnet ist (und M_{i-1} der von Santaló verwendete Ausdruck ist). Mit dieser Interpretation der Funktionale W_i als Krümmungsintegrale gilt (3.9) auch dann, wenn K und M nichtkonvexe Gebiete des $\mathbf{R}^n$ mit Randhyperflächen der Klasse C^2 sind. Dies ist die differentialgeometrische Form der kinematischen Hauptformel. Sie geht auf Chern & Yien [1940] zurück und wurde ausführlicher von Chern [1952] bewiesen; siehe auch Santaló [1976], S. 262 ff. Man findet dort (S. 269) auch eine differentialgeometrische Version der Formel

$$\int\limits_{G_n} W_i(K \cap gM)\, d\mu(g) = \frac{1}{\kappa_n} \sum_{k=n-i}^{n} C_{ki} W_{i+k-n}(K) W_{n-k}(M) \tag{3.10}$$

mit

$$C_{ki} = \binom{i}{n-k} \frac{\kappa_k \kappa_i \kappa_{2n-k-i}}{\kappa_{n-k}\kappa_{n-i}\kappa_{k+i-n}}$$

$(i = 1,\ldots,n)$. Für Mengen des Konvexringes ist dies das Korollar 3.2.4, umgeschrieben auf die Funktionale W_i. Weitere kinematische Schnittformeln in differentialgeometrischer Fassung, und zwar für niederdimensionale kompakte unberandete differenzierbare Untermannigfaltigkeiten, stammen von Chern [1966]; siehe auch Kapitel V in Sulanke & Wintgen [1972]. Dieses Buch stellt, anders als Santaló, auch ausführlich die technischen Grundlagen bereit, die erforderlich sind, um sich zur Herleitung integralgeometrischer Formeln des eleganten Differentialformenkalküls bedienen zu können.

Auch für die Croftonschen Formeln des Korollars 3.3.2 gibt es differentialgeometrische Versionen; man findet sie in den genannten Büchern von Sulanke & Wintgen und Santaló.

Zur Erläuterung einer Variante spezialisieren wir Korollar 3.2.4 auf den Fall, daß $K \in \mathcal{R}$ eine Vereinigung von p-dimensionalen konvexen Körpern (z.B. eine p-dimensionale polyedrische Mannigfaltigkeit) und $M \in \mathcal{R}$ eine

Vereinigung von q-dimensionalen konvexen Körpern ist. Der Fall $j = p + q - n \geq 0$ liest sich dann

$$\int\limits_{G_n} \lambda^{(p+q-n)}(K \cap gM)\, d\mu(g) = \alpha_{n(p+q-n)p} \lambda^{(p)}(K) \lambda^{(q)}(M).$$

Eine entsprechende differentialgeometrische Formel für differenzierbare Untermannigfaltigkeiten findet man in Santaló [1976], S. 258 ff. Eine weitgehende Verallgemeinerung, nämlich für analytische Mengen mit geeigneten Rektifizierbarkeits-Eigenschaften und für Hausdorffmaße, ist von Federer [1954] bewiesen worden. Für Weiterentwicklung und stochastische Anwendungen sehe man Zähle [1982].

Einen völlig anderen Zugang zum Beweis integralgeometrischer Formelsysteme vom Typ (3.10) im Bereich der konvexen Körper hat Hadwiger entwickelt und im 6. Kapitel seines Buches (Hadwiger [1957]) wiedergegeben. Eine Idee von Blaschke aufgreifend, stützt er sich auf den von ihm bewiesenen, hier als Satz 2.2.3 zitierten Kennzeichnungssatz. Indem er diese Charakterisierung und die Additivitätseigenschaften der betrachteten Funktionale auf dem Konvexring systematisch einsetzt, gewinnt er neben anderen integralgeometrischen Ergebnissen auch eine abstrakte Version der kinematischen Hauptformel (loc. cit., S. 241).

Die allgemeine lokale kinematische Hauptformel (Satz 3.2.3 im Fall des Konvexrings) verdankt man Federer [1959], der sie für Mengen positiver Reichweite und für die von ihm für diesen Zweck eingeführten Krümmungsmaße bewiesen hat. Die Allgemeinheit der zugelassenen Mengen bedingt erheblichen Aufwand. Unter verstärktem Einsatz von Techniken der geometrischen Maßtheorie hat in den letzten Jahren vor allem M. Zähle neue Zugänge zu den Krümmungsmaßen und den für sie geltenden integralgeometrischen Formeln studiert und weitere Ausdehnungen gefunden; siehe Zähle [1984, 1986a,b, 1987], Rother & Zähle [1990]. Eine sehr allgemeine abstrakte Version der kinematischen Hauptformel stammt von Fu [1990].

Im Gegensatz zu diesem Trend zu tiefliegender Verallgemeinerung war es hier unser Bestreben, für konvexe Körper und damit für den Konvexring einen Zugang zu lokalen integralgeometrischen Formeln zu verfolgen, der mit elementaren maßtheoretischen und geometrischen Schlußweisen auskommt und sich mehr an der Integralgeometrie von Blaschke und Hadwiger orientiert. Unterschiedliche Zugänge dieser Art findet man in Schneider [1978a, 1979, 1980b], Schneider & Weil [1986].

Erste Untersuchungen zur translativen Integralgeometrie stammen von Blaschke [1937b] und von Berwald & Varga [1937]. Weitere historische Hinweise findet man in Schneider & Weil [1986]. Dieser Arbeit sind wir hier im wesentlichen gefolgt beim Beweis der Sätze 3.1.1 und 3.2.1 (und damit 3.2.3). Eine erste Version von Satz 3.1.3 erschien in Weil [1983b]. Ein weiterer Ausbau der translativen Integralgeometrie erfordert zunächst eine eingehendere Untersuchung der Maße $\Phi_k^{(j)}(K, M, \cdot)$ aus Satz 3.1.3. Zu den Gesamtmaßen, also den Funktionalen $V_k^{(j)}(K, M)$, findet man Ergebnisse in Goodey & Weil [1987], Weil [1989c, 1990a].

Die Herleitung der lokalen Crofton-Formel (Satz 3.3.1) aus der lokalen kinematischen Hauptformel geschah nach dem Vorbild von Federer [1959].

Formeln vom Typ der kinematischen Hauptformel und der Crofton-Formel sind kürzlich auch für andere geometrische Größen, die Projektionsfunktionen konvexer Körper, behandelt worden; siehe Goodey & Weil [1992].

Einige weitere Aspekte der Integralgeometrie im Zusammenhang mit konvexen Körpern werden in dem Übersichtsartikel von Schneider & Wieacker [1992] angesprochen.

Kapitel 4

Weitere Integralformeln

Im folgenden stellen wir einige weitere Integralformeln für konvexe Mengen zusammen, die mit der kinematischen Hauptformel direkt oder indirekt in Beziehung stehen. Wie bei der Hauptformel geht es um eine ruhende und eine bewegte Menge, aber es werden jetzt nicht Durchschnitte gebildet, sondern Summen konvexer Körper oder Projektionen konvexer Körper auf Unterräume. Zunächst behandeln wir *Drehsummenintegrale*, die später bei den Berührwahrscheinlichkeiten Anwendung finden werden. Die globale Version ist eine unmittelbare Konsequenz der kinematischen Hauptformel; für die lokale Version werden wir den Beweis aus den Abschnitten 3.1 und 3.2 sinngemäß übertragen. Aus den Formeln für Drehsummenintegrale ergeben sich dann Projektionsformeln; unter anderem wird damit die klassische Bezeichnung der Quermaßintegrale erklärt.

Schließlich werden einige Formeln für konvexe *Zylinder* behandelt. Neben der kinematischen Hauptformel für Zylinder, die als gemeinsame Verallgemeinerung der Ergebnisse aus Kapitel 3 angesehen werden kann, wird noch eine Formel für *projizierte dicke Schnitte* angegeben, die in Spezialfällen bei stereologischen Anwendungen von Interesse ist.

4.1 Drehsummenintegrale

Wir beschränken uns in diesem Paragraphen auf konvexe Körper und wollen Mittelwertformeln für die Summe eines festen und eines bewegten Körpers aufstellen. Im Mittelpunkt stehen wieder innere Volumina und Krümmungsmaße. Da $V_j(K + (\vartheta M + x))$ nicht von x abhängt, kommt es hier nur auf Drehungen von M an, und wir interessieren uns zum Beispiel für das Integral

$$\int_{SO_n} V_j(K + \vartheta M)\, d\nu(\vartheta).$$

Um den Zusammenhang mit der kinematischen Hauptformel deutlich zu machen, beweisen wir zunächst die globale Version der Drehsummenformel.

Satz 4.1.1. *Für konvexe Körper $K, M \in \mathcal{K}$ und für $j \in \{0, \ldots, n\}$ gilt*

$$\int_{SO_n} V_j(K + \vartheta M)\, d\nu(\vartheta) = \sum_{k=0}^{j} \beta_{njk} V_k(K) V_{j-k}(M)$$

mit

$$\beta_{njk} = \frac{\binom{n-k}{j-k} \kappa_{n-k} \kappa_{n+k-j}}{\binom{n}{j-k} \kappa_{n-j} \kappa_n}.$$

Beweis. Wir betrachten zuerst den Fall $j = n$. Es ist

$$\int_{SO_n} V_n(K + \vartheta M)\, d\nu(\vartheta) = \int_{SO_n} \int_{\mathbf{R}^n} \mathbf{1}_{K+\vartheta M}(x)\, d\lambda(x) d\nu(\vartheta).$$

Wie schon erwähnt wurde, ist $x \in K + \vartheta M$ gleichwertig mit $K \cap (\vartheta M' + x) \neq \emptyset$, wo $M' := -M$ gesetzt ist. Also ergibt sich

$$\begin{aligned}
\int_{SO_n} V_n(K + \vartheta M)\, d\nu(\vartheta) &= \int_{SO_n} \int_{\mathbf{R}^n} V_0(K \cap (\vartheta M' + x))\, d\lambda(x) d\nu(\vartheta) \\
&= \int_{G_n} V_0(K \cap g M')\, d\mu(g) \\
&= \sum_{k=0}^{n} \alpha_{n0k} V_k(K) V_{n-k}(M)
\end{aligned}$$

nach der kinematischen Hauptformel (Korollar 3.2.4) und wegen $V_j(M') = V_j(M)$ für $j = 0, \ldots, n$. Nach Hilfssatz 3.3.3 ist dabei

$$\alpha_{n0k} = \frac{\kappa_k \kappa_{n-k}}{\binom{n}{k} \kappa_n} = \beta_{nnk}.$$

Nun ersetzen wir K durch $K + \epsilon B^n$ mit $\epsilon > 0$ und benutzen die Steiner-Formel (2.3). Wir erhalten

$$\sum_{j=0}^{n} \epsilon^{n-j} \kappa_{n-j} \int_{SO_n} V_j(K + \vartheta M)\, d\nu(\vartheta)$$

$$= \int\limits_{SO_n} V_n((K + \vartheta M) + \epsilon B^n)\, d\nu(\vartheta)$$

$$= \int\limits_{SO_n} V_n((K + \epsilon B^n) + \vartheta M)\, d\nu(\vartheta)$$

$$= \sum_{m=0}^{n} \alpha_{n0m} V_m(K + \epsilon B^n) V_{n-m}(M)$$

$$= \sum_{m=0}^{n} \sum_{k=0}^{m} \epsilon^{m-k} \frac{\binom{n-k}{n-m} \kappa_{n-k} \kappa_m}{\binom{n}{m} \kappa_n} V_k(K) V_{n-m}(M),$$

wobei Satz 2.2.4 benutzt wurde und α_{n0m} gemäß Hilfssatz 3.3.3 eingesetzt wurde. Wir setzen $j = n + k - m$ und summieren um, dann erhalten wir die Doppelsumme

$$\sum_{j=0}^{n} \epsilon^{n-j} \kappa_{n-j} \sum_{k=0}^{j} \frac{\binom{n-k}{j-k} \kappa_{n-k} \kappa_{n+k-j}}{\binom{n}{j-k} \kappa_{n-j} \kappa_n} V_k(K) V_{j-k}(M).$$

Koeffizientenvergleich ergibt die Behauptung für alle $j \in \{0, \ldots, n\}$. ∎

Der vorstehend bewiesene Satz soll nun auf Krümmungsmaße verallgemeinert werden, das heißt, der Integrand $V_j(K + \vartheta M)$ soll ersetzt werden durch $\Phi_j(K + \vartheta M, A + \vartheta B)$. Dazu müssen wir uns offenbar beschränken auf $j < n$ und Borelmengen $A \subset K$, $B \subset M$ in den betrachteten Körpern. Selbst dann ist $A + \vartheta B$ im allgemeinen keine Borelmenge, also $\Phi_j(K + \vartheta M, A + \vartheta B)$ zunächst nicht definiert. Es genügt aber, folgendes zu wissen.

Hilfssatz 4.1.2. *Seien* $K, M \in \mathcal{K}$, $A, B \in \mathcal{B}(\mathbf{R}^n)$ *und* $A \subset K$, $B \subset M$. *Für* ν*-fast alle* $\vartheta \in SO_n$ *ist*

$$(A + \vartheta B) \cap \mathrm{bd}\,(K + \vartheta M)$$

eine Borelmenge und daher $\Phi_j(K + \vartheta M, A + \vartheta B)$ *für* $j = 0, \ldots, n-1$ *erklärt.*

Beweis. Für $x \in \mathrm{bd}\,(K + \vartheta M)$ existiert eine Darstellung $x = y + z$ mit $y \in K$, $z \in \vartheta M$. Die Punkte x, y, z liegen in parallelen Stützhyperebenen von $K + \vartheta M$ bzw. K bzw. ϑM; insbesondere ist $y \in \mathrm{bd}\,K$, $z \in \mathrm{bd}\,\vartheta M$. Wenn es noch eine weitere Darstellung $x = y_1 + z_1$ mit $y_1 \in K$, $z_1 \in \vartheta M$ gibt, so ist $y - y_1 = z_1 - z$, und für die Strecken $\overline{yy_1}, \overline{z_1 z}$ gilt $\overline{yy_1} \subset \mathrm{bd}\,K$, $\overline{z_1 z} \subset \mathrm{bd}\,\vartheta M$. Die Körper K und ϑM enthalten also parallele Strecken, die in parallelen Stützhyperebenen liegen. Nach einem Satz aus der Theorie der konvexen Körper (siehe Anhang I, Satz 7.1.18) ist dies für ν-fast alle $\vartheta \in SO_n$ nicht der Fall. Für diese ϑ ist also die Zerlegung $x = y + z$, $y \in K$, $z \in \vartheta M$, für jedes $x \in \mathrm{bd}\,(K + \vartheta M)$ eindeutig. Setzen wir

$$\pi_1(K, M, \vartheta, x) := y, \qquad \pi_2(K, M, \vartheta, x) := \vartheta^{-1} z,$$

so werden dadurch Abbildungen

$$\pi_1(K, M, \vartheta, \cdot) :\ \mathrm{bd}\,(K + \vartheta M) \to \mathrm{bd}\,K,$$

$$\pi_2(K, M, \vartheta, \cdot) :\ \mathrm{bd}\,(K + \vartheta M) \to \mathrm{bd}\,M$$

definiert. Aus der Kompaktheit der Körper folgt leicht, daß die Abbildung

$$\pi := \pi_1(K, M, \vartheta, \cdot) \times \pi_2(K, M, \vartheta, \cdot) : \mathrm{bd}\,(K + \vartheta M) \to \mathrm{bd}\,K \times \mathrm{bd}\,M$$

stetig ist. Also ist für Borelmengen $A \subset K$, $B \subset M$ auch

$$(A + \vartheta B) \cap \mathrm{bd}\,(K + \vartheta M) = \pi^{-1}(A \times B)$$

eine Borelmenge. $\blacksquare$

Beim Beweis der lokalen Version von Satz 4.1.1 gehen wir ähnlich vor wie bei der kinematischen Hauptformel, betrachten also zunächst Polytope. Wir nennen zwei Polytope K, $M \in \mathcal{P}$ in *allgemeiner relativer Lage*, wenn für je zwei Seiten F von K und G von M die zu $\mathrm{aff}\,F$, $\mathrm{aff}\,G$ parallelen linearen Unterräume nicht in spezieller Lage sind.

Satz 4.1.3. *Für konvexe Körper K, $M \in \mathcal{K}$, Borelmengen A, $B \in \mathcal{B}(\mathrm{R}^n)$ mit $A \subset K$, $B \subset M$ und für $j \in \{0, \ldots, n-1\}$ gilt*

$$\int\limits_{SO_n} \Phi_j(K + \vartheta M, A + \vartheta B)\, d\nu(\vartheta) = \sum_{k=0}^{j} \beta_{njk} \Phi_k(K, A) \Phi_{j-k}(M, B) \qquad (4.1)$$

(mit β_{njk} wie in Satz 4.1.1).

Beweis. Die Meßbarkeit des Integranden wird sich im Verlauf des Beweises ergeben. Wir betrachten erst nur den Fall $j = n - 1$.

Zunächst seien K, M n-dimensionale Polytope. Nach Satz 1.2.5 und Hilfssatz 4.1.2 gibt es eine Borelmenge $D_{K,M} \subset SO_n$ mit $\nu(D_{K,M}) = 1$ derart, daß K und ϑM für $\vartheta \in D_{K,M}$ in allgemeiner relativer Lage sind und daß $(A +$

$\vartheta B) \cap \mathrm{bd}(K + \vartheta M)$ Borelmenge ist. Sei $\vartheta \in D_{K,M}$. Da $K + \vartheta M$ wieder ein Polytop ist, gilt

$$\Phi_{n-1}(K + \vartheta M, A + \vartheta B) = \sum_{F' \in \mathcal{F}_{n-1}(K+\vartheta M)} \gamma(F', K + \vartheta M)\lambda_{F'}(A + \vartheta B).$$

Wegen $\vartheta \in D_{K,M}$ ist jede Seite $F' \in \mathcal{F}_{n-1}(K + \vartheta M)$ von der Form $F' = F + \vartheta G$ mit $F \in \mathcal{F}_k(K)$, $G \in \mathcal{F}_{n-1-k}(M)$ und $k \in \{0, \ldots, n-1\}$. Für gegebene Seiten $F \in \mathcal{F}_k(K)$, $G \in \mathcal{F}_{n-1-k}(M)$ setzen wir $L_1 := (\mathrm{aff}\, F)^\perp$, $L_2 := (\mathrm{aff}\, G)^\perp$; dann ist $L_1 \cap \vartheta L_2$ eindimensional. Der äußere Winkel $\gamma(F + \vartheta G, K + \vartheta M)$ ist 0, wenn $F + \vartheta G$ keine Seite von $K + \vartheta M$ ist; andernfalls ist er 1/2, und dies gilt genau dann, wenn

$$N(K, F) \cap \vartheta N(M, G) \cap S^{n-1} \neq \emptyset$$

ist. Für beliebige Teilmengen $U \subset L_1$, $V \subset L_2$ setzen wir daher

$$I(U, V, \vartheta) := \frac{1}{2}\mathrm{card}\,(U \cap \vartheta V \cap S^{n-1}).$$

Ist $F + \vartheta G$ Seite von $K + \vartheta M$, so gilt

$$(A + \vartheta B) \cap (F + \vartheta G) = (A \cap F) + \vartheta(B \cap G).$$

Da die Summe $F + \vartheta G$ direkt ist, ergibt sich

$$\lambda_{F+\vartheta G}(A + \vartheta B) = [F, \vartheta G]^{(n-1)}\lambda_F(A)\lambda_G(B).$$

Hierbei haben wir das in Abschnitt 3.1 eingeführte Symbol $[\cdot, \cdot]$ benutzt; es bezieht sich aber jetzt auf den zu $F + \vartheta G$ parallelen linearen Unterraum. Dies haben wir durch den oberen Index $n - 1$ angezeigt. Insgesamt erhalten wir

$$\Phi_{n-1}(K + \vartheta M, A + \vartheta B)$$

$$= \sum_{k=0}^{n-1} \sum_{F \in \mathcal{F}_k(K)} \sum_{G \in \mathcal{F}_{n-1-k}(M)} \lambda_F(A)\lambda_G(B)I(N(K, F), N(M, G), \vartheta)[F, \vartheta G]^{(n-1)}.$$

Bei gegebenen Seiten F, G definieren wir nun allgemein

$$J(U, V) := \int_{SO_n} I(U, V, \vartheta)[F, \vartheta G]^{(n-1)}\, d\nu(\vartheta)$$

für beliebige Borelmengen $U \subset L_1 \cap S^{n-1}$, $V \subset L_2 \cap S^{n-1}$. Die Meßbarkeit des Integranden ist leicht zu sehen. Hieraus folgt auch die Meßbarkeit des

Integranden in (4.1) für den Fall, daß K und M Polytope sind. Ganz analog wie im Beweis von Satz 3.2.1 zeigt man nun die Gleichung

$$J(U,V) = \alpha_{nk}\omega^{(L_1)}(U)\omega^{(L_2)}(V)$$

mit einer gewissen Konstanten $\alpha_{nk} > 0$. Es folgt

$$\int_{SO_n} \Phi_{n-1}(K + \vartheta M, A + \vartheta B)\, d\nu(\vartheta)$$

$$= \sum_{k=0}^{n-1} \sum_{F\in\mathcal{F}_k(K)} \sum_{G\in\mathcal{F}_{j-k}(M)} \alpha'_{nk}\gamma(F,K)\gamma(G,M)\lambda_F(A)\lambda_G(B)$$

$$= \sum_{k=0}^{n-1} \alpha'_{nk}\Phi_k(K,A)\Phi_{n-1-k}(M,B).$$

Für $A = K$, $B = M$ muß diese Formel mit der entsprechenden aus Satz 4.1.1 übereinstimmen, also ist $\alpha'_{nk} = \beta_{n(n-1)k}$. Für n-dimensionale Polytope K, M ist damit der Fall $j = n - 1$ des Satzes bewiesen.

Seien nun K, M beliebige, n-dimensionale Körper, wobei wir o.B.d.A. $0 \in \operatorname{int} K \cap \operatorname{int} M$ voraussetzen. Dann ist 0 auch innerer Punkt von $K + \vartheta M$ für alle Drehungen $\vartheta \in SO_n$. Nach Hilfssatz 4.1.2 gibt es zu K, M wieder eine Borelmenge $D_{K,M} \subset SO_n$ mit $\nu(D_{K,M}) = 1$, so daß für $\vartheta \in D_{K,M}$ die im Beweis des Hilfssatzes eingeführten Abbildungen

$$\pi_1(K,M,\vartheta,\cdot) : \operatorname{bd}(K + \vartheta M) \;\rightarrow\; \operatorname{bd} K,$$

$$\pi_2(K,M,\vartheta,\cdot) : \operatorname{bd}(K + \vartheta M) \;\rightarrow\; \operatorname{bd} M$$

existieren. Sei jetzt $\vartheta \in D_{K,M}$. Wir erweitern den Definitionsbereich von $\pi_1(K,M,\vartheta,\cdot)$ und $\pi_2(K,M,\vartheta,\cdot)$ auf ganz R^n. Wegen $0 \in \operatorname{int}(K + \vartheta M)$ existieren zu jedem $x \in \mathsf{R}^n$ ein $\alpha \geq 0$ und ein $\bar{x} \in \operatorname{bd}(K + \vartheta M)$ mit $x = \alpha\bar{x}$. Wir setzen

$$\pi_k(K,M,\vartheta,x) := \alpha\pi_k(K,M,\vartheta,\bar{x}) \qquad \text{für } k = 1,2.$$

Offensichtlich sind die so definierten Abbildungen $\pi_k(K,M,\vartheta,\cdot) : \mathsf{R}^n \rightarrow \mathsf{R}^n$ stetig $(k = 1,2)$. Mit $\varphi(\vartheta,K,M,\cdot)$ bezeichnen wir das Bildmaß von $\Phi_{n-1}(K + \vartheta M,\cdot)$ unter der Abbildung

$$\pi(K,M,\vartheta,\cdot) := \pi_1(K,M,\vartheta,\cdot) \times \pi_2(K,M,\vartheta,\cdot).$$

Dann ist $\varphi(\vartheta, K, M, \cdot)$ ein endliches Borel-Maß auf $\mathbf{R}^n \times \mathbf{R}^n$, und für $A, B \in \mathcal{B}(\mathbf{R}^n)$ mit $A \subset K$, $B \subset M$ gilt

$$\varphi(\vartheta, K, M, A \times B) = \Phi_{n-1}(K + \vartheta M, A + \vartheta B). \qquad (4.2)$$

Nach dem Transformationssatz für Integrale gilt

$$\int\limits_{\mathbf{R}^n \times \mathbf{R}^n} f(x, y)\, d\varphi(\vartheta, K, M, (x, y))$$

$$= \int\limits_{\mathbf{R}^n} f(\pi(K, M, \vartheta, z))\, d\Phi_{n-1}(K + \vartheta M, z) \qquad (4.3)$$

für alle stetigen Funktionen f auf $\mathbf{R}^n \times \mathbf{R}^n$.

Sei nun $\vartheta \in D_{K,M}$ und $(\vartheta_i)_{i \in \mathbf{N}}$ eine gegen ϑ konvergente Folge in $D_{K,M}$. Wir zeigen, daß $\varphi(\vartheta_i, K, M, \cdot)$ für $i \to \infty$ schwach gegen $\varphi(\vartheta, K, M, \cdot)$ konvergiert. Zunächst gibt es einen konvexen Körper $C \in \mathcal{K}$ mit $K + \vartheta_i M \subset C$ für alle $i \in \mathbf{N}$. Sei $f \in \mathrm{C}(\mathbf{R}^n \times \mathbf{R}^n)$. Die Funktion f ist auf $C \times C$ gleichmäßig stetig, also gibt es zu vorgegebenem $\epsilon > 0$ ein δ mit $|f(x, y) - f(x', y')| < \epsilon$ für alle $x, y, x', y' \in C$ mit $\|x - x'\| + \|y - y'\| < 2\delta$. Weiter konvergiert $\pi_k(K, M, \vartheta_i, \cdot)$, wie man leicht sieht, auf C gleichmäßig gegen $\pi_k(K, M, \vartheta, \cdot)$ für $k = 1, 2$. Damit gilt $\|\pi_k(K, M, \vartheta_i, z) - \pi_k(K, M, \vartheta, z)\| < \delta$ für alle $z \in C$, fast alle $i \in \mathbf{N}$ und $k = 1, 2$. Insgesamt erhalten wir wegen (4.3)

$$\left| \int\limits_{\mathbf{R}^n \times \mathbf{R}^n} f\, d\varphi(\vartheta_i, K, M, \cdot) - \int\limits_{\mathbf{R}^n \times \mathbf{R}^n} f\, d\varphi(\vartheta, K, M, \cdot) \right|$$

$$\leq \int\limits_{\mathbf{R}^n} |f(\pi(K, M, \vartheta_i, z)) - f(\pi(K, M, \vartheta, z))|\, d\Phi_{n-1}(K + \vartheta_i M, z)$$

$$+ \left| \int\limits_{\mathbf{R}^n} f(\pi(K, M, \vartheta, z))\, d(\Phi_{n-1}(K + \vartheta_i M, z) - \Phi_{n-1}(K + \vartheta M, z)) \right|$$

$$< a\epsilon$$

für fast alle $i \in \mathbf{N}$ mit einer von i unabhängigen Konstanten a. Dabei haben wir benutzt, daß $\Phi_{n-1}(K + \vartheta_i M, \mathbf{R}^n)$ durch eine nur von C abhängende Konstante abgeschätzt werden kann (etwa wie im Beweis von Satz 3.1.3); ferner wurde von der schwachen Konvergenz $\Phi_{n-1}(K + \vartheta_i M, \cdot) \to \Phi_{n-1}(K + \vartheta M, \cdot)$ und von der Stetigkeit der Funktion $f(\pi(K, M, \vartheta, \cdot))$ Gebrauch gemacht.

Die damit gezeigte schwache Konvergenz besagt, daß für $f \in C(\mathsf{R}^n \times \mathsf{R}^n)$ die Abbildung

$$\vartheta \mapsto \int\limits_{\mathsf{R}^n \times \mathsf{R}^n} f \, d\varphi(\vartheta, K, M, \cdot)$$

auf $D_{K,M}$ stetig ist. Nach Anhang II (Hilfssatz 7.2.2) folgt daraus die Meßbarkeit der Abbildung

$$\vartheta \mapsto \varphi(\vartheta, K, M, U)$$

auf $D_{K,M}$ für alle $U \in \mathcal{B}(\mathsf{R}^n \times \mathsf{R}^n)$. Insbesondere folgt wegen (4.2) für $A, B \in \mathcal{B}(\mathsf{R}^n)$ mit $A \subset K$ und $B \subset M$ die Meßbarkeit von

$$\vartheta \mapsto \Phi_{n-1}(K + \vartheta M, A + \vartheta B)$$

auf $D_{K,M}$, also die Meßbarkeit ν-fast überall des Integranden in (4.1) für $j = n - 1$.

Mit

$$\varphi(K, M, \cdot) := \int\limits_{SO_n} \varphi(\vartheta, K, M, \cdot) \, d\nu(\vartheta)$$

erhalten wir nun ein endliches Maß auf $\mathsf{R}^n \times \mathsf{R}^n$, das

$$\int\limits_{\mathsf{R}^n \times \mathsf{R}^n} f \, d\varphi(K, M, \cdot) = \int\limits_{SO_n} \int\limits_{\mathsf{R}^n} f(\pi(K, M, \vartheta, z)) \, d\Phi_{n-1}(K + \vartheta M, z) d\nu(\vartheta)$$

für $f \in C(\mathsf{R}^n \times \mathsf{R}^n)$ erfüllt. Wir betrachten konvergente Folgen $K_i \to K$ und $M_i \to M$ von konvexen Körpern K_i, M_i mit $0 \in \operatorname{int} K_i \cap \operatorname{int} M_i$ und setzen $D := \bigcap_{i=1}^{\infty} D_{K_i, M_i} \cap D_{K,M}$. Wie oben sieht man dann, daß für $\vartheta \in D$ die Funktionen $f(\pi(K_i, M_i, \vartheta, \cdot))$ für $i \to \infty$ auf jeder kompakten Menge gleichmäßig konvergieren, so daß wir in analoger Weise

$$\int\limits_{\mathsf{R}^n} f(\pi(K_i, M_i, \vartheta, z)) \, d\Phi_{n-1}(K_i + \vartheta M_i, z)$$

$$\to \int\limits_{\mathsf{R}^n} f(\pi(K, M, \vartheta, z)) \, d\Phi_{n-1}(K + \vartheta M, z)$$

für $i \to \infty$ erhalten. Mit dem Satz von der majorisierten Konvergenz ergibt sich daraus

$$\int\limits_{SO_n} \int\limits_{\mathbb{R}^n} f(\pi(K_i, M_i, \vartheta, z))\, d\Phi_{n-1}(K_i + \vartheta M_i, z) d\nu(\vartheta)$$

$$\to \int\limits_{SO_n} \int\limits_{\mathbb{R}^n} f(\pi(K, M, \vartheta, z))\, d\Phi_{n-1}(K + \vartheta M, z) d\nu(\vartheta),$$

also die schwache Konvergenz $\varphi(K_i, M_i, \cdot) \to \varphi(K, M, \cdot)$ für $i \to \infty$.

Offensichtlich ist nun die Aussage des Satzes für $j = n - 1$ äquivalent mit

$$\int\limits_{\mathbb{R}^n \times \mathbb{R}^n} f(x) g(y)\, d\varphi(K, M, (x, y))$$

$$= \sum_{k=0}^{n-1} \beta_{n(n-1)k} \int\limits_{\mathbb{R}^n} f\, d\Phi_k(K, \cdot) \int\limits_{\mathbb{R}^n} g\, d\Phi_{n-1-k}(M, \cdot)$$

für alle $f, g \in C(\mathbb{R}^n)$. Da wir diese Aussage für n-dimensionale Polytope bewiesen haben, überträgt sie sich mit dieser Gleichung durch Approximation auf beliebige n-dimensionale Körper K, M, da beide Seiten der Gleichung stetig von K und M abhängen.

Die Ausdehnung auf konvexe Körper auch ohne innere Punkte und auf $j < n - 1$ geschieht nun durch Anwendung der lokalen Steiner-Formel aus Satz 2.3.6.

Zunächst habe noch $M \in \mathcal{K}$ innere Punkte, und $K \in \mathcal{K}$ sei beliebig. Die zu beweisende Aussage gilt für $j = n - 1$ und die Körper $K + \epsilon B^n$ und M, wobei $\epsilon > 0$ beliebig ist. Mit zweimaliger Verwendung von Satz 2.3.6 ergibt sich daher die Meßbarkeit des Integranden in (4.1) und

$$\sum_{j=0}^{n-1} \epsilon^{n-1-j} \frac{n-j}{2} \kappa_{n-j} \int\limits_{SO_n} \Phi_j(K + \vartheta M, A + \vartheta B)\, d\nu(\vartheta)$$

$$= \int\limits_{SO_n} \Phi_{n-1}(K + \epsilon B^n + \vartheta M, A + \epsilon S^{n-1} + \vartheta B)\, d\nu(\vartheta)$$

$$= \sum_{r=0}^{n-1} \beta_{n(n-1)r} \Phi_r(K + \epsilon B^n, A + \epsilon S^{n-1}) \Phi_{n-1-r}(M, B)$$

$$= \sum_{r=0}^{n-1} \sum_{k=0}^{r} \epsilon^{r-k} \beta_{n(n-1)r} \binom{n-k}{n-r} \frac{\kappa_{n-k}}{\kappa_{n-r}} \Phi_k(K, A) \Phi_{n-1-r}(M, B)$$

$$= \sum_{j=0}^{n-1} \epsilon^{n-1-j} \frac{n-j}{2} \kappa_{n-j} \sum_{k=0}^{j} \frac{2\binom{n-k}{n-1-j}\kappa_{n-k}}{(n-j)\kappa_{n-j}\kappa_{j+1-k}} \times$$

$$\times \beta_{n(n-1)(k+n-1-j)} \Phi_k(K,A)\Phi_{j-k}(M,B)$$

$$= \sum_{j=0}^{n-1} \epsilon^{n-1-j} \frac{n-j}{2} \kappa_{n-j} \sum_{k=0}^{j} \beta_{njk} \Phi_k(K,A)\Phi_{j-k}(M,B).$$

Koeffizientenvergleich ergibt die Behauptung für die Körper K und M. Analog kann man M durch einen beliebigen konvexen Körper ersetzen.   ∎

4.2 Projektionsformeln

Eine weitere natürliche Operation für konvexe Körper ist die Projektion auf einen Unterraum. Für einen Unterraum $L \in \mathcal{L}_q^n$ bezeichnen wir das Bild des konvexen Körpers K unter der Orthogonalprojektion auf L wieder mit $K|L$. Aus den Ergebnissen des letzten Abschnitts leiten wir nun Projektionsformeln her.

Satz 4.2.1. *Für konvexe Körper $K \in \mathcal{K}$, Borelmengen $A \in \mathcal{B}(\mathrm{R}^n)$ mit $A \subset \mathrm{bd}\, K$, $q \in \{1,\ldots,n-1\}$ und $j \in \{0,\ldots,q-1\}$ gilt*

$$\int_{\mathcal{L}_q^n} \Phi_j(K|L,A|L)\,d\nu_q(L) = \beta_{n(n+j-q)j}\Phi_j(K,A)$$

(mit $\beta_{n(n+j-q)j}$ wie in Satz 4.1.1).

Beweis. Sei $L_q \in \mathcal{L}_q^n$ fest. Nach Definition von ν_q ist

$$\int_{\mathcal{L}_q^n} \Phi_j(K|L,A|L)\,d\nu_q(L) = \int_{SO_n} \Phi_j(K|\vartheta L_q, A|\vartheta L_q)\,d\nu(\vartheta).$$

Sei M ein Einheitswürfel in $L_q^\perp$ und $B := \mathrm{relint}\, M$. Dann gilt

$$\Phi_k(M,B) = \begin{cases} 1 & \text{für } k = n-q, \\ 0 & \text{für } k \neq n-q. \end{cases} \tag{4.4}$$

Sei $\vartheta \in SO_n$ so gewählt, daß K und ϑM keine parallelen Strecken in parallelen Stützhyperebenen enthalten. Wir betrachten lokale Parallelmengen.

Für $\epsilon > 0$ ist

$$U_\epsilon(K + \vartheta M, (A + \vartheta B) \cap \mathrm{bd}(K + \vartheta M))$$

$$= \{x \in \mathbb{R}^n : \|x - p_{K+\vartheta M}(x)\| \le \epsilon, \, p_{K+\vartheta M}(x) \in (A + \vartheta B) \cap \mathrm{bd}(K + \vartheta M)\}$$

$$= \{z \in U_\epsilon(K, A') : z - p_K(z) \in \vartheta L_q\} + \vartheta B$$

mit $A' := \{a \in A : a|\vartheta L_q \in \mathrm{relbd}\,(K|\vartheta L_q)\}$. Gilt nämlich $y = p_{K+\vartheta M}(x)$ und $y \in (A + \vartheta B) \cap \mathrm{bd}(K + \vartheta M)$, so ist $y = a + \vartheta b$ mit $a \in A$, $b \in B$. Durch y existiert eine Stützhyperebene H an $K + \vartheta M$. Da ϑb in einer zu H parallelen Stützhyperebene von ϑM liegt und $b \in \mathrm{relint}\, M$ gilt, folgt $\vartheta L_q^\perp + y \subset H$ und damit $a \in A'$. Die Schlüsse lassen sich umkehren.

Trivialerweise ist

$$(A|\vartheta L_q) \cap \mathrm{relbd}\,(K|\vartheta L_q) = A' \mid \vartheta L_q. \tag{4.5}$$

Diese Menge ist eine Borelmenge, denn die Orthogonalprojektion auf ϑL_q, eingeschränkt auf die Punkte, die auf $\mathrm{relbd}\,(K|\vartheta L_q)$ projiziert werden, ist wegen der Wahl von ϑ ein Homöomorphismus. Mit dem Satz von Fubini ergibt sich nun

$$\lambda(U_\epsilon(K + \vartheta M, (A + \vartheta B) \cap \mathrm{bd}(K + \vartheta M)) = \lambda^{(q)}(U_\epsilon^{(q)}(K|\vartheta L_q, A'|\vartheta L_q)),$$

wo wie üblich der obere Index q die sich auf ϑL_q beziehenden Größen kennzeichnet. Mit der lokalen Steiner-Formel (2.6) und mit (4.5) erhalten wir

$$\sum_{i=0}^{n-1} \epsilon^{n-i} \kappa_{n-i} \Phi_i(K + \vartheta M, A + \vartheta B) = \sum_{j=0}^{q-1} \epsilon^{q-j} \kappa_{q-j} \Phi_j(K|\vartheta L_q, A|\vartheta L_q),$$

also

$$\Phi_j(K|\vartheta L_q, A|\vartheta L_q) = \Phi_{n+j-q}(K + \vartheta M, A + \vartheta B)$$

für $j = 0, \ldots, q - 1$ und

$$\Phi_i(K + \vartheta M, A + \vartheta B) = 0$$

für $i = 0, \ldots, n - q - 1$. Hieraus folgt die Meßbarkeit der Abbildung $\vartheta \mapsto \Phi_j(K|\vartheta L_q, A|\vartheta L_q)$ bis auf eine ν-Nullmenge und mit Satz 4.1.3 und (4.4) sodann

$$\int_{SO_n} \Phi_j(K|\vartheta L_q, A|\vartheta L_q) \, d\nu(\vartheta)$$

$$= \int\limits_{SO_n} \Phi_{n+j-q}(K + \vartheta M, A + \vartheta B)\, d\nu(\vartheta)$$

$$= \sum_{r=0}^{n+j-q} \beta_{n(n+j-q)r}\Phi_r(K,A)\Phi_{n+j-q-r}(M,B)$$

$$= \beta_{n(n+j-q)j}\Phi_j(K,A).$$

$\blacksquare$

Aus Satz 4.2.1 ergibt sich sofort eine Projektionsformel für die inneren Volumina V_j, $j = 0,\ldots,q-1$. Diese gilt aber auch für V_q.

Satz 4.2.2. *Für konvexe Körper $K \in \mathcal{K}$ und für $q \in \{1,\ldots,n-1\}$, $j \in \{0,\ldots,q\}$ gilt*

$$\int\limits_{\mathcal{L}_q^n} V_j(K|L)\, d\nu_q(L) = \beta_{n(n+j-q)j}V_j(K).$$

Beweis. Zu zeigen ist nur noch der Fall $j = q$. Sei $L_q \in \mathcal{L}_q^n$ fest und B^{n-q} die Einheitskugel in $L_q^\perp$. Für $\epsilon > 0$ gilt nach Satz 4.1.1

$$\int\limits_{SO_n} V_n(\vartheta K + \epsilon B^{n-q})\, d\nu(\vartheta) = \sum_{k=0}^{n} \beta_{nnk}V_k(K)V_{n-k}(B^{n-q})\epsilon^{n-k}.$$

Der Koeffizient von ϵ^{n-q} ist $\beta_{nnq}V_q(K)\kappa_{n-q}$.

Andererseits ist nach dem Satz von Fubini

$$V_n(\vartheta K + \epsilon B^{n-q}) = \int\limits_{L_q} V_{n-q}\left(\left(\vartheta K \cap (L_q^\perp + x)\right) + \epsilon B^{n-q}\right) d\lambda^{(q)}(x).$$

Nach der Steiner-Formel (2.3), angewandt in $L_q^\perp + x$, ergibt sich rechts ein Polynom in ϵ, und der Koeffizient von ϵ^{n-q} ist

$$\int\limits_{L_q} \kappa_{n-q}V_0(\vartheta K \cap (L_q^\perp + x))\, d\lambda^{(q)}(x) \;=\; \kappa_{n-q}V_q(\vartheta K|L_q)$$

$$= \kappa_{n-q}V_q(K|\vartheta^{-1}L_q).$$

Integration über SO_n (unter Beachtung der Inversionsinvarianz von ν) und Koeffizientenvergleich ergibt die Behauptung. $\blacksquare$

Speziell folgt aus Satz 4.2.2, wenn wir $q = j$ wählen,

$$V_j(K) = \frac{\binom{n}{j}\kappa_n}{\kappa_j\kappa_{n-j}} \int\limits_{\mathcal{L}_j^n} V_j(K|L)\, d\nu_j(L). \tag{4.6}$$

Für die Quermaßintegrale lautet die entsprechende Gleichung

$$W_i(K) = \frac{\kappa_n}{\kappa_{n-i}} \int\limits_{\mathcal{L}_{n-i}^n} W_0^{(n-i)}(K|L)\, d\nu_{n-i}(L).$$

Da in (4.6) der Integrand $V_j(K|L)$ gerade den Inhalt der Projektion $K|L$ darstellt, kann man ihn auch als Quermaß von K in Richtung $L^\perp$, also als $(n-j)$-dimensionales Quermaß bezeichnen. Daher rührt der Name „i-tes Quermaßintegral" für W_i. Aus (4.6) folgt abermals die bereits gezeigte Monotonie der Funktionale V_j.

Die Gleichung (4.6) wird auch als *Formel von Kubota* bezeichnet. Speziell für $j = n - 1$ ergibt sich für die Oberfläche $S(K)$ die Formel

$$S(K) = 2V_{n-1}(K) \;=\; \frac{n\kappa_n}{\kappa_{n-1}} \int\limits_{\mathcal{L}_{n-1}^n} V_{n-1}(K|L)\, d\nu_{n-1}(L)$$

$$=\; \frac{1}{\kappa_{n-1}} \int\limits_{S^{n-1}} V_{n-1}(K|u^\perp)\, d\omega(u),$$

die auch als *Cauchysche Oberflächenformel* bekannt ist. Für $j = 1$ erhalten wir

$$V_1(K) = \frac{n\kappa_n}{2\kappa_{n-1}} \int\limits_{\mathcal{L}_1^n} V_1(K|L)\, d\nu_1(L).$$

Da $V_1(K|L)$ die Breite von K in Richtung L ist, ist

$$\int\limits_{\mathcal{L}_1^n} V_1(K|L)\, d\nu_1(L)$$

die mittlere Breite $b(K)$ von K. Also ergibt sich die Formel (2.5),

$$V_1(K) = \frac{n\kappa_n}{2\kappa_{n-1}} b(K),$$

die wir im letzten Kapitel schon benutzt haben.

4.3　Integralformeln für Zylinder

Wie wir gesehen haben, kann die Crofton-Formel aus der kinematischen Hauptformel hergeleitet werden, und die Cauchy-Kubota-Formeln ergeben sich aus der Drehsummen-Formel. Integralgeometrische Formeln für konvexe Körper einerseits und Unterräume andererseits hängen demnach eng zusammen. Wir können diesen Zusammenhang mit Hilfe von Zylindern noch deutlicher machen und dann insbesondere eine gemeinsame Verallgemeinerung der kinematischen Hauptformel und der Crofton-Formel herleiten.

Ein (konvexer) *Zylinder* $Z \subset \mathsf{R}^n$ sei im folgenden eine Menge der Form $Z = M + L$ mit $L \in \mathcal{L}_q^n$, $q \in \{0, \ldots, n-1\}$, und $M \in \mathcal{K}$, $M \subset L^\perp$. Der lineare Unterraum L heißt *Richtungsraum* des Zylinders Z, und M ist seine *Basis*. Wir werden im folgenden auch die Bilder gZ von Z unter $g \in G_n$ als Zylinder bezeichnen, gehen aber bei Z immer von der beschriebenen Standardform (mit festem $L \in \mathcal{L}_q^n$) aus.

Da Z eine abgeschlossene konvexe Menge ist, existieren die Krümmungsmaße $\Phi_0(Z, \cdot), \ldots, \Phi_n(Z, \cdot)$. Sie sind auf beschränkten Borelmengen endlich und haben eine spezielle Gestalt. Im folgenden identifizieren wir R^n mit $L^\perp \times L$. Mit $\lambda^{(n-q)}$ und $\lambda^{(q)}$ werden wieder die Lebesgue-Maße in $L^\perp$ und L bezeichnet.

Hilfssatz 4.3.1. *Es gilt*

$$\Phi_j(Z, \cdot) = \begin{cases} \Phi_{j-q}(M, \cdot) \otimes \lambda^{(q)} & \text{für } q \leq j \leq n, \\ 0 & \text{für } 0 \leq j < q. \end{cases}$$

Beweis. Wir können annehmen, daß die Basis M von Z ein Polytop ist; der allgemeine Fall folgt daraus wegen der schwachen Stetigkeit der Krümmungsmaße. Da Z dann polyedrisch ist, ergibt die Darstellung der Krümmungsmaße für Polytope sofort

$$\Phi_j(Z, \cdot) = \sum_{F \in \mathcal{F}_j(Z)} \gamma(F, Z)\lambda_F.$$

Wegen $Z = M + L$ ist $\mathcal{F}_j(Z) = \emptyset$ für $j < q$, also gilt dann $\Phi_j(Z, \cdot) = 0$. Für $j \geq q$ ist

$$\mathcal{F}_j(Z) = \{F + L : F \in \mathcal{F}_{j-q}(M)\},$$

daher folgt hier

$$\Phi_j(Z, \cdot) = \sum_{F \in \mathcal{F}_{j-q}(M)} \gamma(F + L, M + L)\lambda_{F+L}.$$

Wegen $\gamma(F + L, M + L) = \gamma(F, M)$ und $\lambda_{F+L} = \lambda_F \otimes \lambda^{(q)}$ ergibt sich

$$\Phi_j(Z, \cdot) \;=\; \left(\sum_{F \in \mathcal{F}_{j-q}(M)} \gamma(F, M)\lambda_F \right) \otimes \lambda^{(q)}$$

$$=\; \Phi_{j-q}(M, \cdot) \otimes \lambda^{(q)}.$$

∎

In Analogie zur kinematischen Hauptformel und zur Crofton-Formel wollen wir jetzt Durchschnitte eines festen konvexen Körpers und eines bewegten Zylinders betrachten. Bei der kinematischen Hauptformel wird über die Bewegungsgruppe integriert. Obwohl sie unendliches invariantes Maß hat, bleiben die Integrale endlich, weil $K \cap gM \neq \emptyset$ für $K, M \in \mathcal{K}$ nur für die Bewegungen g aus einer kompakten Menge gilt. Für einen konvexen Körper K mit inneren Punkten und einen Zylinder Z mit $q > 0$ hat aber die Menge der Bewegungen g mit $K \cap gZ \neq \emptyset$ unendliches Maß. Bei der Crofton-Formel, die sich auf den Fall $\dim M = 0$ bezieht, wurde deshalb bezüglich des invarianten Maßes μ_q auf dem Raum $\mathcal{E}_q^n$ der q-Ebenen integriert. Wir können auch die Menge der zu Z kongruenten Zylinder als homogenen Raum auffassen und hierauf ein bewegungsinvariantes Maß einführen. Dies ist implizit im folgenden Satz geschehen, wo wir aber gleich mit einer geeigneten Darstellung dieses invarianten Maßes arbeiten.

Satz 4.3.2 (Lokale kinematische Hauptformel für Zylinder). *Sei* $q \in \{0, \ldots, n-1\}$ *und* $j \in \{0, \ldots, n\}$. *Seien* $K \in \mathcal{K}$ *ein konvexer Körper,* Z *ein Zylinder mit Richtungsraum* $L \in \mathcal{L}_q^n$ *und Basis* M, *seien* $A, B \in \mathcal{B}(\mathbb{R}^n)$ *Borelmengen mit* $B \subset L^\perp$. *Dann gilt*

$$\int_{SO_n} \int_{L^\perp} \Phi_j(K \cap \vartheta(Z + x), A \cap \vartheta(B + L + x)) \, d\lambda^{(n-q)}(x) d\nu(\vartheta)$$

$$= \sum_{k=j}^{N(n,j,q)} \alpha_{njk} \Phi_k(K, A) \Phi_{n+j-q-k}(M, B)$$

mit $N(n, j, q) = \min\{n, n + j - q\}$ *(und* α_{njk} *wie in Hilfssatz 3.3.3).*

Beweis. Zunächst ist

$$\int_{SO_n} \int_{L^\perp} \Phi_j(K \cap \vartheta(Z + x), A \cap \vartheta(B + L + x)) \, d\lambda^{(n-q)}(x) d\nu(\vartheta)$$

$$= \int\limits_{SO_n} \int\limits_{L^\perp} \Phi_j(\vartheta K \cap (Z + x), \vartheta A \cap (B + L + x)) \, d\lambda^{(n-q)}(x) d\nu(\vartheta).$$

Weil $\{\vartheta K : \vartheta \in SO_n\}$ gleichmäßig beschränkt ist, existiert eine kompakte Menge $B' \subset L$ (mit $\lambda^{(q)}(B') > 0$), so daß

$$\Phi_j(\vartheta K \cap (Z + x), \vartheta A \cap (B + L + x)) = \Phi_j(\vartheta K \cap (Z + x), \vartheta A \cap (B + B' + x))$$

für alle $x \in L^\perp$, $\vartheta \in SO_n$ gilt. Aus Satz 3.2.3 und Hilfssatz 4.3.1 ergibt sich nun

$$\int\limits_{SO_n} \int\limits_{L^\perp} \int\limits_{L} \Phi_j(\vartheta K \cap (Z + x), \vartheta A \cap (B + B' + x + y)) \, d\lambda^{(q)}(y) d\lambda^{(n-q)}(x) d\nu(\vartheta)$$

$$= \sum_{k=j}^{n} \alpha_{njk} \Phi_k(K, A) \Phi_{n+j-k}(Z, B + B')$$

$$= \sum_{k=j}^{N(n,j,q)} \alpha_{njk} \Phi_k(K, A) \Phi_{n+j-k-q}(M, B) \lambda^{(q)}(B').$$

Andererseits gilt mit $K' := \vartheta K - x$, $A' := \vartheta A - x$

$$\int\limits_{L} \Phi_j(\vartheta K \cap (Z + x), \vartheta A \cap (B + B' + x + y)) \, d\lambda^{(q)}(y)$$

$$= \int\limits_{L} \Phi_j(K' \cap Z, A' \cap (B + B' + y)) \, d\lambda^{(q)}(y)$$

$$= \int\limits_{L} \int\limits_{\mathbb{R}^n} 1_{A'}(u) 1_{B+B'}(u - y) d\Phi_j(K' \cap Z, u) \, d\lambda^{(q)}(y)$$

$$= \int\limits_{\mathbb{R}^n} \int\limits_{L} 1_{B+B'}(u - y) \, d\lambda^{(q)}(y) 1_{A'}(u) \, d\Phi_j(K' \cap Z, u)$$

$$= \int\limits_{\mathbb{R}^n} 1_{B+L}(u) \lambda^{(q)}(B') 1_{A'}(u) \, d\Phi_j(K' \cap Z, u)$$

$$= \Phi_j(K' \cap Z, A' \cap (B + L)) \lambda^{(q)}(B')$$

$$= \Phi_j(\vartheta K \cap (Z + x), \vartheta A \cap (B + L + x)) \lambda^{(q)}(B').$$

Division durch $\lambda^{(q)}(B')$ ergibt nun die Behauptung. $\blacksquare$

Satz 4.3.2 enthält sowohl die kinematische Hauptformel 3.2.3 als auch die Crofton-Formel 3.3.1 als Spezialfälle. Satz 3.2.3 ergibt sich für $q = 0$ (also $L = \{0\}$), Satz 3.3.1 für $M = B = \{0\}$ und $j \leq q$, weil dann

$$\Phi_{n+j-q-k}(M, B) = \begin{cases} 1 & \text{für } n + j - q - k = 0, \\ 0 & \text{sonst} \end{cases}$$

gilt.

Natürlich ergibt sich aus Satz 4.3.2 auch eine Zylinder-Formel für innere Volumina.

Korollar 4.3.3 (Kinematische Hauptformel für Zylinder). *Sei* $q \in \{0, \ldots, n-1\}$ *und* $j \in \{0, \ldots, n\}$*. Für einen konvexen Körper* $K \in \mathcal{K}$ *und einen Zylinder* Z *mit Richtungsraum* $L \in \mathcal{L}_q^n$ *und Basis* M *gilt*

$$\int\limits_{SO_n} \int\limits_{L^\perp} V_j(K \cap \vartheta(Z + x))\, d\lambda^{(n-q)}(x) d\nu(\vartheta) = \sum_{k=j}^{N(n,j,q)} \alpha_{njk} V_k(K) V_{n+j-q-k}(M).$$

Speziell bei Zylindern ist als weitere Operation die Kombination von Schnitt und Projektion möglich. Man kann nämlich den Schnittkörper $K \cap \vartheta(Z + x)$ orthogonal projizieren auf den Richtungsraum ϑL von $\vartheta(Z + x)$. In einem Spezialfall tritt eine solche Kombination bei gewissen Anwendungen auf, wie wir kurz erläutern wollen. Mikroskopische Schnitte, wie sie in der Stereologie mit integralgeometrischen Methoden theoretisch behandelt werden, haben eine gewisse Dicke. Ein mikroskopischer Schnitt ist also kein Schnitt mit einer Ebene, sondern mit einem Zylinder $Z = M + L$, wo L eine Ebene und $M \subset L^\perp$ eine Strecke ist. Unter dem Mikroskop sind dann aber nicht die Schnitte $K \cap Z$ eines Körpers K sichtbar, sondern die Projektionen $(K \cap Z)|L$. Für solche Projektionen von Schnitten mit Zylindern geben wir im folgenden eine allgemeine Integralformel an, allerdings nur in der globalen Version.

Satz 4.3.4 (Formel für projizierte dicke Schnitte). *Sei* $q \in \{0, \ldots, n-1\}$ *und* $j \in \{0, \ldots, q\}$*. Für einen konvexen Körper* $K \in \mathcal{K}$ *und einen Zylinder* Z *mit Richtungsraum* $L \in \mathcal{L}_q^n$ *und Basis* M *gilt*

$$\int\limits_{SO_n} \int\limits_{L^\perp} V_j((K \cap \vartheta(Z + x))|\vartheta L)\, d\lambda^{(n-q)}(x) d\nu(\vartheta)$$

$$= \sum_{k=j}^{n+j-q} \gamma_{njkq} V_k(K) V_{n+j-q-k}(M)$$

mit

$$\gamma_{njkq} = \frac{\binom{q}{j}\kappa_q\kappa_k\kappa_{n-k}}{\binom{n}{k}\kappa_{q-j}\kappa_n\kappa_j}.$$

Beweis. Zunächst können wir das Doppelintegral wieder in

$$I := \int\limits_{SO_n}\int\limits_{L^\perp} V_j(((\vartheta K + x)\cap(M+L))|L)\, d\lambda^{(n-q)}(x)d\nu(\vartheta)$$

überführen. Nun gilt

$$((\vartheta K + x)\cap(M+L))|L = (\vartheta K - M + x)\cap L,$$

also erhalten wir

$$I = \int\limits_{SO_n}\int\limits_{L^\perp} V_j((\vartheta K - M + x)\cap L)\, d\lambda^{(n-q)}(x)d\nu(\vartheta).$$

Wir setzen $\vartheta K - M =: A$ und $B^n \cap L =: B^q$. Für $\epsilon > 0$ ergibt sich mit dem Satz von Fubini, der Steiner-Formel (2.3) und den Invarianzeigenschaften des Lebesgue-Maßes

$$V_n(A + \epsilon B^q)$$

$$= \int\limits_{L^\perp} V_q((A + \epsilon B^q)\cap(L+y))\, d\lambda^{(n-q)}(y)$$

$$= \int\limits_{L^\perp} V_q((A\cap(L+y)) + \epsilon B^q)\, d\lambda^{(n-q)}(y)$$

$$= \int\limits_{L^\perp} \sum_{j=0}^{q} \epsilon^{q-j}\kappa_{q-j} V_j(A\cap(L+y))\, d\lambda^{(n-q)}(y)$$

$$= \sum_{j=0}^{q} \epsilon^{q-j}\kappa_{q-j} \int\limits_{L^\perp} V_j((A+x)\cap L)\, d\lambda^{(n-q)}(x).$$

Einsetzen von $A = \vartheta K - M$ und Integration über SO_n ergibt

$$\sum_{j=0}^{q} \epsilon^{q-j}\kappa_{q-j} \int\limits_{SO_n}\int\limits_{L^\perp} V_j((\vartheta K - M + x)\cap L)\, d\lambda^{(n-q)}(x)d\nu(\vartheta)$$

$$= \int_{SO_n} V_n(\vartheta K - M + \epsilon B^q)\, d\nu(\vartheta)$$

$$= \sum_{k=0}^{n} \beta_{nnk} V_k(K) V_{n-k}(-M + \epsilon B^q)$$

$$= \sum_{k=0}^{n} \beta_{nnk} V_k(K) \sum_{r=0}^{n-k} V_r(-M) V_{n-k-r}(B^q)\epsilon^{n-k-r}$$

$$= \sum_{j=0}^{q} \sum_{k=j}^{n+j-q} \beta_{nnk} V_k(K) V_{n+j-q-k}(M) V_{q-j}(B^q)\epsilon^{q-j}.$$

Dabei wurden Satz 4.1.1 und der nachfolgende Hilfssatz 4.3.5 benutzt. Koeffizientenvergleich ergibt nun wegen

$$V_{q-j}(B^q) = \binom{q}{j}\frac{\kappa_q}{\kappa_j}$$

die Behauptung. ∎

Hilfssatz 4.3.5. *Für $L \in \mathcal{L}_q^n$ mit $q \in \{1,\dots,n-1\}$ und konvexe Körper $K \subset L$, $M \subset L^{\perp}$ gilt*

$$V_j(K + M) = \sum_{k=0}^{j} V_k(K) V_{j-k}(M)$$

für $j \in \{0,\dots,n\}$.

Beweis. Für ein Polytop $P \in \mathcal{P}\backslash\{\emptyset\}$ und für $x \in \mathbb{R}^n$ setzen wir $r(P,x) := \|x - p(P,x)\|$ und

$$W(P) := \int_{\mathbb{R}^n} e^{-\pi r(P,x)^2}\, d\lambda(x).$$

Wie man leicht sieht (indem man für jede Seite F von P auf dem Urbild $p(P,\cdot)^{-1}(F)$ verallgemeinerte Zylinderkoordinaten einführt; vgl. auch den Beweis von Hilfssatz 5.3.1), gilt

$$W(P) = V_n(P) + 2 \int_0^{\infty} V_{n-1}(P + rB^n)e^{-\pi r^2}\, dr.$$

Mit Satz 2.2.4 folgt

$$W(P) = V_n(P) + \sum_{j=0}^{n-1}(n-j)\kappa_{n-j}V_j(P) \int_0^{\infty} r^{n-1-j}e^{-\pi r^2}\, dr$$

$$= \sum_{j=0}^{n} V_j(P).$$

Insbesondere hängt also $W(P)$ nur von P und nicht von der Dimension des Einbettungsraumes ab.

Nun seien $K \subset L$, $M \subset L^{\perp}$ Polytope und $P = K + M$. Ist $x \in \mathbb{R}^n$ und $x = y + z$ mit $y \in L$ und $z \in L^{\perp}$, so ist

$$r(P,x)^2 = r(K,y)^2 + r(M,z)^2.$$

Es folgt

$$W(K + M) = \int_{L^{\perp}} \int_{L} e^{-\pi r(K,y)^2} e^{-\pi r(M,z)^2} d\lambda^{(q)}(y) d\lambda^{(n-q)}(z)$$

$$= W(K)W(M).$$

Wenden wir dies auf αK, αM mit $\alpha > 0$ an, so erhalten wir

$$\sum_{j=0}^{n} \alpha^j V_j(K + M) = \left(\sum_{r=0}^{n} \alpha^r V_r(K) \right) \left(\sum_{s=0}^{n} \alpha^s V_s(M) \right)$$

$$= \sum_{j=0}^{n} \alpha^j \sum_{r=0}^{j} V_r(K) V_{j-r}(M).$$

Koeffizientenvergleich ergibt die Behauptung für Polytope, und wegen der Stetigkeit der inneren Volumina folgt sie allgemein. ∎

Bemerkungen und Literaturhinweise zu Kapitel 4

Satz 4.1.1 ist auf andere Weise (und mit anderen Bezeichnungen) von Hadwiger [1957], S. 231 f, bewiesen worden. Eine lokale Version dieser Mittelwertformel bei Minkowskischer Addition findet sich zuerst in Schneider [1975], allerdings nicht für Federers Krümmungsmaße, sondern für die sogenannten i-ten Oberflächenmaße. Weil [1979b] verwendete ein Resultat über Krümmungsmaße von Schneider [1978b], um Satz 4.1.3 zu beweisen. Ein vereinfachter Beweis und zugleich eine Verallgemeinerung findet sich in Schneider [1986]. Wie sich dort zeigt, ist es zweckmäßig, zuerst die Drehsummenformel für Oberflächenmaße zu beweisen und sie dann durch Approximation auszudehnen. Da wir hier die Oberflächenmaße nicht zur Verfügung haben, ist das Approximationsargument im Beweis von Satz 4.1.3 etwas aufwendiger.

Die Projektionsformeln in Satz 4.2.2 sind klassische Resultate der Integralgeometrie konvexer Körper; in der Tat war ein Spezialfall schon Cauchy bekannt. Lokale Versionen finden sich in Schneider [1975] und Weil [1979b]; die Herleitbarkeit aus der Drehsummenformel, auf die sich der Beweis von Satz 4.2.1 stützt, wurde in Schneider [1986] bemerkt.

Kinematische Formeln für Zylinder werden in Santaló [1976], S. 270 ff, behandelt. Die lokale kinematische Hauptformel für konvexe Körper und Zylinder (Satz 4.3.2) wurde, im wesentlichen wie hier, in Schneider [1980b] gezeigt. Satz 4.3.4 und sein Beweis stammen aus Schneider [1981a]. Der Beweis von Hilfssatz 4.3.5 verwendet eine Idee von Hadwiger [1975].

Die integralgeometrischen Formeln dieses Kapitels gelten in dieser Form nur für konvexe Mengen. Eine Ausdehnung der Projektionsformeln auf den Konvexring, notwendigerweise mit Berücksichtigung von Vielfachheiten, ist Gegenstand einer Arbeit von Schneider [1988a].

Kapitel 5

Anwendungen in der Stochastischen Geometrie

In diesem Kapitel werden Anwendungen der integralgeometrischen Formeln aus den Kapiteln 3 und 4 auf verschiedene Fragen der Stochastischen Geometrie über zufällig bewegte geometrische Objekte zusammengestellt. Zunächst werden geometrische Wahrscheinlichkeiten behandelt, wie sie etwa beim in der Einleitung angesprochenen Buffonschen Nadelproblem und beim Bertrandschen Paradoxon auftreten. Insbesondere werden wir verschiedene Typen zufälliger q-dimensionaler Ebenen durch einen gegebenen konvexen Körper betrachten.

In Abschnitt 5.2 werden Interpretationen der Integralformeln als Mittelwertformeln zur Schätzung geometrischer Größen aufgrund von Auswertungen bei Schnitten oder Projektionen behandelt. Für diese stereologischen Anwendungen sind insbesondere der dreidimensionale und der zweidimensionale Fall von Interesse, der letztere auch bei gewissen Fragen der Bildanalyse.

In Abschnitt 5.3 wird das ebenfalls in der Einleitung angesprochene Berührproblem für allgemeine konvexe Körper formuliert und gelöst.

5.1   Geometrische Wahrscheinlichkeiten

Unter dem Titel „Geometrische Wahrscheinlichkeiten" läßt sich eine Vielzahl von Fragestellungen der Stochastischen Geometrie einordnen. Im folgenden konzentrieren wir uns auf solche Aussagen, die sich ohne allzu großen Aufwand als Konsequenzen der integralgeometrischen Theorie ergeben. Dabei handelt es sich um Verteilungen, Wahrscheinlichkeiten und Erwartungswerte, die im Zusammenhang mit festen und zufällig bewegten geometrischen Objekten gebildet werden können.

Unter einem *zufällig bewegten* geometrischen Objekt (z.B. konvexer Körper, q-Ebene, Zylinder) verstehen wir eine Zufallsvariable auf einem zugrundeliegenden Wahrscheinlichkeitsraum mit Werten in einem Raum kongruenter geometrischer Objekte. Ein zufällig bewegter konvexer Körper ist also eine $\mathcal{K}$-wertige Zufallsvariable $\tilde{M}$, deren Realisierungen alle kongruent sind zu einem festen konvexen Körper M. Es ist dann bequemer, $\tilde{M}$ von der Form $\tilde{g}M$ mit einer zufälligen Bewegung $\tilde{g}$, also einer G_n-wertigen Zufallsvariablen, anzunehmen. Es erscheint bei einer zufällig bewegten Menge geometrisch am natürlichsten, an ihre Wahrscheinlichkeitsverteilung starke Invarianzforderungen zu stellen, also die Verteilung möglichst aus einem invarianten Maß abzuleiten. So können wir bei einer zufälligen Drehung $\tilde{\vartheta}$ (einer SO_n-wertigen Zufallsvariablen) fordern, daß ihre Verteilung mit dem invarianten Wahrscheinlichkeitsmaß ν auf der Drehgruppe zusammenfällt, und wir werden $\tilde{\vartheta}$ dann eine *isotrope* zufällige Drehung nennen. Analog ist ein isotroper zufälliger q-dimensionaler linearer Unterraum eine $\mathcal{L}_q^n$-wertige Zufallsvariable mit Verteilung ν_q. Auf der Bewegungsgruppe G_n ist dagegen das invariante Maß μ nicht endlich und kann daher nicht zu einem Wahrscheinlichkeitsmaß normiert werden. Hier gibt es aber einen natürlichen Begriff von bedingten Wahrscheinlichkeiten, die mit dem invarianten Maß gebildet werden können: Für Borelmengen $A, B \in \mathcal{B}(G_n)$ mit $A \subset B$ und $0 < \mu(B) < \infty$ definieren wir

$$P(A \mid B) := \frac{\mu(A \cap B)}{\mu(B)}$$

als die *bedingte Wahrscheinlichkeit* von A unter der Bedingung B.

BEMERKUNG. Diese bedingte Wahrscheinlichkeit ist also nicht, wie sonst üblich, aus einem Wahrscheinlichkeitsmaß abgeleitet. Rényi [1955] hat eine axiomatische Theorie bedingter Wahrscheinlichkeiten entwickelt, in die sich auch der hier betrachtete Fall einordnet.

Wenn eine „Bedingung" oder „Grundmenge" $A_0 \in \mathcal{B}(G_n)$ mit $0 < \mu(A_0) < \infty$ durch die Problemstellung ausgezeichnet ist, wollen wir als A_0-*isotrope* zufällige Bewegung eine G_n-wertige Zufallsvariable $\tilde{g}$ auf einem Wahrscheinlichkeitsraum $(\Omega, \mathcal{A}, P)$ erklären, deren Verteilung durch Einschränkung des invarianten Maßes μ auf A_0 und anschließende Normierung entsteht. Die Verteilung einer A_0-isotropen zufälligen Bewegung ist also das durch

$$\frac{\mu|_{A_0}}{\mu(A_0)}$$

gegebene Maß auf G_n. (Hierbei ist $\mu|_{A_0}$ erklärt durch $(\mu|_{A_0})(A) = \mu(A_0 \cap A)$ für $A \in \mathcal{B}(G_n)$.)

Insbesondere bilden wir bei gegebenen konvexen Körpern $K_0, K, M \in \mathcal{K}$ mit int $K_0 \neq \emptyset$ und $K \subset K_0$ die Grundmenge

$$A_0 := \{g \in G_n : K_0 \cap gM \neq \emptyset\}$$

und bezeichnen eine A_0-isotrope zufällige Bewegung $\tilde{g}$ als (K_0, M)-*isotrop*. Wir sind dann interessiert an

$$P(K \cap \tilde{g}M \neq \emptyset) = P(K \cap gM \neq \emptyset \mid K_0 \cap gM \neq \emptyset)$$

$$= \frac{\mu(\{g \in G_n : K \cap gM \neq \emptyset\})}{\mu(\{g \in G_n : K_0 \cap gM \neq \emptyset\})}, \tag{5.1}$$

also an der bedingten Wahrscheinlichkeit, daß der zufällig bewegte Körper M den Körper K trifft unter der Bedingung, daß er K_0 trifft.

Die Referenzmenge K_0, auf die sich solche Schnittwahrscheinlichkeiten beziehen, ist meist durch die Problemstellung vorgegeben oder kann geeignet gewählt werden. So werden zum Beispiel beim Bertrandschen Paradoxon nur zufällige Geraden betrachtet, die einen Kreis K_0 schneiden; gesucht wird die Wahrscheinlichkeit, daß sie dann einen in K_0 liegenden kleineren Kreis schneiden. Bei Problemen aus Stereologie und Bildanalyse wird zunächst zum Beispiel eine würfelförmige Materialprobe bzw. ein rechteckiges oder kreisförmiges Bildfenster vorausgesetzt, in dem die Struktur K untersucht werden soll. Würfel, Rechteck oder Kreis spielen hier die Rolle von K_0.

Die gesuchte Schnittwahrscheinlichkeit, wobei das beschriebene Modell zugrundegelegt ist, können wir nun sofort angeben.

Satz 5.1.1. *Seien* $K_0, K, M \in \mathcal{K} \setminus \{\emptyset\}$ *konvexe Körper mit* $K \subset K_0$ *und* int $K_0 \neq \emptyset$. *Dann gilt*

$$P(K \cap gM \neq \emptyset \mid K_0 \cap gM \neq \emptyset) = \frac{\sum_{k=0}^{n} \alpha_{n0k} V_k(K) V_{n-k}(M)}{\sum_{k=0}^{n} \alpha_{n0k} V_k(K_0) V_{n-k}(M)}.$$

Beweis. Nach (5.1) ist

$$P(K \cap gM \neq \emptyset \mid K_0 \cap gM \neq \emptyset) = \frac{\int\limits_{G_n} V_0(K \cap gM)\, d\mu(g)}{\int\limits_{G_n} V_0(K_0 \cap gM)\, d\mu(g)};$$

die Aussage folgt also direkt aus der kinematischen Hauptformel (Korollar 3.2.4). ∎

BEISPIEL. Gesucht sei (unter den beschriebenen Modellannahmen) die Wahrscheinlichkeit p, daß eine zufällige Strecke s der Länge a, die den Einheitskreis B^2 schneidet, auch ein (festes) einbeschriebenes gleichseitiges Dreieck Δ schneidet. Nach Satz 5.1.1 gilt

$$p = \frac{F(s) + \frac{1}{2\pi}U(s)U(\Delta) + F(\Delta)}{F(s) + \frac{1}{2\pi}U(s)U(B^2) + F(B^2)} = \frac{3\sqrt{3}}{2\pi}\frac{a + \frac{\pi}{4}}{a + \frac{\pi}{2}}.$$

Für $a \to \infty$ konvergiert dies gegen $3\sqrt{3}/2\pi = 0,8270$, das Verhältnis der Umfänge von Δ und B^2.

Auch im R^3 kann man die analoge Frage sofort beantworten (wenn Δ das in B^3 einbeschriebene reguläre Tetraeder ist). Es ergibt sich

$$p = \frac{V(s) + \frac{1}{2}S(s)b(\Delta) + \frac{1}{2}b(s)S(\Delta) + V(\Delta)}{V(s) + \frac{1}{2}S(s)b(B^3) + \frac{1}{2}b(s)S(B^3) + V(B^3)} = \frac{2\sqrt{3}}{3\pi}\frac{a + \frac{4}{9}}{a + \frac{4}{3}}.$$

Für $a \to \infty$ ergibt sich der Wert $2\sqrt{3}/3\pi = 0,3675$, das Verhältnis der Oberflächen von Δ und B^3.

Aus dem Beweis von Satz 5.1.1 ist ersichtlich, warum wir die Konvexität der Mengen K_0, K, M fordern müssen. Für Mengen etwa aus dem Konvexring $\mathcal{R}$ läßt sich das gleiche Problem zwar formulieren, die Werte $\mu(\{g \in G_n : K \cap gM \neq \emptyset\})$ lassen sich aber nicht als Spezialfall der kinematischen Hauptformel erhalten. In diesem Fall sind deshalb analoge Formeln für die gesuchte Wahrscheinlichkeit nicht bekannt und vermutlich auch nicht explizit möglich. Wenn K_0 und M konvex sind und $K \in \mathcal{R}$ gilt, kann man zwar nicht die Schnittwahrscheinlichkeit

$$P(K \cap gM \neq \emptyset \mid K_0 \cap gM \neq \emptyset)$$

berechnen; man erhält aber aus der kinematischen Hauptformel in analoger Weise die (bedingten) Erwartungswerte

$$\mathrm{E}(V_j(K \cap gM) \mid K_0 \cap gM \neq \emptyset).$$

Diese sind für stereologische Anwendungen interessant (siehe Abschnitt 5.2).

Natürlich kann man auch kompliziertere Ereignisse betrachten. Seien etwa $K_0, K_1, \ldots, K_k \in \mathcal{K}$ gegebene konvexe Körper. Für $i \in \{1, \ldots, k\}$ sei $\tilde{g}_i$ eine (K_0, K_i)-isotrope zufällige Bewegung, und $\tilde{g}_1, \ldots, \tilde{g}_k$ seien stochastisch unabhängig. Wir können nach der Wahrscheinlichkeit p fragen, daß die zufällig bewegten Körper $\tilde{g}_1 K_1, \ldots, \tilde{g}_k K_k$ einen gemeinsamen Schnittpunkt in K_0 haben; diese Wahrscheinlichkeit schreiben wir auch in der Form

$$p = P(K_0 \cap g_1 K_1 \cap \ldots \cap g_k K_k \neq \emptyset \mid K_0 \cap g_i K_i \neq \emptyset, \, i = 1, \ldots, k).$$

Nach Definition ist

$$p = \frac{\int_{G_n} \cdots \int_{G_n} V_0(K_0 \cap g_1 K_1 \cap \ldots \cap g_k K_k) \, d\mu(g_1) \cdots d\mu(g_k)}{\prod_{i=1}^{k} \int_{G_n} V_0(K_0 \cap g_i K_i) \, d\mu(g_i)}.$$

Während sich der Nenner direkt aus der kinematischen Hauptformel ergibt, müssen wir sie für den Zähler iterieren.

Hilfssatz 5.1.2. *Für $K_0, K_1, \ldots, K_k \in \mathcal{K}$, $k \in \mathsf{N}$ und $j \in \{0, \ldots, n\}$ gilt*

$$\int_{G_n} \cdots \int_{G_n} V_j(K_0 \cap g_1 K_1 \cap \ldots \cap g_k K_k) \, d\mu(g_1) \cdots d\mu(g_k)$$

$$= \sum_{\substack{m_0, \ldots, m_k = j \\ m_0 + \ldots + m_k = kn + j}}^{n} \alpha^{(j)}_{m_0, m_1, \ldots, m_k} V_{m_0}(K_0) V_{m_1}(K_1) \cdots V_{m_k}(K_k)$$

mit

$$\alpha^{(j)}_{m_0, m_1, \ldots, m_k} = \frac{\prod_{i=0}^{k}(m_i! \kappa_{m_i})}{j! \kappa_j \, (n! \kappa_n)^k}.$$

Beweis. Wir benutzen vollständige Induktion nach k. Für $k = 1$ gilt nach der kinematischen Hauptformel (Korollar 3.2.4)

$$\int_{G_n} V_j(K_0 \cap g_1 K_1) \, d\mu(g_1) = \sum_{\substack{m_0, m_1 = j \\ m_0 + m_1 = n + j}}^{n} \alpha_{njm_0} V_{m_0}(K_0) V_{m_1}(K_1)$$

und nach Hilfssatz 3.3.3

$$\alpha_{njm_0} = \frac{m_0! m_1! \kappa_{m_0} \kappa_{m_1}}{j! n! \kappa_j \kappa_n} = \alpha^{(j)}_{m_0, m_1}.$$

Sei nun die Formel für $k-1$ mit $k \geq 2$ und alle j bewiesen. Dann gilt wieder mit Korollar 3.2.4 und der Induktionsvoraussetzung

$$\int\limits_{G_n} \cdots \int\limits_{G_n} V_j(K_0 \cap g_1 K_1 \cap \ldots \cap g_k K_k)\, d\mu(g_1) \cdots d\mu(g_k)$$

$$= \sum_{m=j}^{n} \alpha_{njm} V_{n+j-m}(K_k) \int\limits_{G_n} \cdots \int\limits_{G_n} V_m(K_0 \cap g_1 K_1 \cap \ldots \cap g_{k-1} K_{k-1})$$

$$d\mu(g_1) \cdots d\mu(g_{k-1})$$

$$= \sum_{m=j}^{n} \alpha_{njm} V_{n+j-m}(K_k) \sum_{\substack{m_0,\ldots,m_{k-1}=m \\ m_0+\ldots+m_{k-1}=(k-1)n+m}} \alpha^{(m)}_{m_0,m_1,\ldots,m_{k-1}} \times$$

$$\times V_{m_0}(K_0) \cdots V_{m_{k-1}}(K_{k-1})$$

$$= \sum_{\substack{m_0,\ldots,m_k=j \\ m_0+\ldots+m_k=kn+j}}^{n} \alpha_{njm_k} \alpha^{(n+j-m_k)}_{m_0,m_1,\ldots,m_{k-1}} V_{m_0}(K_0) \cdots V_{m_k}(K_k).$$

Wegen

$$\alpha_{njm_k} \alpha^{(n+j-m_k)}_{m_0,m_1,\ldots,m_{k-1}} = \alpha^{(j)}_{m_0,m_1,\ldots,m_k}$$

ergibt dies die Behauptung. ∎

BEISPIEL. Wir betrachten k Kreisscheiben $K_1,\ldots,K_k$ mit Radius 1, die unabhängig und zufällig den Einheitskreis K_0 schneiden. Wir suchen nach der Wahrscheinlichkeit p, daß sich $K_1,\ldots,K_k$ innerhalb K_0 schneiden. Mit Hilfssatz 5.1.2 erhalten wir

$$p = \frac{\sum^2_{\substack{m_0,\ldots,m_k=0 \\ m_0+\ldots+m_k=2k}} \alpha^{(0)}_{m_0,\ldots,m_k} V_{m_0}(B^2) \cdots V_{m_k}(B^2)}{\left(\sum^2_{m=0} \alpha_{20m} V_m(B^2) V_{2-m}(B^2)\right)^k}$$

$$= \frac{(k+1)\alpha^{(0)}_{0,2,\ldots,2} V_2^k(B^2) + \binom{k+1}{2} \alpha^{(0)}_{1,1,2,\ldots,2} V_1^2(B^2) V_2^{k-1}(B_2)}{(4\pi)^k}$$

$$= \frac{(k+1)\pi^k + \binom{k+1}{2} \frac{2}{\pi}\pi^2 \pi^{k-1}}{(4\pi)^k}$$

$$= \frac{(k+1)^2}{4^k}.$$

Im folgenden Beispiel soll der Erwartungswert einer geometrisch definierten Zufallsgröße bestimmt werden. Der Einfachheit halber beschränken wir uns wieder auf den ebenen Fall. Gegeben seien konvexe Körper $K_0, K \subset \mathbb{R}^2$ mit inneren Punkten. Wir betrachten k unabhängige zufällig gewählte kongruente Exemplare von K, die K_0 treffen, und fragen nach dem erwarteten Flächeninhalt der Menge der genau r-fach überdeckten Punkte von K_0. Zur Präzisierung sei $\tilde{g}_i$ eine (K_0, K)-isotrope zufällige Bewegung $(i = 1, \ldots, k)$, und $\tilde{g}_1, \ldots, \tilde{g}_k$ seien stochastisch unabhängig. Für $g_1, \ldots, g_k \in G_n$, $x \in \mathbb{R}^2$ und $r \in \{0, \ldots, k\}$ setzen wir

$$\nu(x, g_1, \ldots, g_k) := \text{card } \{i : x \in K_0 \cap g_i K\}.$$

Dann ist

$$A_r(g_1, \ldots, g_k) := \{x \in \mathbb{R}^2 : \nu(x, g_1, \ldots, g_k) = r\}$$

eine Borelmenge, und

$$s_{k,r} := \lambda(A_r(\tilde{g}_1, \ldots, \tilde{g}_k))$$

ist die reelle Zufallsvariable, deren Erwartungswert $\mathsf{E}s_{k,r}$ wir bestimmen wollen. Hier hilft ein kleiner Kunstgriff. Wir betrachten zusätzlich einen uniformen zufälligen Punkt $\tilde{x}$ in K_0 (d.h. seine Verteilung ist durch

$$\frac{\lambda|_{K_0}}{\lambda(K_0)}$$

gegeben) derart, daß $\tilde{x}, \tilde{g}_1, \ldots, \tilde{g}_k$ stochastisch unabhängig sind. Für die Wahrscheinlichkeit, daß die reelle Zufallsvariable $\tilde{\nu} := \nu(\tilde{x}, \tilde{g}_1, \ldots, \tilde{g}_k)$ den Wert $r \in \{0, \ldots, k\}$ annimmt, gilt dann offenbar

$$P(\tilde{\nu} = r) = \frac{\displaystyle\int_{K_0 \cap g_k K \neq \emptyset} \cdots \int_{K_0 \cap g_1 K \neq \emptyset} \int_{\nu(x, g_1, \ldots, g_k) = r} d\lambda(x)\, d\mu(g_1) \cdots d\mu(g_k)}{F(K_0) \left(\displaystyle\int_{K_0 \cap g K \neq \emptyset} d\mu(g) \right)^k}$$

$$= \frac{\mathsf{E}s_{k,r}}{F(K_0)}.$$

Wir setzen

$$\nu'(x, g) := \begin{cases} 1 & \text{für } x \in K_0 \cap gK, \\ 0 & \text{sonst} \end{cases}$$

und $\tilde{\nu}_i := \nu'(\tilde{x}, \tilde{g}_i)$ für $i = 1, \ldots, k$. Dann ist

$$P(\tilde{\nu}_i = 1) \;=\; \frac{\displaystyle\int_{K_0 \cap g_i K \neq \emptyset}\ \int_{\nu'(x,g_i)=1} d\lambda(x)\,d\mu(g_i)}{F(K_0)\displaystyle\int_{K_0 \cap g_i K \neq \emptyset} d\mu(g_i)}$$

$$=\; \frac{\int F(K_0 \cap gK)\,d\mu(g)}{F(K_0)\left(F(K_0) + \frac{1}{2\pi}U(K_0)U(K) + F(K)\right)}$$

$$=\; \frac{F(K)}{F(K_0) + \frac{1}{2\pi}U(K_0)U(K) + F(K)}.$$

Die Verteilung der Zufallsvariablen $\tilde{\nu}_i$ ist also die Binomialverteilung $B_1(p)$ mit der Wahrscheinlichkeit

$$p = \frac{F(K)}{F(K_0) + \frac{1}{2\pi}U(K_0)U(K) + F(K)}.$$

Da $\tilde{\nu}_1, \ldots, \tilde{\nu}_k$ unabhängig sind, hat $\tilde{\nu} = \tilde{\nu}_1 + \ldots + \tilde{\nu}_k$ die Binomialverteilung $B_k(p)$; es ist also

$$P(\tilde{\nu} = r) = \binom{k}{r} p^r (1-p)^{k-r}.$$

Damit ergibt sich

$$\mathsf{E}s_{k,r} \;=\; F(K_0)\binom{k}{r} p^r (1-p)^{k-r}$$

$$=\; \binom{k}{r}\frac{F(K_0)F(K)^r \left(F(K_0) + \frac{1}{2\pi}U(K_0)U(K)\right)^{k-r}}{\left(F(K_0) + \frac{1}{2\pi}U(K_0)U(K_1) + F(K)\right)^{k}}$$

als das gesuchte Endergebnis.

In den vorstehenden Beispielen konnten wir mit Hilfe integralgeometrischer Formeln zu expliziten Ergebnissen gelangen. Dies lag wesentlich auch an der Wahl des Grundraumes A_0, also der Voraussetzung, daß ein zufällig bewegter konvexer Körper gM von vorneherein einen gegebenen Körper K_0 schneidet. Diese Voraussetzung ist vielleicht nicht immer die natürlichste, aber andere lassen sich oft, wenn überhaupt, nur mit Einschränkungen behandeln. Dies wird etwa an dem folgenden Problem deutlich.

Oft wäre es naheliegend, konvexe Körper gM zu betrachten, die in einer Referenzmenge $K_0 \in \mathcal{K}$ zufällig enthalten sind. In diesem Fall wäre als Grundraum

$$A_0 = \{g \in G_n : gM \subset K_0\}$$

zu wählen, und das Problem besteht darin, $\mu(A_0)$ zu berechnen. Hierfür gibt es jedoch im allgemeinen keine brauchbare Integralformel. Zum Ziel kommt man nur unter einer starken Zusatz-Voraussetzung. Nach Definition ist zunächst

$$\mu(A_0) = \int_{SO_n} \lambda(\{x \in \mathsf{R}^n : \vartheta M + x \subset K_0\}) \, d\nu(\vartheta).$$

Für konvexe Körper K, M setzt man

$$K \ominus M := \{x \in \mathsf{R}^n : M + x \subset K\}$$

(Minkowski-Subtraktion, nicht zu verwechseln mit $K - M = K + (-M)$). $K \ominus M$ ist wieder ein (eventuell leerer) konvexer Körper. Es gilt $(K \ominus M) + M \subset K$, und Gleichheit gilt genau dann, wenn M ein *Summand* von K ist, also ein konvexer Körper M' existiert mit $M' + M = K$. In diesem Fall ist $M' = K \ominus M$.

Wir benötigen also eine Formel für

$$\mu(A_0) = \int_{SO_n} V_n(K_0 \ominus \vartheta M) \, d\nu(\vartheta).$$

Dieses Integral erinnert stark an die linke Seite der Drehsummenformel (Satz 4.1.1). In der Tat kann die Formel für die Summe sehr einfach in eine entsprechende Formel für die Differenz überführt werden, wenn man voraussetzt, daß ϑM für jedes $\vartheta \in SO_n$ ein Summand von K_0 ist. Dabei werden gemischte Volumina und ihre Linearitätseigenschaften benutzt (s. Anhang I).

Satz 5.1.3. *Seien $K, M \in \mathcal{K}$, und für jedes $\vartheta \in SO_n$ sei ϑM ein Summand von K. Dann gilt*

$$\int_{SO_n} V_n(K \ominus \vartheta M) \, d\nu(\vartheta) = \sum_{k=0}^{n} (-1)^{n-k} \beta_{nnk} V_k(K) V_{n-k}(M).$$

Beweis. Für beliebige $K, M \in \mathcal{K}$ und für $\epsilon > 0$ gilt

$$V_n(K + \epsilon M) = \sum_{k=0}^{n} \binom{n}{k} V(\underbrace{K, \ldots, K}_{k}, \underbrace{M, \ldots, M}_{n-k}) \epsilon^{n-k},$$

wo auf der rechten Seite gemischte Volumina stehen. Nach Satz 4.1.1 ist daher

$$\sum_{k=0}^{n} \beta_{nnk} V_k(K) V_{n-k}(M) \epsilon^{n-k}$$

$$= \int_{SO_n} V_n(K + \epsilon \vartheta M) \, d\nu(\vartheta)$$

$$= \sum_{k=0}^{n} \binom{n}{k} \int_{SO_n} V(\underbrace{K, \ldots, K}_{k}, \underbrace{\vartheta M, \ldots, \vartheta M}_{n-k})) \, d\nu(\vartheta) \epsilon^{n-k}.$$

Koeffizientenvergleich ergibt

$$\binom{n}{k} \int_{SO_n} V(\underbrace{K, \ldots, K}_{k}, \underbrace{\vartheta M, \ldots, \vartheta M}_{n-k}) \, d\nu(\vartheta) = \beta_{nnk} V_k(K) V_{n-k}(M) \qquad (5.2)$$

für $k = 0, \ldots, n$. Nun ist

$$V_n(K \ominus M) = V(K \ominus M, \ldots, K \ominus M)$$

$$= V(K \ominus M, \ldots, K \ominus M, K) - V(K \ominus M, \ldots, K \ominus M, M)$$

$$= \ldots = \sum_{k=0}^{n} (-1)^{n-k} \binom{n}{k} V(\underbrace{K, \ldots, K}_{k}, \underbrace{M, \ldots, M}_{n-k})$$

wegen der Symmetrie- und Linearitätseigenschaften der gemischten Volumina. Damit folgt aus (5.2)

$$\int_{SO_n} V_n(K \ominus \vartheta M) \, d\nu(\vartheta)$$

$$= \sum_{k=0}^{n} (-1)^{n-k} \binom{n}{k} \int_{SO_n} V(\underbrace{K, \ldots, K}_{k}, \underbrace{\vartheta M, \ldots, \vartheta M}_{n-k}) \, d\nu(\vartheta)$$

$$= \sum_{k=0}^{n} (-1)^{n-k} \beta_{nnk} V_k(K) V_{n-k}(M).$$

$\blacksquare$

Die Bedingung, daß ϑM für alle $\vartheta \in SO_n$ Summand von K ist, ist zum Beispiel in der Ebene erfüllt, wenn die Randkurven von K und M hinreichend glatt sind und die minimale Krümmung von M größer als die maximale Krümmung von K ist.

Statt zufällig bewegter konvexer Körper betrachten wir nun zufällige affine Unterräume. Für gegebenes $q \in \{0, \ldots, n-1\}$ definieren wir analog wie oben, bei gegebenem konvexen Körper $K_0 \in \mathcal{K}$ mit $V_{n-q}(K_0) > 0$, die Grundmenge

$$A_0 := \{E \in \mathcal{E}_q^n : K_0 \cap E \neq \emptyset\}$$

und bezeichnen eine zufällige q-Ebene $E^{(q)}$ mit der Verteilung

$$\frac{\mu_q|_{A_0}}{\mu_q(A_0)}$$

als eine K_0-*isotrope* q-Ebene. Gebräuchlich ist hierfür auch die Bezeichnung IUZ-q-*Ebene durch* K_0 (IUZ für isotrop uniform zufällig). Ist $E^{(q)}$ eine IUZ-q-Ebene durch K_0, so ist für eine Borelmenge $A \subset A_0$

$$P(E^{(q)} \in A) = \frac{\mu_q(A)}{\mu_q(A_0)} = P(E^{(q)} \in A \mid K_0 \cap E^{(q)} \neq \emptyset)$$

die bedingte Wahrscheinlichkeit des Ereignisses $E^{(q)} \in A$ unter der Bedingung $K_0 \cap E^{(q)} \neq \emptyset$. Insbesondere interessieren wir uns für die bedingte Wahrscheinlichkeit, daß eine zufällige q-Ebene den Körper $K \subset K_0$ schneidet unter der Bedingung, daß sie K_0 schneidet. Hierfür liefert die Crofton-Formel aus Satz 3.3.2 das folgende Resultat.

Satz 5.1.4. *Seien $K_0, K \in \mathcal{K}$ konvexe Körper mit $K \subset K_0$, sei $q \in \{0, \ldots, n-1\}$ und $V_{n-q}(K_0) > 0$. Dann gilt*

$$P(K \cap E^{(q)} \neq \emptyset \mid K_0 \cap E^{(q)} \neq \emptyset) = \frac{V_{n-q}(K)}{V_{n-q}(K_0)}.$$

BEISPIELE. Im Fall $n = 2$, $q = 1$, $K_0 = B^2$ und $K = \Delta$ (einbeschriebenes reguläres Dreieck) ist

$$\frac{V_1(K)}{V_1(K_0)} = \frac{3\sqrt{3}}{2\pi},$$

ein Wert, den wir zuvor schon als Grenzwert erhalten haben. In der analogen Situation im $\mathbb{R}^3$ erhalten wir den ebenfalls schon bekannten Wert

$$\frac{V_2(K)}{V_2(K_0)} = \frac{2\sqrt{3}}{3\pi}.$$

Für das Buffonsche Nadelproblem (s. Einleitung) muß

$$P(G \cap N \neq \emptyset \mid G \cap C \neq \emptyset)$$

berechnet werden, wo G die zufällige Gerade, N die Nadel der Länge L und C den Kreis um den Nadel-Mittelpunkt mit Radius $D/2$ bezeichnen. Also ergibt sich hier

$$\frac{V_1(N)}{V_1(C)} = \frac{2L}{\pi D}.$$

Beim Bertrandschen Paradoxon ist analog

$$P(G \cap K' \neq \emptyset \mid G \cap K \neq \emptyset)$$

mit $K = B^2$ und $K' = \frac{1}{2}B^2$ gesucht. Hier erhalten wir

$$\frac{V_1(K')}{V_1(K)} = \frac{1}{2}.$$

Wir betrachten nun wieder einen konvexen Körper K_0 im $\mathbf{R}^n$ und k stochastisch unabhängige IUZ-q-Ebenen $E_1^{(q)}, \ldots, E_k^{(q)}$ durch K_0. Wir setzen $k(n - q) \leq n$ voraus; dann ist der Durchschnitt $E_1^{(q)} \cap \ldots \cap E_k^{(q)}$ fast sicher von der Dimension $n - k(n - q) \geq 0$ (wie man etwa mit Verwendung von Satz 1.2.5 zeigen kann). Wir können dann nach der Wahrscheinlichkeit p fragen, daß dieser Schnitt einen gegebenen konvexen Körper $K \subset K_0$ schneidet (auch für $K = K_0$ ist das eine nichttriviale Frage). Nach Definition und Korollar 3.3.2 ist

$$
\begin{aligned}
p &= P(E_1^{(q)} \cap \ldots \cap E_k^{(q)} \cap K \neq \emptyset \mid E_i^{(q)} \cap K_0 \neq \emptyset, i = 1, \ldots, k) \\[2mm]
&= \frac{\displaystyle\int_{\mathcal{E}_q^n} \cdots \int_{\mathcal{E}_q^n} V_0(K \cap E_1 \cap \ldots \cap E_k)\, d\mu_q(E_k) \cdots d\mu_q(E_1)}{\displaystyle\prod_{i=1}^{k} \int_{\mathcal{E}_q^n} V_0(K_0 \cap E_i)\, d\mu_q(E_i)} \\[2mm]
&= \frac{\displaystyle\alpha_{n0q} \int_{\mathcal{E}_q^n} \cdots \int_{\mathcal{E}_q^n} V_{n-q}(K \cap E_1 \cap \ldots \cap E_{k-1})\, d\mu_q(E_{k-1}) \cdots d\mu_q(E_1)}{(\alpha_{n0q} V_{n-q}(K_0))^k} \\[2mm]
&= \ldots = \frac{\alpha_{n0q}\, \alpha_{n(n-q)q}\, \alpha_{n(2(n-q))q} \cdots \alpha_{n((k-1)(n-q))q}\, V_{k(n-q)}(K)}{(\alpha_{n0q} V_{n-q}(K_0))^k} \\[2mm]
&= \frac{(k(n - q))!\, \kappa_{k(n-q)}}{((n - q)!\, \kappa_{n-q})^k} \frac{V_{k(n-q)}(K)}{V_{n-q}^k(K_0)}.
\end{aligned}
$$

BEISPIELE. Sei $n = 2$, $q = 1$, $k = 2$ und $K = K_0$, d.h. gegeben seien zwei unabhängige isotrope zufällige Geraden in der Ebene, die K schneiden. Die Wahrscheinlichkeit, daß ihr Schnittpunkt ebenfalls in K liegt, ist dann

$$\frac{2\pi}{2^2} \frac{V_2(K)}{V_1^2(K)} = 2\pi \frac{F(K)}{U^2(K)}.$$

Nach der isoperimetrischen Ungleichung ist diese Wahrscheinlichkeit also höchstens $1/2$, und sie ist gleich $1/2$ genau dann, wenn K eine Kreisscheibe ist.

Für n unabhängige isotrope zufällige Hyperebenen im $\mathbb{R}^n$, die $K = K_0$ schneiden, ist die Wahrscheinlichkeit, daß ihr Schnittpunkt in K liegt, gegeben durch

$$\frac{n!\kappa_n}{2^n} \frac{V_n(K)}{V_1^n(K)} = \frac{(n-1)!\kappa_{n-1}^n}{(n\kappa_n)^{n-1}} \frac{V_n(K)}{b^n(K)}.$$

Nach einer Ungleichung aus der Theorie der konvexen Körper wird das Maximum dieses Ausdrucks genau von den Kugeln angenommen.

Wir wollen nun noch auf die für Anwendungen und Simulationen wichtige Frage eingehen, wie solche zufällig bewegten Körper und zufälligen q-Ebenen, wie wir sie bisher betrachtet haben, erzeugt werden können und wie der Zusammenhang mit anderen natürlichen Verteilungen ist. Wir konzentrieren uns dabei auf zufällige q-Ebenen; zufällig bewegte Körper können in ähnlicher Weise behandelt werden.

Ein konvexer Körper $K \in \mathcal{K}$ mit $V_{n-q}(K) > 0$ sei gegeben. Ein Zufallselement $E^{(q)}$ in $\mathcal{E}_q^n$ hatten wir als IUZ-q-Ebene durch K bezeichnet, wenn die Verteilung von $E^{(q)}$ gegeben ist durch

$$\frac{\mu_q\lfloor A_0}{\mu_q(A_0)} \qquad \text{mit } A_0 := \{E \in \mathcal{E}_q^n : E \cap K \neq \emptyset\}.$$

Sei nun weiter ein konvexer Körper $M \in \mathcal{K}$ mit $M \subset K$ und $V_{n-q}(M) > 0$ gegeben. Wir können dann einerseits eine IUZ-q-Ebene $E^{(q)}$ durch M betrachten, andererseits auch eine IUZ-q-Ebene $F^{(q)}$ durch K unter der Bedingung, daß sie M schneidet. Wir zeigen, daß die bedingte Verteilung von $F^{(q)}$, gegeben durch

$$P(F^{(q)} \in A \mid F^{(q)} \cap M \neq \emptyset), \qquad A \in \mathcal{B}(\mathcal{E}_q^n),$$

übereinstimmt mit der Verteilung von $E^{(q)}$. Mit anderen Worten, eine IUZ-q-Ebene durch K, die M schneidet, ist eine IUZ-q-Ebene durch M.

Hilfssatz 5.1.5. *Seien $K, M \in \mathcal{K}$ konvexe Körper mit $M \subset K$ und $V_{n-q}(M) > 0$. Ist $F^{(q)}$ eine IUZ-q-Ebene durch K und $E^{(q)}$ eine IUZ-q-Ebene durch M, so gilt*

$$P(F^{(q)} \in A \mid F^{(q)} \cap M \neq \emptyset) = P(E^{(q)} \in A)$$

für alle $A \in \mathcal{B}(E_q^n)$.

Beweis. Sei A_0 wie oben erklärt und

$$A_1 := \{E \in \mathcal{E}_q^n : E \cap M \neq \emptyset\};$$

dann ist $A_1 \subset A_0$. Nach Definition ist

$$
\begin{aligned}
&P(F^{(q)} \in A \mid F^{(q)} \cap M \neq \emptyset) \\[2mm]
&= \frac{P(\{F^{(q)} \in A\} \cap \{F^{(q)} \cap M \neq \emptyset\})}{P(F^{(q)} \cap M \neq \emptyset)} \\[2mm]
&= \frac{P(F^{(q)} \in A \cap A_1)}{P(F^{(q)} \in A_1)} \\[2mm]
&= \frac{\dfrac{\mu_q(A \cap A_1)}{\mu_q(A_0)}}{\dfrac{\mu_q(A_1)}{\mu_q(A_0)}} = \frac{\mu_q(A \cap A_1)}{\mu_q(A_1)} \\[2mm]
&= P(E^{(q)} \in A).
\end{aligned}
$$

$\blacksquare$

Mit diesem Hilfssatz wird die Erzeugung von IUZ-q-Ebenen durch einen gegebenen konvexen Körper $K \in \mathcal{K}$ einfacher. Wir wählen eine Kugel rB^n mit Radius $r > 0$, die K enthält, und erzeugen so lange unabhängige IUZ-q-Ebenen durch rB^n, bis zum ersten Mal eine davon K trifft. Diese q-Ebene ist dann Realisierung einer IUZ-q-Ebene durch K. Im Fall $q = 0$ sprechen wir auch einfach von einem *uniformen zufälligen Punkt* in K, weil sich die Verteilung auf das Maß $(\lambda|_K)/\lambda(K)$ reduziert. Hier ist es zweckmäßiger, K nicht in eine Kugel rB^n einzuschließen, sondern in einen Würfel, zum Beispiel $W = \alpha[0,1]^n$ mit $\alpha > 0$. Ein uniformer Punkt x in W läßt sich nämlich direkt mit n unabhängigen uniformen Zufallszahlen $\xi_1, \ldots, \xi_n$ im Intervall $[0,1]$ erzeugen in der Form $x = \alpha(\xi_1, \ldots, \xi_n)$.

Um nun für $q \geq 1$ eine IUZ-q-Ebene durch rB^n zu erzeugen, benutzen wir die Definition von μ_q. Sei $L \in \mathcal{L}_q^n$ fest und $rB^q := rB^n \cap L^\perp$. Wir wählen unabhängig einen uniformen zufälligen Punkt $x \in rB^q$ (wie oben beschrieben) und eine isotrope zufällige Drehung $\vartheta \in SO_n$. Dann ist $E^{(q)} := \vartheta(L + x)$ eine IUZ-q-Ebene durch rB^n. Um ϑ zu erzeugen, kann man n unabhängige uniforme Punkte $x_1, \ldots, x_n$ in B^n nehmen, dann sind

$$x_1/\|x_1\|, \ldots, x_n/\|x_n\|$$

Einheitsvektoren, die fast sicher linear unabhängig sind. Die im Beweis von Satz 1.2.4 beschriebene Abbildung ψ bildet dieses n-Tupel auf eine Drehung ϑ ab. Damit ist eine zufällige Drehung ϑ definiert, die, wie aus dem Beweis von Satz 1.2.4 hervorgeht, die drehinvariante Verteilung ν hat.

BEMERKUNG. Das beschriebene Verfahren zur Erzeugung isotroper zufälliger Drehungen kann, wenn man es für Simulationen für größere Dimensionen n nutzen will, unpraktisch (weil zu aufwendig) sein. Für ein anderes Verfahren siehe etwa Stewart [1980].

Im Fall $q = n - 1$ (IUZ-Hyperebene) kann man einfacher vorgehen. Hier liefert

$$E^{(n-1)} := L^{(n-1)} + x$$

eine IUZ-Hyperebene durch rB^n, wenn $L^{(n-1)}$ ein zufälliges Element von $\mathcal{L}_{n-1}^n$ mit Verteilung ν_{n-1} und x ein uniformer zufälliger Punkt in $rB^n \cap L^{(n-1)\perp}$ ist. Das zufällige Element $L^{(n-1)}$ erhält man, indem man einen uniformen Punkt $y \in B^n$ wählt und $L^{(n-1)} := \{y\}^\perp$ setzt.

Wir beschreiben nun eine andere, vielleicht natürlicher erscheinende Konstruktion für zufällige q-Ebenen durch einen konvexen Körper K. Dabei sei K n-dimensional. Wir wählen unabhängig voneinander einen uniformen zufälligen Punkt x in K und einen isotropen zufälligen Unterraum $L^{(q)} \in \mathcal{L}_q^n$. Die q-Ebene

$$\tilde{E}^{(q)} := L^{(q)} + x$$

ist dann ein zufälliger, K schneidender Unterraum in $\mathcal{E}_q^n$. Wir nennen $\tilde{E}^{(q)}$ eine *q-gewichtete zufällige q-Ebene* durch K und wollen den Zusammenhang zwischen den Verteilungen von $\tilde{E}^{(q)}$ und einer IUZ-q-Ebene $E^{(q)}$ durch K feststellen.

Satz 5.1.6. *Sei $K \in \mathcal{K}$ ein konvexer Körper mit inneren Punkten, sei*

$\tilde{E}^{(q)}$ *eine q-gewichtete zufällige q-Ebene durch* K. *Dann gilt*

$$P(\tilde{E}^{(q)} \in A) = \frac{1}{V_n(K)} \int_A V_q(K \cap E)\, d\mu_q(E)$$

für $A \in \mathcal{B}(\mathcal{E}_q^n)$.

Beweis. Nach Definition ist

$$V_n(K)P(\tilde{E}^{(q)} \in A)$$

$$= \int_{\mathcal{L}_q^n} \int_K 1_A(L+x)\, d\lambda(x) d\nu_q(L)$$

$$= \int_{\mathcal{L}_q^n} \int_{L^\perp} \int_L 1_A(L+y)1_K(y+z)\, d\lambda^{(q)}(z) d\lambda^{(n-q)}(y) d\nu_q(L)$$

$$= \int_{\mathcal{L}_q^n} \int_{L^\perp} 1_A(L+y)V_q(K \cap (L+y))\, d\lambda^{(n-q)}(y) d\nu_q(L)$$

$$= \int_A V_q(K \cap E)\, d\mu_q(E),$$

wobei (1.9) benutzt wurde. ∎

Korollar 5.1.7. *Seien* $E^{(q)}$ *eine IUZ-q-Ebene durch* K *und* $\tilde{E}^{(q)}$ *eine q-gewichtete zufällige q-Ebene durch* K. *Dann ist die Verteilung von* $\tilde{E}^{(q)}$ *absolutstetig bezüglich der Verteilung von* $E^{(q)}$ *mit Dichte*

$$E \mapsto \alpha_{n0q}\frac{V_{n-q}(K)}{V_n(K)}V_q(K \cap E).$$

Allgemeinere Verteilungsaussagen dieses Typs werden wir in Abschnitt 6.2 behandeln.

5.2 Stereologie und Bildanalyse

Die Stereologie beschäftigt sich mit dem Problem, geometrische Größen dreidimensionaler Strukturen aufgrund der Auswertung niederdimensionaler Schnitte, Projektionen, projizierter dicker Schnitte etc. zu schätzen. Wir erläutern einige der mathematischen Grundideen im n-dimensionalen Raum. Dazu sei $K \subset \mathsf{R}^n$ die zu untersuchende Menge.

Wir betrachten zunächst das Schnittproblem. Dort ist eine zufällige q-Ebene $E^{(q)}$ gegeben, und $K \cap E^{(q)}$ kann beobachtet werden. Zur Präzisierung der Fragestellung müssen wir uns K in eine Referenzmenge $K_0 \in \mathcal{K}$ eingebettet denken, die als bekannt vorausgesetzt wird. $E^{(q)}$ kann dann etwa eine IUZ-q-Ebene durch K_0 sein. Um die Croftonschen Formeln ausnutzen zu können, müssen wir $K \in \mathcal{R}$ voraussetzen (was für praktische Anwendungen keine einschneidende Bedingung ist) und annehmen, daß die Größe

$$V_j(K \cap E^{(q)}), \qquad j \in \{0, \ldots, q\},$$

gemessen wird. $V_j(K \cap E^{(q)})$ ist dann eine Zufallsvariable, deren Erwartungswert uns interessiert. Er gibt nämlich eine n-dimensionale Größe von K an, die somit durch die q-dimensionale Größe $V_j(K \cap E^{(q)})$ erwartungstreu geschätzt werden kann. Den Erwartungswert einer reellen Zufallsvariablen X bezeichnen wir im folgenden wieder mit $\mathsf{E}X$.

Satz 5.2.1. *Seien $K_0 \in \mathcal{K}$, $K \in \mathcal{R}$ mit $K \subset K_0$, sei $E^{(q)}$ eine IUZ-q-Ebene durch K_0, $q \in \{0, \ldots, n-1\}$ und $j \in \{0, \ldots, q\}$. Dann gilt*

$$\mathsf{E}V_j(K \cap E^{(q)}) = \frac{\alpha_{njq}}{\alpha_{n0q}} \frac{V_{n+j-q}(K)}{V_{n-q}(K_0)}.$$

Beweis. Wie im letzten Abschnitt gilt mit $A_0 = \{E \in \mathcal{E}_q^n : E \cap K_0 \neq \emptyset\}$ und der Crofton-Formel aus Korollar 3.3.2

$$\mathsf{E}V_j(K \cap E^{(q)}) \;=\; \frac{1}{\mu_q(A_0)} \int\limits_{\mathcal{E}_q^n} V_j(K \cap E)\, d\mu_q(E)$$

$$=\; \frac{\alpha_{njq}}{\alpha_{n0q}} \frac{V_{n+j-q}(K)}{V_{n-q}(K_0)}.$$

$\blacksquare$

In der Praxis ist meist $n = 3$ und $q = 2$. Man kann dann im ebenen Schnitt die Euler-Charakteristik $V_0(K \cap E^{(2)})$, die halbe Randlänge $V_1(K \cap E^{(2)})$ oder die Fläche $V_2(K \cap E^{(2)})$ ausmessen. Wenn die mittlere Breite von K_0 und damit $V_1(K_0)$ bekannt ist, lassen sich damit $V_1(K)$, $V_2(K)$ und $V_3(K)$ erwartungstreu schätzen, also die (additiv fortgesetzte) mittlere Breite, die

Oberfläche und das Volumen von K. Wenn die Messungen an der zweidimensionalen Menge $K \cap E^{(2)}$ zu aufwendig sind (was z.B. bei der Bestimmung der Randlänge $U(K \cap E^{(2)})$ der Fall sein kann), kann man auf die Mengen

$$\tilde{K} := K \cap E^{(2)} \subset K_0 \cap E^{(2)} =: \tilde{K}_0$$

wieder Satz 5.2.1 mit $n = 2$ und $q = 1$ anwenden, das heißt IUZ-Geraden G durch $\tilde{K}_0$ betrachten und $V_0(\tilde{K} \cap G)$ oder $V_1(\tilde{K} \cap G)$ bestimmen. Damit lassen sich $V_1(\tilde{K})$ und $V_2(\tilde{K})$ erwartungstreu schätzen, also insgesamt auch wieder die Oberfläche und das Volumen von K. Gehen wir noch einen Schritt weiter und legen zufällige Punkte P in die Menge $\tilde{K}_0$, so können wir mittels $V_0(\tilde{K} \cap P)$ die Fläche von $\tilde{K}$, also das Volumen von K schätzen.

Die Möglichkeiten, gleich zufällige Geraden G oder zufällige Punkte P in K_0 zu wählen, führen qualitativ auf die gleichen Ergebnisse (d.h. es lassen sich Volumen und Oberfläche von K bzw. nur das Volumen von K damit schätzen); es muß aber betont werden, daß die oben beschriebene 2-Schritt-Methode (erst Wahl einer zufälligen Ebene E durch K_0, dann Wahl einer zufälligen Geraden G in E durch $K_0 \cap E$) nicht zu einer IUZ-Geraden G durch K_0 führt. In allgemeiner Form werden wir Verteilungen, die sich in dieser Weise ergeben, in Abschnitt 6.2 behandeln.

Sind $E_1^{(q)}, \ldots, E_k^{(q)}$ IUZ-q-Ebenen durch K_0 und ist

$$f = \frac{1}{k} \sum_{i=1}^{k} V_j(K \cap E_i^{(q)})$$

das Stichprobenmittel, so folgt aus Satz 5.2.1 natürlich

$$\mathsf{E}f = \frac{\alpha_{njq}}{\alpha_{n0q}} \frac{V_{n+j-q}(K)}{V_{n-q}(K_0)},$$

das heißt, f ist ebenfalls ein erwartungstreuer Schätzer der rechten Seite. Sind die $E_i^{(q)}$, $i = 1, \ldots, k$, überdies unabhängig, so gilt für die Varianz

$$\operatorname{Var} f = \frac{1}{k} \operatorname{Var} V_j(K \cap E_1^{(q)}),$$

der mittlere quadratische Fehler des Schätzers wird also um den Faktor k verkleinert. Allerdings sind wir mit unseren integralgeometrischen Resultaten nicht in der Lage, $\operatorname{Var} V_j(K \cap E^{(q)})$ zu berechnen, so daß wir im allgemeinen keine Aussage über den Fehler der angegebenen erwartungstreuen Schätzer machen können (dies gilt auch für die im weiteren besprochenen Schätzer). In der Praxis sind mehrere unabhängige Schnitte problematisch; man arbeitet dann eher mit parallelen Schnitten mit gemeinsamer zufälliger Richtung.

BEMERKUNG. Statt des Schnitts mit einer IUZ-q-Ebene kann man in Satz 5.2.1 auch den Schnitt $K \cap \tilde{g}M$ mit einer zufällig bewegten und K_0 schneidenden Testmenge $M \in \mathcal{K}$ betrachten. Hier ist also $\tilde{g}$ eine (K_0, M)-isotrope Bewegung. Dann folgt analog

$$\mathsf{E}V_j(K \cap \tilde{g}M) = \frac{\sum_{k=j}^n \alpha_{njk} V_k(M) V_{n+j-k}(K)}{\sum_{k=0}^n \alpha_{n0k} V_k(M) V_{n-k}(K_0)}. \tag{5.3}$$

Allgemeiner ergibt sich aus der kinematischen Hauptformel für eine (K_0, M)-isotrope Bewegung $\tilde{g}$ mit beliebigem $M' \in \mathcal{R}$, $M' \subset M$, auch

$$\mathsf{E}V_j(K \cap \tilde{g}M') = \frac{\sum_{k=j}^n \alpha_{njk} V_k(M') V_{n+j-k}(K)}{\sum_{k=0}^n \alpha_{n0k} V_k(M) V_{n-k}(K_0)}. \tag{5.4}$$

In der Praxis ist (5.3) besonders für $n = 2$ interessant (etwa bei der Weiterbehandlung eines ebenen Schnitts einer dreidimensionalen Struktur). Statt hier mit Geraden weiterzuarbeiten, kann man zufällige Strecken nehmen. Sei also $M = s$ eine Strecke der Länge a. Dann können wir $V_0(K \cap gs)$ und $V_1(K \cap gs)$ betrachten. Das erste ist die Anzahl der Komponenten von $K \cap gs$, das zweite ist die Länge des Schnitts. Damit lassen sich

$$\alpha_{200} V_2(K) + \alpha_{201} a V_1(K)$$

und

$$\alpha_{211} a V_2(K)$$

erwartungstreu schätzen, also auch $V_1(K)$ und $V_2(K)$.

Aus den angegebenen Formeln ergibt sich, daß die Charakteristik $V_0(K)$ von $K \in \mathcal{R}$ durch Schnitte mit niederdimensionalen Mengen nicht geschätzt werden kann (genauer: nicht auf Grund unserer Formeln). Wenn K die Vereinigung von m paarweise disjunkten konvexen Körpern ist, so ist $V_0(K) = m$ die Partikelanzahl, die in vielen Fällen von besonderem Interesse ist.

Ein Nachteil der Formel in Satz 5.2.1 für praktische Anwendungen ist darin zu sehen, daß man den Quotienten

$$\frac{V_{n+j-q}(K)}{V_{n-q}(K_0)}$$

erhält, während man eigentlich an dem Quotienten

$$\frac{V_{n+j-q}(K)}{V_n(K_0)}$$

interessiert ist (Anteil von V_{n+j-q} von K pro Einheitsvolumen). Diese Situation liegt insbesondere vor, wenn K durch Schnitt einer größeren Menge $\tilde{K} \in \mathcal{R}$ mit K_0 entsteht. Wegen

$$\mathsf{E}V_j(K \cap E^{(q)}) = \frac{\alpha_{njq}}{\alpha_{n0q}} \frac{V_{n+j-q}(K)}{V_{n-q}(K_0)}$$

und

$$\mathsf{E}V_q(K_0 \cap E^{(q)}) = \frac{1}{\alpha_{n0q}} \frac{V_n(K_0)}{V_{n-q}(K_0)}$$

könnte man den Quotienten

$$\frac{V_j(K \cap E^{(q)})}{V_q(K_0 \cap E^{(q)})}$$

als natürlichen Schätzer für

$$\alpha_{njq} \frac{V_{n+j-q}(K)}{V_n(K_0)}$$

ansehen. Dieser Schätzer ist aber nicht erwartungstreu, d.h. es gilt im allgemeinen

$$\mathsf{E}\frac{V_j(K \cap E^{(q)})}{V_q(K_0 \cap E^{(q)})} \neq \alpha_{njq} \frac{V_{n+j-q}(K)}{V_n(K_0)}.$$

Wenn man jedoch IUZ-q-Ebenen durch K_0 ersetzt durch q-gewichtete zufällige q-Ebenen, so erhält man einen erwartungstreuen Schätzer.

Satz 5.2.2. *Seien $K_0 \in \mathcal{K}$, $K \in \mathcal{R}$ mit $K \subset K_0$, sei $\tilde{E}^{(q)}$ eine q-gewichtete zufällige q-Ebene durch K_0, $q \in \{0, \ldots, n-1\}$ und $j \in \{0, \ldots, q\}$. Dann gilt*

$$\mathsf{E}\frac{V_j(K \cap \tilde{E}^{(q)})}{V_q(K_0 \cap \tilde{E}^{(q)})} = \alpha_{njq} \frac{V_{n+j-q}(K)}{V_n(K_0)}.$$

Beweis. Sei $E^{(q)}$ eine IUZ-q-Ebene durch K_0. Nach Korollar 5.1.7 und Satz 5.2.1 ist dann

$$\mathsf{E}\frac{V_j(K \cap \tilde{E}^{(q)})}{V_q(K_0 \cap \tilde{E}^{(q)})} = \mathsf{E}\left(\frac{V_j(K \cap E^{(q)})}{V_q(K_0 \cap E^{(q)})} \alpha_{n0q} \frac{V_{n-q}(K_0)}{V_n(K_0)} V_q(K_0 \cap E^{(q)})\right)$$

$$= \alpha_{n0q} \frac{V_{n-q}(K_0)}{V_n(K_0)} E V_j(K \cap E^{(q)})$$

$$= \alpha_{njq} \frac{V_{n+j-q}(K)}{V_n(K_0)}.$$

Im Fall $n = 3$, $q = 2$ sprechen wir von einer *flächengewichteten* zufälligen Ebene $\tilde{E}$. Die Größe $V(K)/V(K_0)$ wird in der stereologischen Literatur mit V_V (Volumenanteil) abgekürzt, analog sind S_V der Oberflächenanteil, K_V das Integral der mittleren Krümmung pro Einheitsvolumen ($K = \pi V_1$) und N_V (im Fall disjunkter konvexer Partikel) die Teilchenzahl pro Einheitsvolumen. Für

$$E \frac{F(K \cap \tilde{E})}{F(K_0 \cap \tilde{E})}$$

wird A_A geschrieben (mit $A = F$), und analog sind L_A ($L = U = $ Randlänge) und N_A erklärt. Wir erhalten dann die *Grundgleichungen der Stereologie*

$$A_A = V_V, \qquad L_A = \frac{\pi}{4} S_V, \qquad N_A = \frac{1}{2\pi} K_V.$$

Analoge Formeln für V_V und S_V ergeben sich, wenn längengewichtete zufällige Geraden in K_0 betrachtet werden.

Wir haben schon im letzten Kapitel erwähnt, daß Schnitte in der Praxis oft eine gewisse Dicke haben, so daß statt eines Schnitts von K_0 mit einer zufälligen q-Ebene $E^{(q)}$ meist ein Schnitt mit einem zufällig bewegten Zylinder $Z^{(q)} = \tilde{\vartheta}(M + L + \tilde{x})$ mit q-dimensionalem Richtungsraum $L^{(q)} = \tilde{\vartheta} L$ vorliegt. Für $E V_j(K \cap Z^{(q)})$, $K \subset K_0$, $K \in \mathcal{R}$, ergeben sich Formeln analog zu 5.2.1 bzw. 5.2.2, wenn wir Korollar 4.3.3 verwenden. Hier ist

$$A_0 = \{(x, \vartheta) \in L^{\perp} \times SO_n : K_0 \cap \vartheta(M + L + x) \neq \emptyset\}$$

als Stichprobenraum zugrundezulegen, und der Normierungsfaktor ist

$$c(K_0, q, M) := \sum_{k=0}^{n-q} \alpha_{n0k} V_k(K_0) V_{n-q-k}(M).$$

Darüberhinaus wird aber meist nur die Projektion $(K \cap Z^{(q)})|L^{(q)}$ beobachtet. Ist K konvex, so erhalten wir für $E V_j((K \cap Z^{(q)})|L^{(q)})$ aus Satz 4.3.4 die Formel

$$E V_j((K \cap Z^{(q)})|L^{(q)}) = \frac{1}{c(K_0, q, M)} \sum_{k=j}^{n+j-q} \gamma_{njkq} V_k(K) V_{n+j-q-k}(M). \quad (5.5)$$

Dies gilt auch, wenn K disjunkte Vereinigung von $K_1, \ldots, K_m$ ist, $K_i \in \mathcal{K}$, und die Projektionen $(K_i \cap Z^{(q)})|L^{(q)})$ unterscheidbar sind. In diesem Fall wendet man (5.5) auf jeden Körper K_i separat an und addiert dann die m Gleichungen auf. Die durch Summation auf der linken Seite entstehenden Größen bezeichnen wir in diesem Fall mit $\bar{V}_j$.

Für die Praxis ist der Fall $n = 3$, $q = 2$ wieder am interessantesten. Hier ist M eine Strecke der Länge d (Schnitt mit einer „dicken Ebene"). Mit

$$c_2(K_0, d) := c(K_0, 2, M) = d + b(K_0)$$

erhalten wir dann

$$\mathsf{E}\bar{V}_0((K \cap Z^{(2)})|L^{(2)}) \;=\; \frac{1}{c_2(K_0, d)}(b(K) + dV_0(K)), \qquad (5.6)$$

$$\mathsf{E}\bar{U}((K \cap Z^{(2)})|L^{(2)}) \;=\; \frac{1}{c_2(K_0, d)}\left(\frac{\pi}{4}S(K) + d\pi b(K)\right), \qquad (5.7)$$

$$\mathsf{E}\bar{F}((K \cap Z^{(2)})|L^{(2)}) \;=\; \frac{1}{c_2(K_0, d)}\left(V(K) + \frac{d}{4}S(K)\right). \qquad (5.8)$$

Für $d = 0$ gehen diese Formeln in die entsprechenden Spezialfälle von Satz 5.2.1 über. Diese drei Gleichungen geben also den Fehler an, der durch die Dicke des Schnitts entsteht, wenn die gewöhnlichen Schnittformeln benutzt werden.

Kann die Dicke des Schnitts variiert werden, so kann man mit zwei verschiedenen Dicken $d_1 \neq d_2$ und (5.6) die Anzahl $m = V_0(K)$ der Partikel schätzen; es ist nämlich

$$m \;=\; \frac{1}{(d_1 - d_2)}\mathsf{E}\left(c_2(K_0, d_1)\bar{V}_0((K \cap Z_1^{(2)})|L_1^{(2)})\right.$$

$$\left. -c_2(K_0, d_2)\bar{V}_0((K \cap Z_2^{(2)})|L_2^{(2)})\right).$$

Gemessen werden müssen nur die Anzahlen der Partikel, die von $Z_1^{(2)}$ bzw. $Z_2^{(2)}$ angeschnitten werden. Auf diese Weise läßt sich also im Prinzip auch die mittlere Partikelzahl N_V schätzen, was mit den Crofton-Formeln allein ja nicht möglich war.

Bei den bisher diskutierten Problemstellungen standen niederdimensionale Schnitte im Mittelpunkt. Die Mittelwertformeln, die wir angegeben haben, waren Varianten der Croftonschen Formeln. Bei der Entnahme dreidimensionaler Proben oder bei der Weiterbehandlung ebener Schnitte (etwa unter dem Mikroskop) entstehen aber auch Situationen, die den Einsatz der kinematischen Hauptformel in der Form (5.3) erfordern. Gehen wir wieder von der Annahme aus, daß die zu untersuchende Menge $K \in \mathcal{R}$ in einer Referenzmenge $K_0 \in \mathcal{K}$ eingebettet ist, und bezeichnet $\tilde{g}M$ eine zufällig bewegte, K_0 schneidende Testmenge, $M \in \mathcal{K}$, so ist im Fall $K \cap \tilde{g}M \neq \emptyset$ mit $K \cap \tilde{g}M \neq K$ eine direkte Messung von $V_j(K)$ im „Beobachtungsfenster" $\tilde{g}M$ nicht möglich, es entstehen „Randeffekte". Die Korrektur solcher Randeffekte ist ein Problem, das außer in der Stereologie auch (im ebenen Fall) in der Bildanalyse auftritt. Das Bildfenster M ist dabei meist ein Kreis oder ein Quadrat (allgemeiner ein Rechteck). Wir wollen nun Schätzer für $V_j(K)$ angeben, die erwartungstreu sind, also die Randeffekte korrigieren. Wir setzen $V_n(M) > 0$ voraus.

Sei dazu

$$c(K_0, M) := \sum_{k=0}^{n} \alpha_{n0k} V_k(M) V_{n-k}(K_0);$$

dann erhält (5.3) die Form

$$\mathsf{E}V_j(K \cap \tilde{g}M) = \frac{1}{c(K_0, M)} \sum_{k=j}^{n} \alpha_{njk} V_k(M) V_{n+j-k}(K), \qquad (5.9)$$

$j = 0, \ldots, n$. Werden alle Quermaßintegrale $V_0(K \cap \tilde{g}M), \ldots, V_n(K \cap \tilde{g}M)$ gemessen, so ergibt sich aus (5.9) für die Erwartungswerte ein lineares Gleichungssystem mit den Unbekannten $V_k(K)$, $k = 0, \ldots, n$, dessen Koeffizientenmatrix Dreiecksgestalt hat. Es läßt sich deshalb einfach rekursiv lösen, und man erhält erwartungstreue Schätzer für $V_k(K)$, $k = 0, \ldots, n$. Im Fall $n = 2$ erhalten wir beispielsweise aus (5.9) das System

$$\mathsf{E}F(K \cap \tilde{g}M) = \frac{1}{c(K_0, M)} F(K) F(M),$$

$$\mathsf{E}U(K \cap \tilde{g}M) = \frac{1}{c(K_0, M)} (U(K) F(M) + F(K) U(M)),$$

$$\mathsf{E}\chi(K \cap \tilde{g}M) = \frac{1}{c(K_0, M)} \left(\chi(K) F(M) + \frac{1}{2\pi} U(K) U(M) + F(K) \right)$$

(wegen $\chi(M) = 1$). Die Auflösung ergibt

$$F(K) = c(K_0, M) \mathsf{E}\frac{F(K \cap \tilde{g}M)}{F(M)},$$

$$U(K) \;=\; c(K_0, M)\mathsf{E}\left(\frac{U(K \cap \tilde{g}M)}{F(M)} - \frac{U(M)F(K \cap \tilde{g}M)}{F(M)^2}\right),$$

$$\chi(K) \;=\; c(K_0, M)\mathsf{E}\left(\frac{\chi(K \cap \tilde{g}M)}{F(M)} - \frac{1}{2\pi}\frac{U(M)U(K \cap \tilde{g}M)}{F(M)^2}\right.$$

$$\left. + \left(\frac{1}{2\pi}\frac{U(M)^2}{F(M)^3} - \frac{1}{F(M)^2}\right) F(K \cap \tilde{g}M)\right).$$

Der rechten Seite kann man die erwartungstreuen Schätzer entnehmen.

Einen anderen erwartungstreuen Schätzer für $V_j(K)$ erhält man aus Satz 3.2.3, der lokalen kinematischen Hauptformel. Aus dieser ergibt sich nämlich mit $A = \mathsf{R}^n$ für beliebige $B \in \mathcal{B}(\mathsf{R}^n)$

$$\mathsf{E}\Phi_j(K \cap \tilde{g}M, \tilde{g}B) = \frac{1}{c(K_0, M)} \sum_{k=j}^{n} \alpha_{njk} V_k(K)\Phi_{n+j-k}(M, B).$$

Setzen wir speziell $B = \operatorname{int} M$, so ist

$$\Phi_k(M, \operatorname{int} M) = 0$$

für $k = 0, \ldots, n-1$ und $\Phi_n(M, \operatorname{int} M) = V_n(M)$, also

$$\frac{c(K_0, M)}{V_n(M)}\mathsf{E}\Phi_j(K \cap \tilde{g}M, \operatorname{int} \tilde{g}M) = V_j(K).$$

Im ebenen Fall lassen sich die Krümmungsmaße, wie in Abschnitt 2.3 beschrieben, einfach bestimmen. Für $j = 2$ erhalten wir wieder den Flächeninhalt von $K \cap \tilde{g}M$, für $j = 1$ muß die Randlänge von K innerhalb $\tilde{g}M$ gemessen werden und für $j = 0$ die normierte Länge des sphärischen Bildes von K innerhalb $\tilde{g}M$. Dazu ist die Bestimmung der Normalenvektoren in den Punkten von $\operatorname{bd} K \cap \operatorname{bd} \tilde{g}M$ notwendig.

Im Fall, daß M ein Quader ist, können wir noch einen dritten erwartungstreuen Schätzer angeben. Wir beschränken uns auf den Fall, daß M der Einheitswürfel $W = [0,1]^n$ ist und bezeichnen mit

$$\partial^+ W := \bigcup_{i=1}^{n}\{x \in W : x^i = 1\}$$

den „rechten oberen Rand" von W. Weil $\partial^+ W$ im Konvexring liegt, können wir $V_j(K \cap \partial^+ W)$ bilden.

Satz 5.2.3. *Seien $K_0 \in \mathcal{K}$, $K \in \mathcal{R}$ und $\tilde{g}W$ ein zufälliger, K_0 schneidender Würfel. Dann gilt*

$$c(K_0, W)\mathsf{E}\left(V_j(K \cap \tilde{g}W) - V_j(K \cap \tilde{g}\partial^+ W)\right) = V_j(K)$$

für $j = 0, \ldots, n$.

Beweis. Aus (5.4) ergibt sich

$$c(K_0, W)\mathsf{E}\left(V_j(K \cap \tilde{g}W) - V_j(K \cap \tilde{g}\partial^+ W)\right)$$

$$= \sum_{k=j}^{n} \alpha_{njk}\left(V_k(W) - V_k(\partial^+ W)\right) V_{n+j-k}(K).$$

Nun ist

$$V_n(W) - V_n(\partial^+ W) = V_n(W) = 1$$

und

$$V_k(W) - V_k(\partial^+ W) = 0$$

für $k \in \{0, \ldots, n-1\}$, wie man durch elementare Rechnung feststellt. Daraus folgt die Behauptung. $\blacksquare$

In der Praxis liegt häufig die folgende Variante des gerade diskutierten Problems vor: Das Beobachtungsfenster $M \subset K_0$ ist fest, $\tilde{g}_1 K, \ldots, \tilde{g}_m K$ sind m zufällige, K_0 schneidende Kopien einer Menge $K \in \mathcal{K}$, deren Anzahl m und Quermaßintegrale $V_j(K)$ geschätzt werden sollen. Dazu werden die Schnitte $M \cap \tilde{g}_1 K, \ldots, M \cap \tilde{g}_m K$ beobachtet. Bezeichnen wir mit

$$\bar{V}_j = \sum_{i=1}^{m} V_j(M \cap \tilde{g}_i K)$$

die Summe der beobachteten Größen ($\bar{V}_j$ läßt sich auch bestimmen, wenn m unbekannt ist), so erhalten wir als Variante von (5.9)

$$\mathsf{E}\bar{V}_j = \frac{m}{c(K_0, K)} \sum_{k=j}^{n} \alpha_{njk} V_k(M) V_{n+j-k}(K).$$

Da hier die Quermaßintegrale von K auch in $c(K_0, K)$ auftreten, lassen sich die zuvor diskutierten Schätzer nicht direkt verwenden. Wir können uns aber vorstellen, daß die Menge K_0 sehr groß wird und die Zahl m der bewegten Partikel ebenfalls, so daß $m/V_n(K_0)$ gegen eine positive Konstante strebt, die wir in Übereinstimmung mit der früheren Bezeichnung die *mittlere Teilchenzahl* N_V nennen. Läßt sich das Wachstum von K_0 etwa durch die Folge rK_0, $r \to \infty$, beschreiben, so folgt andererseits

$$\frac{V_n(rK_0)}{c(rK_0, K)} \to 1 \qquad \text{für } r \to \infty$$

wegen der Homogenitätseigenschaften der Quermaßintegrale. Wir erhalten daher asymptotisch

$$\mathsf{E}\bar{V}_j = N_V \sum_{k=j}^{n} \alpha_{njk} V_k(M) V_{n+j-k}(K),$$

woraus sich mit der schon beschriebenen Gleichungssystem-Methode erwartungstreue Schätzer für $N_V, N_V V_1(K), \ldots, N_V V_n(K)$ ergeben. Auch die anderen beiden geschilderten Verfahren lassen sich auf diese Situation übertragen. Wir begnügen uns hier mit diesen Andeutungen. Eine genauere Behandlung unendlicher Partikel-Systeme ist im Rahmen allgemeiner Punktprozesse möglich; siehe etwa Stoyan, Kendall & Mecke [1987], Weil [1987] und Mecke, Schneider, Stoyan & Weil [1990].

5.3 Berührmaße

In Abschnitt 5.1 hatten wir einige Fragen über geometrische Wahrscheinlichkeiten im Zusammenhang mit einem festen und einem bewegten konvexen Körper behandelt. Dabei standen Durchschnittsbildungen im Mittelpunkt des Interesses. Demgegenüber wollen wir nun zufällige Berührungen eines festen und eines bewegten konvexen Körpers betrachten. Als sehr speziellen Fall können wir zum Beispiel die in der Einleitung angesprochene Frage beantworten, ob bei zwei sich zufällig berührenden Würfeln die Berührung „Kante gegen Kante" oder die Berührung „Ecke gegen Fläche" wahrscheinlicher ist. Bei geeigneter Präzisierung, wobei wieder Isotropie-Annahmen eingehen, ist mit integralgeometrischen Methoden eine Antwort möglich.

Wir betrachten zufällige Berührsituationen in einer wesentlich allgemeineren Formulierung. Seien $K, M \in \mathcal{K}\backslash\{\emptyset\}$ konvexe Körper und $A \subset \operatorname{bd} K$, $B \subset \operatorname{bd} M$ zwei Borelmengen. Wenn wir uns die Randmengen A, B von K bzw. M eingefärbt denken und wenn sich K und M zufällig berühren, wie groß ist dann die Wahrscheinlichkeit einer Berührung in gefärbten Randpunkten?

Wenn wir diese zunächst noch ungenaue Fragestellung in Analogie zu Abschnitt 5.1 präzisieren wollen, wo wir zum Beispiel die Menge $\{g \in G_n : K \cap gM \neq \emptyset\}$ als Stichprobenraum zugrundegelegt und hierauf das invariante Maß μ eingeschränkt und dann normiert hatten, so bietet sich jetzt als Grundraum die Menge

$$G_n(K, M) := \{g \in G_n : K \text{ und } gM \text{ berühren sich}\}$$

an. Nach Hilfssatz 2.1.4 gilt aber $\mu(G_n(K, M)) = 0$. Die Bedingung „K und gM berühren sich" hat also μ-Maß 0; daher kann man nicht in elementarer Weise eine bedingte Wahrscheinlichkeit

$$P(A \cap gB \neq \emptyset \mid K \text{ und } gM \text{ berühren sich})$$

erklären. Wir müssen vielmehr erst auf der Menge $G_n(K, M)$ der Bewegungen, die M in eine Berührlage mit K bringen, ein Maß $\mu(K, M, \cdot)$ konstruieren, das positiv und endlich und daher zu einem Wahrscheinlichkeitsmaß normierbar ist und das wir als ein natürliches Berührmaß ansehen können. (Wie üblich werden wir ein auf $G_n(K, M)$ gegebenes Maß stets als Maß auf ganz G_n auffassen.) Als natürlich werden wir es ansehen, wenn es sich in einfacher Weise aus dem invarianten Maß μ herleiten läßt, in Analogie etwa zur Herleitbarkeit eines natürlichen Oberflächenbegriffs für konvexe Körper aus dem Volumenbegriff. Ein solches Berührmaß wollen wir nun für beliebig vorgegebene konvexe Körper K, $M \neq \emptyset$ konstruieren.

Wir setzen

$$r(K, M) := \min\{\|x - y\| : x \in K, y \in M\}$$

und

$$G_n^*(K, M) := \{g \in G_n : K \cap gM = \emptyset\}.$$

Dann gilt

$$G_n^*(K, M) \;=\; \bigcup_{r>0} \{g \in G_n : r(K, gM) = r\}$$

$$=\; \bigcup_{r>0} G_n(K + rB^n, M),$$

und diese Vereinigung ist disjunkt. Das gesuchte Berührmaß $\mu(K, M, \cdot)$ sollte daher die Eigenschaft

$$\mu|_{G_n^*(K,M)} = \int\limits_0^\infty \mu(K + rB^n, M, \cdot)\, dr$$

haben, und der Integrand sollte stetig (bezüglich der schwachen Konvergenz) von r abhängen. Dem Nachweis, daß dies auf eindeutige Weise möglich ist, schicken wir einen Hilfssatz voraus. Er bringt einen analogen Zusammenhang zwischen Lebesgue-Maß und dem Oberflächenmaß konvexer Körper zum Ausdruck.

Hilfssatz 5.3.1. *Für $K \in \mathcal{K} \setminus \{\emptyset\}$ gilt*

$$\lambda|_{\mathsf{R}^n \setminus K} = 2 \int_0^\infty \Phi_{n-1}(K + rB^n, \cdot)\, dr.$$

Beweis. Es genügt, die Aussage für Polytope K zu beweisen; der allgemeine Fall folgt dann durch Approximation, wenn man die schwache Konvergenz der Krümmungsmaße und den Satz von der majorisierten Konvergenz benutzt.

Für ein Polytop K ist

$$\mathsf{R}^n \setminus K = \bigcup_{j=0}^{n-1} \bigcup_{F \in \mathcal{F}_j(K)} \{x \in \mathsf{R}^n \setminus K : p(K, x) \in \operatorname{relint} F\}$$

eine disjunkte Zerlegung, also gilt

$$\lambda|_{\mathsf{R}^n \setminus K} = \sum_{j=0}^{n-1} \sum_{F \in \mathcal{F}_j(K)} \lambda|_{\{x \in \mathsf{R}^n \setminus K : p(K, x) \in \operatorname{relint} F\}}. \tag{5.10}$$

Sei nun $A \in \mathcal{B}(\mathsf{R}^n)$ und $A \subset \{x \in \mathsf{R}^n \setminus K : p(K, x) \in \operatorname{relint} F\}$ für eine Seite $F \in \mathcal{F}_j(K)$. Dann gilt mit $L_{n-j} := (\operatorname{aff} F)^\perp$

$$\begin{aligned}
\lambda(A) &= (\lambda_F \otimes \lambda^{(n-j)})(A) \\[1mm]
&= \left(\lambda_F \otimes \int_0^\infty 2\Phi_{n-j-1}(rB^n \cap L_{n-j}, \cdot)\, dr \right)(A) \\[1mm]
&= \int_0^\infty 2\Phi_{n-1}(F + rB^n, A)\, dr \\[1mm]
&= 2 \int_0^\infty \Phi_{n-1}(K + rB^n, A)\, dr.
\end{aligned}$$

Wegen (5.10) folgt daraus die Behauptung. $\blacksquare$

Die Konstruktion des Berührmaßes stützt sich auf diesen Hilfssatz und kann zugleich als Verallgemeinerung der Vorgehensweise angesehen werden.

Satz 5.3.2. *Es gibt genau eine Abbildung, die jedem Paar K, $M \in \mathcal{K}\backslash\{\emptyset\}$ ein endliches Maß $\mu(K, M, \cdot)$ auf $G_n(K, M)$ zuordnet, die stetig ist und*

$$\mu|_{G_n^*(K,M)} = \int\limits_0^\infty \mu(K + rB^n, M, \cdot)\, dr$$

erfüllt. Das Maß $\mu(K, M, \cdot)$ wird durch

$$\mu(K, M, A) = 2 \int\limits_{SO_n} \Phi_{n-1}(K - \vartheta M, T(A, \vartheta))\, d\nu(\vartheta) \qquad (5.11)$$

für $A \in \mathcal{B}(G_n)$ gegeben, wo

$$T(A, \vartheta) = \{x \in \mathsf{R}^n : \gamma(x, \vartheta) \in A\}$$

ist.

Beweis. Sei $A \subset G_n^*(K, M)$ eine Borelmenge. Es ist

$$\begin{aligned}
\mu(A) &= \int\limits_{SO_n} \int\limits_{\mathsf{R}^n} \mathbf{1}_A(\gamma(x, \vartheta))\, d\lambda(x) d\nu(\vartheta) \\
&= \int\limits_{SO_n} \int\limits_{\mathsf{R}^n\backslash(K-\vartheta M)} \mathbf{1}_A(\gamma(x, \vartheta))\, d\lambda(x) d\nu(\vartheta),
\end{aligned}$$

denn für gegebenes $\vartheta \in SO_n$ ist $\gamma(x, \vartheta) \in G_n^*(K, M)$ äquivalent mit $x \in \mathsf{R}^n\backslash(K - \vartheta M)$. Nach Hilfssatz 5.3.1, angewandt auf $K - \vartheta M$ statt K, ergibt sich

$$\mu(A) = 2 \int\limits_{SO_n} \int\limits_0^\infty \int\limits_{\mathsf{R}^n} \mathbf{1}_A(\gamma(x, \vartheta)) d\Phi_{n-1}(K - \vartheta M + rB^n, x)\, dr d\nu(\vartheta).$$

Wegen der Stetigkeit der Abbildung

$$(\vartheta, r) \mapsto \Phi_{n-1}(K - \vartheta M + rB^n, \cdot)$$

(Satz 2.3.5(a)) folgt nach Anhang II (Hilfssatz 7.2.3) die Meßbarkeit der Abbildung

$$(\vartheta, r) \mapsto \int\limits_{\mathsf{R}^n} \mathbf{1}_A(\gamma(x, \vartheta))\, d\Phi_{n-1}(K - \vartheta M + rB^n, x).$$

Die Anwendung des Satzes von Fubini ergibt daher

$$\mu(A) = 2 \int_0^\infty \int_{SO_n} \Phi_{n-1}(K - \vartheta M + rB^n, T(A, \vartheta))\, d\nu(\vartheta)dr$$

$$= 2 \int_0^\infty \mu(K + rB^n, M, A)\, dr,$$

wobei (5.11) als Definition verwendet wurde. Da das Maß $\Phi_{n-1}(K - \vartheta M, \cdot)$ auf $\mathrm{bd}\,(K - \vartheta M)$ konzentriert ist, ist das durch (5.11) definierte Maß konzentriert auf $G_n(K, M)$.

Wir zeigen, daß $\mu(K, M, \cdot)$ schwach stetig von (K, M) abhängt. Seien K_i, M_i konvexe Körper mit $(K_i, M_i) \to (K, M)$ für $i \to \infty$. Sei $A \subset G_n$ offen; dann ist für gegebenes $\vartheta \in SO_n$ auch $T(A, \vartheta)$ offen. Mit der schwachen Stetigkeit von Φ_{n-1} und dem Lemma von Fatou folgt

$$\mu(K, M, A) = \int_{SO_n} \Phi_{n-1}(K - \vartheta M, T(A, \vartheta))\, d\nu(\vartheta)$$

$$\leq \int_{SO_n} \liminf_{i \to \infty} \Phi_{n-1}(K_i - \vartheta M_i, T(A, \vartheta))\, d\nu(\vartheta)$$

$$\leq \liminf_{i \to \infty} \int_{SO_n} \Phi_{n-1}(K_i - \vartheta M_i, T(A, \vartheta))\, d\nu(\vartheta)$$

$$= \liminf_{i \to \infty} \mu(K_i, M_i, A).$$

Ähnlich zeigt man $\lim_{i \to \infty} \mu(K_i, M_i, G_n) = \mu(K, M, G_n)$ und damit die Behauptung.

Zum Beweis der Eindeutigkeit nehmen wir an, es gäbe zwei Abbildungen $(K, M) \mapsto \mu^{(k)}(K, M, \cdot)$, $k = 1, 2$, mit den angegebenen Eigenschaften, insbesondere also mit

$$\mu|_{G_n^*(K,M)} = \int_0^\infty \mu^{(k)}(K + rB^n, M, \cdot)\, dr.$$

Wir wählen Funktionen f auf $[0, \infty)$ und h auf G_n, beide stetig und mit kompaktem Träger. Für $k = 1, 2$ ist

$$\int_{G_n^*(K,M)} f(r(K, gM))h(g)\, d\mu(g)$$

$$= \int_0^\infty \int_{G_n} f(r(K,gM))h(g)\, d\mu^{(k)}(K+rB^n, M, g) dr$$

$$= \int_0^\infty f(r) \int_{G_n} h(g)\, d\mu^{(k)}(K+rB^n, M, g)\, dr.$$

Das innere Integral hängt stetig von r ab. Weil f beliebig war, folgt

$$\int_{G_n} h(g)\, d\mu^{(1)}(K+rB^n, M, g) = \int_{G_n} h(g)\, d\mu^{(2)}(K+rB^n, M, g)$$

für alle $r \geq 0$. Weil h beliebig war, folgt

$$\mu^{(1)}(K, M, \cdot) = \mu^{(2)}(K, M, \cdot).$$

Damit sind alle Behauptungen des Satzes bewiesen.   ■

Das Maß $\mu(K, M)$ nennen wir das *Berührmaß* der konvexen Körper K und M.

BEMERKUNG. Das so definierte Berührmaß ist nicht symmetrisch in K und M, sondern geht von der Vorstellung aus, daß K fest ist und M bewegt wird. Offenbar gilt aber

$$\mu(M, K, A) = \mu(K, M, A^{-1}) \qquad \text{für } A \in \mathcal{B}(G_n).$$

BEMERKUNG. Sei $r_{K,M} : G_n^*(K, M) \to (0, \infty)$ definiert durch

$$r_{K,M}(g) := r(K, gM).$$

Dann besagt Satz 5.3.2, daß die Familie

$$\{\mu(K+rB^n, M, \cdot)\}_{r>0}$$

eine Desintegration des Maßes $\mu^* := \mu|_{G_n^*(K,M)}$ bezüglich der Funktion $r_{K,M}$ darstellt; $\mu(K+rB^n, M, \cdot)$ ist also die (stetige) reguläre Version des bedingten Maßes

$$\mu^*(\cdot \mid r_{K,M} = r)$$

(vgl. Aussagen über reguläre bedingte Wahrscheinlichkeiten in Gänssler & Stute [1977]).

Aus dem Berührmaß von K und M können wir nun ein Wahrscheinlichkeitsmaß gewinnen, falls $\mu(K, M, G_n) > 0$ ist. Wir stellen fest, wann dies gilt.

Korollar 5.3.3. *Es gilt*

$$\mu(K, M, G_n) = 2 \sum_{k=0}^{n-1} \beta_{n(n-1)k} V_k(K) V_{n-1-k}(M).$$

Beweis. Nach Satz 5.3.2 gilt wegen $T(G_n, \vartheta) = \mathbf{R}^n$

$$\mu(K, M, G_n) = 2 \int\limits_{SO_n} \Phi_{n-1}(K - \vartheta M, T(G_n, \vartheta)) \, d\nu(\vartheta)$$

$$= 2 \int\limits_{SO_n} V_{n-1}(K - \vartheta M) \, d\nu(\vartheta)$$

$$= 2 \sum_{k=0}^{n-1} \beta_{n(n-1)k} V_k(K) V_{n-1-k}(M),$$

wobei Satz 4.1.1 benutzt wurde. $\blacksquare$

Für $\mu(K, M, G_n) > 0$ ist also die Bedingung $\dim K + \dim M \geq n - 1$ notwendig und hinreichend. Für das Folgende setzen wir der Einfachheit halber $\dim K \geq n - 1$ und $M \neq \emptyset$ voraus. Dann können wir durch

$$\frac{\mu(K, M, \cdot)}{\mu(K, M, G_n)}$$

das *Berührwahrscheinlichkeitsmaß* von K und M definieren, das wir in leicht inkonsequenter aber gut verständlicher Weise mit

$$P(\cdot \mid g \in G_n(K, M)) = P(\cdot \mid K \text{ und } gM \text{ berühren sich})$$

bezeichnen wollen.

Nach dieser Präzisierung fragen wir also nun nach der Wahrscheinlichkeit

$$P(A \cap gB \neq \emptyset \mid g \in G_n(K, M))$$

für Borelmengen $A \subset \operatorname{bd} K$, $B \subset \operatorname{bd} M$. Zur Anwendung von Satz 5.3.2 müssen wir zu

$$\tilde{A} := \{g \in G_n(K, M) : A \cap gB \neq \emptyset\}$$

und $\vartheta \in SO_n$ die Menge $T(\tilde{A}, \vartheta)$ bilden. Nun bedeutet $x \in T(\tilde{A}, \vartheta)$, daß

$$\gamma(x, \vartheta) \in G_n(K, M) \quad \text{und} \quad A \cap (\vartheta B + x) \neq \emptyset$$

ist. Die erste Bedingung ist äquivalent mit $x \in \mathrm{bd}\,(K - \vartheta M)$ und die zweite mit $x \in A - \vartheta B$. Also ist

$$T(\tilde{A}, \vartheta) = (A - \vartheta B) \cap \mathrm{bd}\,(K - \vartheta M).$$

Es folgt

$$\mu(K, M, \tilde{A}) = 2 \int\limits_{SO_n} \Phi_{n-1}(K - \vartheta M, A - \vartheta B)\, d\nu(\vartheta).$$

Dieses Integral können wir mit der lokalen Drehsummenformel aus Satz 4.1.2 berechnen; wir erhalten

$$\mu(K, M, \tilde{A}) = 2 \sum_{k=0}^{n-1} \beta_{n(n-1)k} \Phi_k(K, A) \Phi_{n-1-k}(M, B).$$

Damit haben wir gezeigt:

Satz 5.3.4. *Für konvexe Körper K, $M \in \mathcal{K}\backslash\{\emptyset\}$ mit $\dim K \geq n - 1$ und Borelmengen A, $B \in \mathcal{B}(\mathrm{R}^n)$ mit $A \subset \mathrm{bd}\,K$, $B \subset \mathrm{bd}\,M$ gilt*

$$P(A \cap gB \neq \emptyset \mid K \text{ und } gM \text{ berühren sich})$$

$$= \frac{\sum_{k=0}^{n-1} \beta_{n(n-1)k} \Phi_k(K, A) \Phi_{n-1-k}(M, B)}{\sum_{k=0}^{n-1} \beta_{n(n-1)k} V_k(K) V_{n-1-k}(M)}.$$

Wir betrachten nun den Spezialfall, daß K, M Polytope mit inneren Punkten und

$$A^{(i)} = \bigcup_{F \in \mathcal{F}_i(K)} \mathrm{relint}\, F,$$

$$B^{(j)} = \bigcup_{G \in \mathcal{F}_j(M)} \mathrm{relint}\, G$$

mit $i, j \in \{0, \ldots, n - 1\}$ die ausgezeichneten Randpunktmengen sind. Dann gilt

$$\Phi_k(K, A^{(i)}) = \begin{cases} V_i(K) & \text{für } k = i, \\ 0 & \text{für } k \neq i \end{cases}$$

und die analoge Aussage für $\Phi_k(M, B^{(j)})$. Es folgt also aus Satz 5.3.4, daß

$$P(A^{(i)} \cap gB^{(j)} \neq \emptyset \mid g \in G_n(K, M)) = 0$$

für $i + j \neq n - 1$ gilt und daß

$$P(A^{(i)} \cap gB^{(n-1-i)} \neq \emptyset \mid g \in G_n(K, M))$$

$$= \frac{\beta_{n(n-1)i} V_i(K) V_{n-1-i}(M)}{\sum_{k=0}^{n-1} \beta_{n(n-1)k} V_k(K) V_{n-1-k}(M)}$$

ist.

BEISPIEL. Sei $n = 3$ und $K = M = W$, der Einheitswürfel. Das Maß aller Berührbewegungen ist hier

$$\mu(W, W, G_3(W, W)) = 2 \sum_{k=0}^{2} \beta_{32k} V_k(W) V_{2-k}(W)$$

$$= 4V_2(W) + \frac{\pi}{2} V_1^2(W) = 12 + \frac{\pi}{2} 9 = \frac{3}{2}(8 + 3\pi).$$

Positive Berührwahrscheinlichkeit haben nur die Ereignisse

$$E^{(1)} := \{g \in G_3(W, W) : A^{(0)} \cap gB^{(2)} \neq \emptyset\}$$

(Ecke des festen Würfels gegen Fläche des bewegten Würfels),

$$E^{(2)} := \{g \in G_3(W, W) : A^{(1)} \cap gB^{(1)} \neq \emptyset\}$$

(Kante gegen Kante) und

$$E^{(3)} := \{g \in G_3(W, W) : A^{(2)} \cap gB^{(0)} \neq \emptyset\}$$

(Fläche des festen Würfels gegen Ecke des bewegten Würfels). Hier gilt

$$P(E^{(1)} \mid G_3(W, W)) = P(E^{(3)} \mid G_3(W, W)) = \frac{6}{\frac{3}{2}(8 + 3\pi)} = \frac{4}{8 + 3\pi}$$

und

$$P(E^{(2)} \mid G_3(W, W)) = \frac{\frac{9\pi}{2}}{\frac{3}{2}(8 + 3\pi)} = \frac{3\pi}{8 + 3\pi}.$$

Für die in der Einleitung angeschnittene Fragestellung erhalten wir also

$$P(\text{ Berührung „Ecke gegen Fläche"} \mid G_3(W, W)) = \frac{8}{8 + 3\pi} = 0,4591$$

und

$$P(\text{ Berührung „Kante gegen Kante"} \mid G_3(W,W)) = \frac{3\pi}{8+3\pi} = 0,5409.$$

In analoger Weise kann auch die Berührung konvexer Körper durch q-dimensionale Ebenen behandelt werden. Es genügt, die erforderlichen Überlegungen kurz anzudeuten. Ähnlich wie bei Berührung durch konvexe Körper wird

$$\mathcal{E}_q^n(K) := \{E \in \mathcal{E}_q^n : E \text{ berührt } K\}$$

und

$$\mathcal{E}_q^{n*}(K) := \{E \in \mathcal{E}_q^n : E \cap K = \emptyset\}$$

gesetzt, die disjunkte Zerlegung

$$\mathcal{E}_q^{n*}(K) = \bigcup_{r>0} \mathcal{E}_q^n(K + rB^n)$$

benutzt und $\mu_q|_{\mathcal{E}_q^{n*}(K)}$ desintegriert in der Form

$$\mu_q|_{\mathcal{E}_q^{n*}(K)} = \int\limits_0^\infty \mu_q(K + rB^n, \cdot)\, dr.$$

Wie hierzu das Maß $\mu_q(K,\cdot)$ erklärt werden muß, sieht man folgendermaßen. Für festes $L_q \in \mathcal{L}_q^n$ und eine Borelmenge $A \subset \mathcal{E}_q^{n*}(K)$ gilt nach Definition von μ_q

$$\mu_q(A) = \int\limits_{SO_n} \int\limits_{L_q^\perp} \mathbf{1}_A(\gamma_q(x,\vartheta))\, d\lambda^{(n-q)}(x) d\nu(\vartheta).$$

Da $\gamma_q(x,\vartheta) \in \mathcal{E}_q^{n*}(K)$ äquivalent ist mit $x \notin (\vartheta^{-1}K)|L_q^\perp$, erstreckt sich das innere Integral nur über $L_q^\perp \setminus (\vartheta^{-1}K)|L_q^\perp$, und Hilfssatz 5.3.1 ergibt

$$\mu_q(A) = 2 \int\limits_{SO_n} \int\limits_0^\infty \int\limits_{L_q^\perp} \mathbf{1}_A(\vartheta(L_q + x))$$

$$d\Phi_{n-q-1}((\vartheta^{-1}K)|L_q^\perp + r(B^n \cap L_q^\perp), x) dr d\nu(\vartheta)$$

$$= 2 \int\limits_0^\infty \int\limits_{SO_n} \Phi_{n-q-1}((\vartheta^{-1}(K + rB^n)|L_q^\perp, T_q'(A,\vartheta))\, d\nu(\vartheta)$$

$$= 2 \int\limits_0^\infty \int\limits_{SO_n} \Phi_{n-q-1}((K + rB^n)|\vartheta L_q^\perp, T_q(A,\vartheta))\, d\nu(\vartheta)$$

mit $T_q'(A,\vartheta) := \{x \in L_q^\perp : \vartheta(L_q + x) \in A\}$ und

$$T_q(A,\vartheta) = \vartheta T_q'(A,\vartheta) = \{x \in L_q^\perp : \vartheta L_q + x \in A\}.$$

Es ist also

$$\mu_q(K,A) := 2 \int\limits_{SO_n} \Phi_{n-q-1}(K|\vartheta L_q^\perp, T_q(A,\vartheta))\, d\nu(\vartheta)$$

zu definieren; die restlichen Behauptungen und Beweise sind dann völlig analog zum Fall der berührenden konvexen Körper. Wir nennen $\mu_q(K,\cdot)$ das *q-Ebenen-Berührmaß* von K.

Wir geben nun wieder eine Borelmenge $A \in \mathcal{B}(\mathbf{R}^n)$ mit $A \subset \mathrm{bd}\, K$ vor und fragen nach dem Maß aller q-Ebenen, die K in Punkten aus A berühren, d.h. nach $\mu_q(K,\tilde{A})$ mit

$$\tilde{A} := \{E \in \mathcal{E}_q^n(K) : E \cap A \neq \emptyset\}.$$

Wegen

$$T_q(\tilde{A},\vartheta) = (A|\vartheta L_q^\perp) \cap \mathrm{bd}\,(K|\vartheta L_q^\perp)$$

folgt aus der lokalen Projektionsformel (Satz 4.2.1) sofort der folgende Satz.

Satz 5.3.5. *Für einen konvexen Körper $K \in \mathcal{K}$, eine Borelmenge $A \in \mathcal{B}(\mathbf{R}^n)$ mit $A \subset \mathrm{bd}\, K$ und für $q \in \{0,\ldots,n-1\}$ sei $\tilde{A}$ die Menge aller q-Ebenen, die K in A berühren. Dann gilt*

$$\mu_q(K,\tilde{A}) = 2\beta_{n(2n-2q-1)(n-q-1)}\Phi_{n-q-1}(K,A).$$

Das Krümmungsmaß $\Phi_j(K,\cdot)$ beschreibt also die Berührung von $(n-j-1)$-Ebenen an K, insbesondere ist $V_j(K)$ proportional zum Maß aller K berührenden $(n-j-1)$-Ebenen, $j \in \{0,\ldots,n-1\}$. Mit Satz 5.3.5 lassen sich nun auch wieder Berührwahrscheinlichkeiten bestimmen.

Bemerkungen und Literaturhinweise zu Kapitel 5

Aussagen vom Typ der Sätze 5.1.1, 5.1.4 und der behandelten Beispiele sind klassische Interpretationen integralgeometrischer Formeln in Gestalt von geometrischen Wahrscheinlichkeiten. Weitere Beispiele und Literaturangaben findet man in dem Buch von Santaló [1976]. Iterationen der kinematischen Hauptformel wie in Hilfssatz 5.1.2 wurden etwa von Streit [1970] benutzt; für Iterationen translativer Formeln und ihre Anwendungen verweisen wir auf Miles [1974a] und Weil [1990a].

Wie vor Satz 5.1.3 erwähnt, ist es im allgemeinen nicht möglich, für konvexe Körper M, K_0 das invariante Maß der Menge $\{g \in G_n : gM \subset K_0\}$ zu bestimmen. Für den Fall, daß M eine Strecke ist, finden sich bei Santaló [1986] einige Ergebnisse über dieses Maß.

Die systematische Untersuchung von isotropen uniformen Ebenen durch einen konvexen Körper begann mit einer wegweisenden Arbeit von Miles [1969]. Verschiedene Erzeugungsweisen für zufällige Geraden durch einen konvexen Körper und die Beziehungen zwischen den einzelnen Verteilungen haben zuerst Kingman [1965, 1969] und Coleman [1969] studiert. Die Bedeutung von q-gewichteten zufälligen q-Ebenen insbesondere für die Stereologie haben Miles & Davy [1976], Davy & Miles [1977] herausgestellt.

Für einen Leser, der sich einen Eindruck verschaffen möchte von den in der Praxis angewendeten stereologischen Methoden, nennen wir das zweibändige Werk von Weibel [1980]. Überblicke über die mathematischen Grundlagen mit zahlreichen Literaturhinweisen geben u.a. Stoyan, Kendall & Mecke [1987], Kapitel 11, Weil [1983a, 1989b]; neuere Entwicklungen beschreibt Stoyan [1990]. Die von der 'International Society for Stereology' seit 1982 herausgegebene Zeitschrift ACTA STEREOLOGICA vereinigt regelmäßig Beiträge aus Theorie und Praxis der Stereologie.

Die Behandlung von Berührwahrscheinlichkeiten, wie sie kurz in Abschnitt 5.3 dargestellt sind, begann mit der Frage von W.J. Firey, ob bei zwei sich zufällig berührenden dreidimensionalen kongruenten Würfeln die Berührung Kante gegen Kante oder Ecke gegen Fläche größere Wahrscheinlichkeit hat. Eine Antwort wurde von McMullen [1974] gegeben, allerdings ohne Präzisierung des zugrundegelegten Wahrscheinlichkeits-Modells. Verwandte Fragen über allgemeine konvexe Körper waren zuvor von Firey [1972, 1974] behandelt worden. Ein Ausbau der Theorie der Berührwahrscheinlichkeiten erfolgte in Arbeiten von Schneider [1975, 1978b, 1980b], Firey [1979], Weil [1979a,b, 1981, 1982, 1989a], Schneider & Wieacker [1984].

Eine verwandte Frage, die statt zufälliger Berührungen die Kollisionen eines zufällig bewegten konvexen Körpers mit einem Partikel-Feld betrifft, ist in einer Arbeit von Papaderou-Vogiatzaki & Schneider [1988] behandelt worden, ebenfalls mit integralgeometrischen Methoden.

Die in den Abschnitten 5.1 und 5.2 beschriebenen Anwendungen der Integralformeln aus Kapitel 3 beruhten auf der Annahme einer festen Menge

K, die von einer zufällig bewegten Menge $\tilde{L}$ geschnitten wird. Die in der Stochastischen Geometrie entwickelten neueren Modelle gehen von der dualen Situation aus, daß die zugrundegelegte Menge K Realisierung (bzw. Teil der Realisierung) einer zufälligen Menge $\tilde{K}$ ist. Bei geeigneten Invarianzforderungen an die Verteilung von $\tilde{K}$, wie etwa Stationarität und Isotropie, kann dann mit einer festen Schnittmenge L gearbeitet werden. Die Theorie zufälliger abgeschlossener Mengen und der damit eng zusammenhängenden Punktprozesse abgeschlossener Mengen wurde insbesondere durch das Buch von Matheron [1975] vorangetrieben. Durch Einführung von Quermaßdichten lassen sich die meisten integralgeometrischen Formeln auf zufällige Mengen und geometrische Punktprozesse übertragen. Hierbei sind insbesondere die lokalen Versionen für Krümmungsmaße hilfreich. In dem hier gewählten geometrischen Rahmen des (erweiterten) Konvexringes sind Quermaßdichten und zugehörige Dichteformeln in Weil & Wieacker [1984], Weil [1984, 1987] behandelt worden. Resultate für Mengen positiver Reichweite finden sich in Zähle [1986b]. Für weitere Informationen sei auf Stoyan, Kendall & Mecke [1987] und auf Mecke, Schneider, Stoyan & Weil [1990] verwiesen. Ansätze zur Behandlung nicht-isotroper zufälliger Mengen und Punktprozesse mittels translativer Integralformeln sind in Weil [1989c, 1990b] geschildert.

Kapitel 6

Integralgeometrische Transformationen

Mittelwertformeln bezüglich invarianter Maße, wie sie Gegenstand des dritten und vierten Kapitels waren (kinematische Hauptformel, Croftonsche Schnittformel, Drehsummen- und Projektionsformel), sind nicht die einzige Art von Relationen, die in der Integralgeometrie typischerweise behandelt werden. Ein anderes wichtiges Teilgebiet sind Transformationsformeln für die in der Integralgeometrie auftretenden invarianten Maße auf Räumen geometrischer Objekte. Solche Formeln sind bei verschiedenen Berechnungen der Stochastischen Geometrie von Nutzen. Sie werden beispielshalber benötigt, wenn man die Verteilungen von zufälligen Unterräumen bestimmen will, die durch geometrische Konstruktionen wie Schneiden oder Verbinden aus unabhängigen isotropen, uniformen Unterräumen erzeugt werden. Zur Erläuterung wollen wir hier an zwei im fünften Kapitel gestreifte Fragestellungen anknüpfen, uns dabei aber der Anschaulichkeit halber auf den $\mathbb{R}^3$ beschränken.

Wir betrachten einen konvexen Körper $K \subset \mathbb{R}^3$ mit inneren Punkten. In Abschnitt 5.1 sind IUZ-Geraden (d.h. IUZ-q-Ebenen für $q = 1$) durch K erklärt worden, aber auch 1-gewichtete zufällige Geraden durch K, die folgendermaßen erzeugt werden. Ist x ein uniformer zufälliger Punkt in K und $L^{(1)}$ ein davon unabhängiger isotroper zufälliger linearer Unterraum in $\mathcal{L}_1^3$, so ist $\tilde{E}^{(1)} := L^{(1)} + x$ eine 1-gewichtete zufällige Gerade durch K. Ihre Verteilung wird in Korollar 5.1.7 (für $n = 3$, $q = 1$) bestimmt; dort wird die Dichte bezüglich des invarianten Geradenmaßes angegeben. Man kann sich aber auch andere Erzeugungsweisen für zufällige Geraden durch K vorstellen, die geometrisch ebenso natürlich erscheinen. So kann man, wie schon erwähnt, erst eine IUZ-2-Ebene $E^{(2)}$ durch K wählen und dann in $E^{(2)}$ eine IUZ-Gerade durch $E^{(2)} \cap K$. Das Ergebnis wird wieder eine zufällige Gerade durch K sein. Noch naheliegender ist es, zwei unabhängige uniforme Punkte x_1, x_2 in K zu wählen und dann die von ihnen (fast sicher) aufgespannte Gerade zu betrachten. In beiden Fällen ergibt sich die Frage nach der Verteilung der so erzeugten zufälligen Geraden durch K.

Für drei unabhängige isotrope zufällige 2-Ebenen durch K haben wir in Abschnitt 5.1 die Wahrscheinlichkeit bestimmt, daß ihr Schnittpunkt in K liegt. Allgemeiner können wir nach der Verteilung dieses Schnittpunktes fragen. Ebenso können wir zwei unabhängige isotrope zufällige Ebenen durch K betrachten und nach der Verteilung ihrer Schnittgeraden fragen.

Auf ähnliche Weise lassen sich im $\mathbb{R}^n$ vielfältige Verfahren angeben, mit denen man, ausgehend von isotropen uniformen Unterräumen, durch Schneiden und Verbinden neue zufällige Unterräume konstruieren kann. Die Verteilung eines derartigen Unterraumes ist als bekannt anzusehen, wenn man eine Dichte bezüglich eines passenden invarianten Maßes angeben kann. Um solche Dichten zu bestimmen, benötigt man integralgeometrische Transformationsformeln. Derartige Ergebnisse werden in Abschnitt 6.1 mit maßtheoretischen Methoden bewiesen; eine entscheidende Schlußweise tragen wir aber erst in Anhang 7.3 nach. Wir behandeln die Formeln nicht in größtmöglicher Allgemeinheit, sondern beschränken uns auf typische Beispiele.

Die Anwendbarkeit integralgeometrischer Transformationen wird dann in Abschnitt 6.2 am Beispiel der Bestimmung der Verteilungen zufälliger Unterräume erläutert; insbesondere werden für die oben angesprochenen Situationen die Verteilungen gefunden. Weitere Anwendungen ergeben sich bei der Berechnung von geometrischen Wahrscheinlichkeiten und Erwartungswerten unterschiedlicher Art, wobei eine Vereinfachung der auftretenden vielfachen Integrale oft erst durch eine integralgeometrische Transformation möglich wird. Abschnitt 6.3 enthält Beispiele von diesem Typ. Auch die theoretische Grundlegung einiger neuerer Verfahren der Stereologie benutzt derartige Transformationen.

6.1 Blaschke-Petkantschin-Formeln

Wir betrachten zunächst p-dimensionale lineare oder affine Unterräume, die mit einem festen q-dimensionalen Unterraum inzidieren, das heißt in ihm enthalten sind oder ihn enthalten. Für $p, q \in \{0, \ldots, n\}$ und festes $L \in \mathcal{L}_p^n$

sei

$$\mathcal{L}_q^L := \begin{cases} \{L' \in \mathcal{L}_q^n : L' \subset L\}, & \text{falls } q \leq p, \\ \{L' \in \mathcal{L}_q^n : L' \supset L\}, & \text{falls } q > p. \end{cases}$$

Analog sei für $E \in \mathcal{E}_p^n$

$$\mathcal{E}_q^E := \begin{cases} \{E' \in \mathcal{E}_q^n : E' \subset E\}, & \text{falls } q \leq p, \\ \{E' \in \mathcal{E}_q^n : E' \supset E\}, & \text{falls } q > p. \end{cases}$$

Im Fall $q \leq p$ sind $\mathcal{L}_q^L$ und $\mathcal{E}_q^E$ offensichtlich homöomorph zu $\mathcal{L}_q^p$ bzw. $\mathcal{E}_q^p$. Etwas anders ist die Situation für $q > p$. Hier ist $\mathcal{L}_q^L$ homöomorph zu $\mathcal{L}_{q-p}^{n-p}$, weil jedes $L' \in \mathcal{L}_q^L$ von der Form $L' = L + L''$ mit eindeutig bestimmtem $L'' \in \mathcal{L}_{q-p}^{L^\perp}$ ist, so daß $\mathcal{L}_q^L$ in natürlicher Weise homöomorph ist zu $\mathcal{L}_{q-p}^{L^\perp}$; dies ist nach vorstehender Bemerkung homöomorph zu $\mathcal{L}_{q-p}^{n-p}$. $\mathcal{E}_q^E$ ist für $q > p$ offensichtlich homöomorph zu $\mathcal{L}_q^L$, wo L das durch den Nullpunkt gehende Translat von E ist. Damit ist $\mathcal{E}_q^E$ ebenfalls homöomorph zu $\mathcal{L}_{q-p}^{n-p}$.

Wir führen in naheliegender Weise invariante Maße ein. Für einen linearen Unterraum $L \in \mathcal{L}_p^n$ setzen wir zunächst

$$SO(L) := \{\rho \in SO_n : \rho L = L, \, \rho x = x \text{ für } x \in L^\perp\};$$

das ist also die Untergruppe aller Drehungen des $\mathbb{R}^n$, die L in sich abbilden und $L^\perp$ punktweise fest lassen. Die Gruppe $SO(L)$ ist in offensichtlicher Weise isomorph zu SO_p und trägt daher ein eindeutig bestimmtes normiertes invariantes Maß, das wir mit ν_L bezeichnen. Wie üblich fassen wir ν_L wieder als Maß auf der ganzen Gruppe SO_n auf. Es gilt

$$\nu_{\vartheta L}(\vartheta A \vartheta^{-1}) = \nu_L(A) \tag{6.1}$$

für $A \in \mathcal{B}(SO_n)$ und beliebige Drehungen $\vartheta \in SO_n$, wie zum Beispiel aus Satz 1.2.3 gefolgert werden kann.

Sei $p, q \in \{0, \ldots, n\}$ und $L \in \mathcal{L}_p^n$. Wir wählen $L_q \in \mathcal{L}_q^L$. Mit der schon in Kapitel 1 benutzten Abbildung $\beta_q : SO_n \to \mathcal{L}_q^n$, $\beta_q(\vartheta) = \vartheta L_q$, definieren wir

$$\nu_q^L := \beta_q(\nu_L)$$

für $q < p$ und

$$\nu_q^L := \beta_q(\nu_{L^\perp})$$

für $q \geq p$. Dann ist also

$$\nu_q^L(A) = \nu_L(\{\rho \in SO(L) : \rho L_q \in A\})$$

im Fall $q < p$ und

$$\nu_q^L(A) = \nu_{L^\perp}(\{\rho \in SO(L^\perp) : \rho L_q \in A\})$$

im Fall $q \geq p$, jeweils für alle $A \in \mathcal{B}(\mathcal{L}_q^n)$. Damit ist ν_q^L also ein auf $\mathcal{L}_q^L$ konzentriertes normiertes Maß; es hängt nicht von der Wahl von L_q ab und ist invariant unter $SO(L)$ und $SO(L^\perp)$. Ferner gilt

$$\nu_q^{\vartheta L}(\vartheta A) = \nu_q^L(A) \tag{6.2}$$

für $A \in \mathcal{B}(\mathcal{L}_q^n)$ und alle Drehungen $\vartheta \in SO_n$, wie aus (6.1) folgt.

Bei gegebener Ebene $E \in \mathcal{E}_p^n$ wählen wir $t \in \mathbb{R}^n$ mit $E - t =: L \in \mathcal{L}_p^n$ und dann $L_q \in \mathcal{L}_q^L$. Im Fall $q < p$ sei $\lambda^{(p-q)}$ das Lebesgue-Maß auf $L_q^\perp \cap L$. Dann definieren wir

$$\gamma_{q,t} : (L_q^\perp \cap L) \times SO(L) \;\rightarrow\; \mathcal{E}_q^n$$

$$(x, \vartheta) \;\mapsto\; \vartheta(L_q + x) + t$$

und

$$\mu_q^E := \gamma_{q,t}(\lambda^{(p-q)} \otimes \nu_L).$$

Im Fall $q \geq p$ definieren wir

$$\gamma_{q,t} : SO(L^\perp) \;\rightarrow\; \mathcal{E}_q^n$$

$$\vartheta \;\mapsto\; \vartheta L_q + t$$

und

$$\mu_q^E := \gamma_{q,t}(\nu_{L^\perp}).$$

Das Maß μ_q^E ist unabhängig von der Wahl von t und L_q; es ist auf $\mathcal{E}_q^E$ konzentriert und ist invariant unter den Bewegungen des $\mathbb{R}^n$, die E in sich überführen. Ferner gilt

$$\mu_q^{gE}(gA) = \mu_q^E(A) \tag{6.3}$$

für $A \in \mathcal{B}(\mathcal{E}_q^n)$ und alle Bewegungen $g \in G_n$.

Sei $L \in \mathcal{L}_p^n$. In Analogie zu (1.9) gilt bei gegebenem $t \in \mathbb{R}^n$ für meßbare Funktionen $f \geq 0$ auf $\mathcal{E}_q^n$ im Fall $q < p$

$$\int\limits_{\mathcal{E}_q^{L+t}} f \, d\mu_q^{L+t} = \int\limits_{\mathcal{L}_q^L} \int\limits_{M^\perp \cap L} f(M + x + t) \, d\lambda^{(p-q)}(x) dv_q^L(M). \tag{6.4}$$

Im Fall $q \geq p$ lautet die entsprechende Gleichung

$$\int\limits_{\mathcal{E}_q^{L+t}} f \, d\mu_q^{L+t} = \int\limits_{\mathcal{L}_q^{L}} f(M+t) \, d\nu_q^{L}(M). \tag{6.5}$$

Nun definieren wir für $0 \leq p < q \leq n$

$$\mathcal{L}_{p,q}^{n} := \{(L,M) \in \mathcal{L}_p^{n} \times \mathcal{L}_q^{n} : L \subset M\}$$

und

$$\mathcal{E}_{p,q}^{n} := \{(E,F) \in \mathcal{E}_p^{n} \times \mathcal{E}_q^{n} : E \subset F\}.$$

Für Funktionen auf diesen sogenannten „Fahnenräumen" beweisen wir zunächst integralgeometrische Transformationsformeln.

Satz 6.1.1. *Sei* $0 \leq p < q \leq n - 1$, *sei* $f : \mathcal{L}_{p,q}^{n} \to \mathbb{R}$ *eine nichtnegative meßbare Funktion. Dann gilt*

$$\int\limits_{\mathcal{L}_q^{n}} \int\limits_{\mathcal{L}_p^{M}} f(L,M) \, d\nu_p^{M}(L) d\nu_q(M) = \int\limits_{\mathcal{L}_p^{n}} \int\limits_{\mathcal{L}_q^{L}} f(L,M) d\nu_q^{L}(M) \, d\nu_p(L)$$

$$= \int\limits_{SO_n} f(\vartheta L_p, \vartheta L_q) \, d\nu(\vartheta)$$

mit beliebigem $(L_p, L_q) \in \mathcal{L}_{p,q}^{n}$.

Beweis. Die Meßbarkeit des Integranden für die äußeren Integrale ergibt sich analog wie in Hilfssatz 7.2.4. Wir wählen $(L_p, L_q) \in \mathcal{L}_{p,q}^{n}$. In der folgenden Gleichungskette benutzen wir der Reihe nach die Definition von ν_q als Bildmaß von ν unter β_q (Erläuterung nach Satz 1.3.3), die Invarianzeigenschaft (6.2), die Definition von $\nu_p^{L_q}$, den Satz von Fubini, die Gleichung $L_q = \rho L_q$ für $\rho \in SO(L_q)$ und die Rechtsinvarianz von ν. Es ist

$$\int\limits_{\mathcal{L}_q^{n}} \int\limits_{\mathcal{L}_p^{M}} f(L,M) \, d\nu_p^{M}(L) d\nu_q(M)$$

$$= \int\limits_{SO_n} \int\limits_{\mathcal{L}_p^{\vartheta L_q}} f(L, \vartheta L_q) \, d\nu_p^{\vartheta L_q}(L) d\nu(\vartheta)$$

$$= \int\limits_{SO_n} \int\limits_{\mathcal{L}_p^{L_q}} f(\vartheta L', \vartheta L_q) \, d\nu_p^{L_q}(L') d\nu(\vartheta)$$

$$= \int\limits_{SO_n} \int\limits_{SO(L_q)} f(\vartheta \rho L_p, \vartheta L_q) \, d\nu_{L_q}(\rho) d\nu(\vartheta)$$

$$= \int\limits_{SO(L_q)} \int\limits_{SO_n} f(\vartheta \rho L_p, \vartheta L_q) \, d\nu(\vartheta) d\nu_{L_q}(\rho)$$

$$= \int\limits_{SO(L_q)} \int\limits_{SO_n} f(\vartheta L_p, \vartheta L_q) \, d\nu(\vartheta) d\nu_{L_q}(\rho)$$

$$= \int\limits_{SO_n} f(\vartheta L_p, \vartheta L_q) \, d\nu(\vartheta).$$

Andererseits folgt in analoger Weise

$$\int\limits_{\mathcal{L}_p^n} \int\limits_{\mathcal{L}_q^L} f(L, M) \, d\nu_q^L(M) d\nu_p(L)$$

$$= \int\limits_{SO_n} \int\limits_{\mathcal{L}_q^{\vartheta L_p}} f(\vartheta L_p, M) \, d\nu_q^{\vartheta L_p}(M) d\nu(\vartheta)$$

$$= \int\limits_{SO_n} \int\limits_{\mathcal{L}_q^{L_p}} f(\vartheta L_p, \vartheta M') \, d\nu_q^{L_p}(M') d\nu(\vartheta)$$

$$= \int\limits_{SO_n} \int\limits_{SO(L_p^\perp)} f(\vartheta L_p, \vartheta \rho L_q) \, d\nu_{L_p^\perp}(\rho) d\nu(\vartheta)$$

$$= \int\limits_{SO(L_p^\perp)} \int\limits_{SO_n} f(\vartheta L_p, \vartheta \rho L_q) \, d\nu(\vartheta) d\nu_{L_p^\perp}(\rho)$$

$$= \int\limits_{SO(L_p^\perp)} \int\limits_{SO_n} f(\vartheta L_p, \vartheta L_q) \, d\nu(\vartheta) d\nu_{L_p^\perp}(\rho)$$

$$= \int\limits_{SO_n} f(\vartheta L_p, \vartheta L_q) \, d\nu(\vartheta). \qquad \blacksquare$$

Offenbar ist der Fahnenraum $\mathcal{L}_{p,q}^n$ ein homogener SO_n-Raum. Durch

$$\beta_{p,q} : SO_n \;\to\; \mathcal{L}_{p,q}^n$$

$$\vartheta \;\mapsto\; (\vartheta L_p, \vartheta L_q)$$

(wobei $(L_p, L_q) \in \mathcal{L}_{p,q}^n$ fest gewählt ist) und $\nu_{p,q} := \beta_{p,q}(\nu)$ wird auf $\mathcal{L}_{p,q}^n$ ein invariantes Maß $\nu_{p,q}$ erklärt. Satz 6.1.1 besagt, daß dieses Maß auch durch

$$\nu_{p,q}(A) = \int\limits_{\mathcal{L}_q^n} \int\limits_{\mathcal{L}_p^M} \mathbf{1}_A(L, M)\, d\nu_p^M(L) d\nu_q(M)$$

sowie durch

$$\nu_{p,q}(A) = \int\limits_{\mathcal{L}_p^n} \int\limits_{\mathcal{L}_q^L} \mathbf{1}_A(L, M)\, d\nu_q^L(M) d\nu_p(L)$$

berechnet werden kann.

BEMERKUNG. Sei $0 \leq p < q \leq n - 1$. Aus Satz 6.1.1 folgt insbesondere

$$\nu_p(A) = \int\limits_{\mathcal{L}_q^n} \nu_p^M(A)\, d\nu_q(M) \tag{6.6}$$

für $A \in \mathcal{B}(\mathcal{L}_p^n)$, also eine induktive Berechnungsmöglichkeit für das invariante Maß ν_p. Man erhält (6.6) mit der Spezialisierung $f(L, M) = \mathbf{1}_A(L)$. Analog ergibt sich

$$\nu_q(A) = \int\limits_{\mathcal{L}_p^n} \nu_q^L(A)\, d\nu_p(L) \tag{6.7}$$

für $A \in \mathcal{B}(\mathcal{L}_q^n)$.

BEMERKUNG. Für $0 \leq p, q \leq n-1$ erklärt man die *Radon-Transformation* $R_{pq} : \mathrm{C}(\mathcal{L}_p^n) \to \mathrm{C}(\mathcal{L}_q^n)$ durch

$$(R_{pq}f)(L) := \int\limits_{\mathcal{L}_p^L} f(M)\, d\nu_p^L(M), \qquad L \in \mathcal{L}_q^n,$$

für $f \in \mathrm{C}(\mathcal{L}_p^n)$. Aus Satz 6.1.1 folgt dann die Vertauschungsrelation

$$\int\limits_{\mathcal{L}_q^n} (R_{pq}f)g\, d\nu_q = \int\limits_{\mathcal{L}_p^n} f(R_{qp}g)\, d\nu_p$$

für $f \in \mathrm{C}(\mathcal{L}_p^n)$, $g \in \mathrm{C}(\mathcal{L}_q^n)$.

Eine zu Satz 6.1.1 analoge Aussage gilt für affine Unterräume. Sie läßt sich aus Satz 6.1.1 herleiten.

Satz 6.1.2. *Sei $0 \le p < q \le n - 1$, sei $f : \mathcal{E}_{p,q}^n \to \mathbb{R}$ eine nichtnegative meßbare Funktion. Dann gilt*

$$\int\limits_{\mathcal{E}_q^n} \int\limits_{\mathcal{E}_p^F} f(E,F)\, d\mu_p^F(E) d\mu_q(F) = \int\limits_{\mathcal{E}_p^n} \int\limits_{\mathcal{E}_q^E} f(E,F)\, d\mu_q^E(F) d\mu_p(E).$$

Beweis. Für die Meßbarkeit der Integranden verweisen wir wieder auf Hilfssatz 7.2.4. In der folgenden Gleichungskette verwenden wir mehrfach den Satz von Fubini und ansonsten der Reihe nach (1.9), (6.4), Satz 6.1.1, (6.5) und wieder (1.9):

$$\int\limits_{\mathcal{E}_q^n} \int\limits_{\mathcal{E}_p^F} f(E,F)\, d\mu_p^F(E) d\mu_q(F)$$

$$= \int\limits_{\mathcal{L}_q^n} \int\limits_{L^\perp} \int\limits_{\mathcal{E}_p^{L+t}} f(E, L+t)\, d\mu_p^{L+t}(E) d\lambda^{(n-q)}(t) d\nu_q(L)$$

$$= \int\limits_{\mathcal{L}_q^n} \int\limits_{L^\perp} \int\limits_{\mathcal{L}_p^L} \int\limits_{M^\perp \cap L} f(M + x + t, L + t)$$

$$d\lambda^{(q-p)}(x) d\nu_p^L(M) d\lambda^{(n-q)}(t) d\nu_q(L)$$

$$= \int\limits_{\mathcal{L}_q^n} \int\limits_{\mathcal{L}_p^L} \int\limits_{L^\perp} \int\limits_{M^\perp \cap L} f(M + x + t, L + x + t)$$

$$d\lambda^{(q-p)}(x) d\lambda^{(n-q)}(t) d\nu_p^L(M) d\nu_q(L)$$

$$= \int\limits_{\mathcal{L}_q^n} \int\limits_{\mathcal{L}_p^L} \int\limits_{M^\perp} f(M + z, L + z)\, d\lambda^{(n-p)}(z) d\nu_p^L(M) d\nu_q(L)$$

$$= \int\limits_{\mathcal{L}_p^n} \int\limits_{\mathcal{L}_q^M} \int\limits_{M^\perp} f(M + z, L + z)\, d\lambda^{(n-p)}(z) d\nu_q^M(L) d\nu_p(M)$$

$$= \int\limits_{\mathcal{L}_p^n} \int\limits_{M^\perp} \int\limits_{\mathcal{L}_q^M} f(M + z, L + z)\, d\nu_q^M(L) d\lambda^{(n-p)}(z) d\nu_p(M)$$

$$= \int\limits_{\mathcal{L}_p^n} \int\limits_{M^\perp} \int\limits_{\mathcal{E}_q^{M+z}} f(M + z, F)\, d\mu_q^{M+z}(F) d\lambda^{(n-p)}(z) d\nu_p(M)$$

$$= \int\limits_{\mathcal{E}_p^n} \int\limits_{\mathcal{E}_q^E} f(E,F)\, d\mu_q^E(F) d\mu_p(E).$$

■

BEMERKUNG. Analog zu (6.6) erhält man für $0 \leq p < q \leq n-1$ eine Darstellung des invarianten Maßes μ_p in der Form

$$\mu_p(A) = \int\limits_{\mathcal{E}_q^n} \mu_p^F(A)\, d\mu_q(F) \tag{6.8}$$

für $A \in \mathcal{B}(\mathcal{E}_p^n)$. Eine zu (6.7) analoge Darstellung gibt es aber nicht, weil das Maß μ_p^F für $F \in \mathcal{E}_q^n$, $p < q$, nicht endlich ist.

Wie in der Einleitung zu diesem Kapitel angedeutet, wollen wir auch lineare oder affine Unterräume betrachten, die von unabhängigen uniformen zufälligen Punkten in einem konvexen Körper aufgespannt werden, und wir wollen (in Abschnitt 6.2) die Verteilungen dieser Unterräume bestimmen. Die dazu benötigten integralgeometrischen Transformationen (Sätze 6.1.3 und 6.1.5) werden als *Blaschke-Petkantschin-Formeln* bezeichnet.

Wie in Abschnitt 2.1 allgemeiner eingeführt, bezeichnen wir für $E \in \mathcal{E}_q^n$ mit λ_E das q-dimensionale Lebesgue-Maß auf E, aufgefaßt als Maß auf ganz $\mathbb{R}^n$, also

$$\lambda_E(A) = \lambda^{(q)}(A \cap E) \qquad \text{für } A \in \mathcal{B}(\mathbb{R}^n).$$

Die integralgeometrische Identität des nachstehenden Satzes (auch als *lineare* Blaschke-Petkantschin-Formel bezeichnet, weil es sich um lineare Unterräume handelt) leistet folgendes. Eine Integration über q-Tupel von Punkten im $\mathbb{R}^n$ bezüglich des Produktmaßes $\lambda^{\otimes q}$ wird zerlegt, indem zuerst über die q-Tupel in einem festen q-dimensionalen linearen Unterraum L integriert wird mit dem Maß $(\lambda_L)^{\otimes q}$ und anschließend über alle Unterräume L mit dem invarianten Maß ν_q auf $\mathcal{L}_q^n$. Der Fall $q = 1$ ist im wesentlichen die bekannte Formel zur Umrechnung eines Volumenintegrals auf räumliche Polarkoordinaten. Die bei der allgemeinen Transformation auftretende Funktionaldeterminante besitzt eine einfache geometrische Bedeutung.

Für $q \in \{1, \ldots, n\}$ und $x_1, \ldots, x_q \in \mathbb{R}^n$ bezeichnen wir mit $\nabla_q(x_1, \ldots, x_q)$ das q-dimensionale Volumen des von den Vektoren $x_1, \ldots, x_q$ aufgespannten Parallelepipeds. Für $x_0, x_1, \ldots, x_q \in \mathbb{R}^n$ sei $\Delta_q(x_0, \ldots, x_q)$ das q-dimensionale Volumen der konvexen Hülle von $\{x_0, \ldots, x_q\}$. Es ist also

$$\Delta_q(x_0, \ldots, x_q) = \frac{1}{q!} \nabla_q(x_1 - x_0, \ldots, x_q - x_0).$$

Satz 6.1.3. *Sei* $1 \leq q \leq n$, *sei* $f : (\mathsf{R}^n)^q \to \mathsf{R}$ *eine nichtnegative meßbare Funktion. Dann gilt*

$$\int_{\mathsf{R}^n} \cdots \int_{\mathsf{R}^n} f(x_1, \ldots, x_q) \, d\lambda(x_1) \cdots d\lambda(x_q)$$

$$= c_{nq} \int_{\mathcal{L}_q^n} \int_L \cdots \int_L f(x_1, \ldots, x_q) \nabla_q(x_1, \ldots, x_q)^{n-q} \, d\lambda_L(x_1) \cdots d\lambda_L(x_q) d\nu_q(L)$$

mit

$$c_{nq} = \frac{\omega_{n-q+1} \cdots \omega_n}{\omega_1 \cdots \omega_q} \qquad (\omega_j = j\kappa_j).$$

Den Hauptteil des Beweises werden wir erst in Anhang 7.3 erbringen. Hier bemerken wir zunächst, daß man die Meßbarkeit des Integranden der rechten Seite in der behaupteten Formel mit Hilfe von Hilfssatz 7.2.2 einsehen kann. Aus einem Invarianzargument, das in Anhang 7.3 ausgeführt wird, erhält man, daß für f wie im Satz angegeben jedenfalls

$$\int_{(\mathsf{R}^n)^q} f \, d\lambda^{\otimes q} = c \int_{\mathcal{L}_q^n} \int_{(L)^q} f \nabla_q^{n-q} \, d(\lambda_L)^{\otimes q} d\nu_q(L)$$

mit einer von f unabhängigen Konstanten c gelten muß. Wählt man hier für f die Indikatorfunktion von $(B^n)^q$, so ergibt sich auf der linken Seite der Wert κ_n^q, und die rechte Seite kann mit dem nachstehenden Hilfssatz 6.1.4 ermittelt werden. Auf diese Weise findet man den in Satz 6.1.3 angegebenen Wert der Konstanten.

Hilfssatz 6.1.4. *Für natürliche Zahlen* $n \geq 1$, $1 \leq q \leq n$, $k \geq 1$ *gilt*

$$I(n, q, k) \;:=\; \int_{B^n} \cdots \int_{B^n} \nabla_q(x_1, \ldots, x_q)^k \, d\lambda(x_1) \cdots d\lambda(x_q)$$

$$= \; \kappa_{n+k}^q \prod_{j=0}^{q-1} \frac{\omega_{n-j}}{\omega_{n+k-j}}.$$

Beweis. Durch elementare Rechnung erhält man

$$I(n, 1, k) = \frac{\omega_n}{n+k},$$

also die Behauptung für $q = 1$ (und damit für $n = 1$). Sei jetzt $n \geq 2$ und $q \geq 2$. Sei $L \in \mathcal{L}^n_{q-1}$. Gilt $x_1, \ldots, x_{q-1} \in L$ und ist $s(x_q)$ der Abstand des Punktes x_q von dem Unterraum L, so gilt

$$\nabla_q(x_1, \ldots, x_q) = \nabla_{q-1}(x_1, \ldots, x_{q-1}) s(x_q).$$

Mit dem Satz von Fubini erhält man daher

$$\frac{I(n,q,k)}{I(n,q-1,k)} = \int\limits_{B^n} s(x)^k \, d\lambda(x)$$

$$= \int\limits_{L^\perp \cap B^n} \int\limits_{(L+x)\cap B^n} \|x\|^k \, d\lambda_{L+x}(y) d\lambda_{L^\perp}(x)$$

$$= \kappa_{q-1} \int\limits_{L^\perp \cap B^n} \|x\|^k \left(1 - \|x\|^2\right)^{(q-1)/2} d\lambda_{L^\perp}(x)$$

$$= \kappa_{q-1}\omega_{n-q+1} \int\limits_0^1 \left(1 - t^2\right)^{(q-1)/2} t^{n+k-q} \, dt$$

$$= \kappa_{n+k}\frac{\omega_{n-q+1}}{\omega_{n+k-q+1}}.$$

Mehrfache Anwendung ergibt die Behauptung. ∎

Nun leiten wir die affine Version der Blaschke-Petkantschin-Formel her; bei ihr treten affine Unterräume an die Stelle der linearen.

Satz 6.1.5. *Sei* $1 \leq q \leq n$*, sei* $f : (\mathbf{R}^n)^{q+1} \to \mathbf{R}$ *eine nichtnegative meßbare Funktion. Dann gilt*

$$\int\limits_{\mathbf{R}^n} \cdots \int\limits_{\mathbf{R}^n} f(x_0, \ldots, x_q) \, d\lambda(x_0) \cdots d\lambda(x_q)$$

$$= c_{nq}(q!)^{n-q} \int\limits_{\mathcal{E}^n_q} \int\limits_E \cdots \int\limits_E f(x_0, \ldots, x_q) \Delta_q(x_0, \ldots, x_q)^{n-q}$$

$$d\lambda_E(x_0) \cdots d\lambda_E(x_q) d\mu_q(E)$$

(*mit* c_{nq} *wie in Satz* 6.1.3).

Beweis. Wir benutzen Satz 6.1.3 und mehrfach den Satz von Fubini:

$$\int\limits_{\mathbf{R}^n} \cdots \int\limits_{\mathbf{R}^n} f(x_0, \ldots, x_q) \, d\lambda(x_0) \cdots d\lambda(x_q)$$

$$= \int\limits_{\mathbb{R}^n}\int\limits_{\mathbb{R}^n} \cdots \int\limits_{\mathbb{R}^n} f(x_0, y_1 + x_0, \ldots, y_q + x_0)\, d\lambda(y_1) \cdots d\lambda(y_q) d\lambda(x_0)$$

$$= c_{nq} \int\limits_{\mathbb{R}^n}\int\limits_{\mathcal{L}_q^n}\int\limits_{L} \cdots \int\limits_{L} f(x_0, y_1 + x_0, \ldots, y_q + x_0)\nabla_q(y_1, \ldots, y_q)^{n-q}$$

$$d\lambda_L(y_1) \cdots d\lambda_L(y_q) d\nu_q(L) d\lambda(x_0)$$

$$= c_{nq} \int\limits_{\mathcal{L}_q^n}\int\limits_{L^\perp}\int\limits_{L}\int\limits_{L} \cdots \int\limits_{L} f(z + t, y_1 + z + t, \ldots, y_q + z + t) \times$$

$$\times \nabla_q(y_1, \ldots, y_q)^{n-q}\, d\lambda_L(y_1) \cdots d\lambda_L(y_q) d\lambda_L(z) d\lambda_{L^\perp}(t) d\nu_q(L)$$

$$= c_{nq}(q!)^{n-q} \int\limits_{\mathcal{L}_q^n}\int\limits_{L^\perp}\int\limits_{L+t}\int\limits_{L+t} \cdots \int\limits_{L+t} f(x_0, x_1, \ldots, x_q) \times$$

$$\times \Delta_q(x_0, x_1, \ldots, x_q)^{n-q}\, d\lambda_{L+t}(x_1) \cdots d\lambda_{L+t}(x_q) d\lambda_{L+t}(x_0) d\lambda_{L^\perp}(t) d\nu_q(L)$$

$$= c_{nq}(q!)^{n-q} \int\limits_{\mathcal{E}_q^n}\int\limits_{E} \cdots \int\limits_{E} f(x_0, \ldots, x_q)\Delta_q(x_0, \ldots, x_q)^{n-q}$$

$$d\lambda_E(x_0) \cdots d\lambda_E(x_q) d\mu_q(E).$$

Zuletzt wurde (1.9) benutzt. $\blacksquare$

Die Blaschke-Petkantschin-Formel ist eine Quelle für eine Reihe weiterer Ergebnisse über integralgeometrische Transformationen, von denen hier einige Beispiele betrachtet werden sollen. Zunächst leiten wir Transformationsformeln her für Integrale über Tupel von linearen Unterräumen. Dabei ist zu unterscheiden, ob die Summe der Dimensionen dieser Unterräume kleiner oder größer als n ist.

Sind $L_1, \ldots, L_q \subset \mathbb{R}^n$ lineare Unterräume mit $\sum_{i=1}^{q} \dim L_i =: k \leq n$, so wählen wir in jedem L_i eine orthonormale Basis und bezeichnen dann mit $\nabla(L_1, \ldots, L_q)$ das k-dimensionale Volumen des Parallelepipeds, das von den so erhaltenen Vektoren aufgespannt wird. Die Stellungsgröße $\nabla(L_1, \ldots, L_q)$ hängt nur von den Unterräumen und nicht von der Wahl der Basen ab. Der folgende Satz bezieht sich auf q-Tupel eindimensionaler Unterräume und den davon aufgespannten linearen Unterraum.

Satz 6.1.6. *Sei* $1 \leq q \leq n$, *sei* $f : (\mathcal{L}_1^n)^q \to \mathbb{R}$ *eine nichtnegative meßbare Funktion. Dann gilt*

$$\int\limits_{\mathcal{L}_1^n} \cdots \int\limits_{\mathcal{L}_1^n} f(L_1,\ldots,L_q)\, d\nu_1(L_1) \cdots d\nu_1(L_q)$$

$$= c_{nq} \left(\frac{\omega_q}{\omega_n}\right)^q \int\limits_{\mathcal{L}_q^n} \int\limits_{\mathcal{L}_1^L} \cdots \int\limits_{\mathcal{L}_1^L} f(L_1,\ldots,L_q)\nabla(L_1,\ldots,L_q)^{n-q}$$

$$d\nu_1^L(L_1) \cdots d\nu_1^L(L_q) d\nu_q(L).$$

Beweis. Wir setzen

$$g(x_1,\ldots,x_q) := f(\mathrm{lin}\{x_1\},\ldots,\mathrm{lin}\{x_q\}) \prod_{j=1}^q 1_{B^n}(x_j)$$

für $x_1,\ldots,x_q \in \mathsf{R}^n \setminus \{0\}$ und berechnen das Integral

$$I := \int\limits_{\mathsf{R}^n} \cdots \int\limits_{\mathsf{R}^n} g(x_1,\ldots,x_q)\, d\lambda(x_1) \cdots d\lambda(x_q)$$

auf zweierlei Weise. Nach Einführung räumlicher Polarkoordinaten erhalten wir zunächst

$$I = \kappa_n^q \int\limits_{\mathcal{L}_1^n} \cdots \int\limits_{\mathcal{L}_1^n} f(L_1,\ldots,L_q)\, d\nu_1(L_1) \cdots d\nu_1(L_q).$$

Nach Satz 6.1.3 ist andererseits

$$I = c_{nq} \int\limits_{\mathcal{L}_q^n} \int\limits_{L} \cdots \int\limits_{L} g(x_1,\ldots,x_q)\nabla_q(x_1,\ldots,x_q)^{n-q}\, d\lambda_L(x_1) \cdots d\lambda_L(x_q) d\nu_q(L).$$

Für das innere q-fache Integral erhalten wir nach Einführung räumlicher Polarkoordinaten in L den Wert

$$\left(\frac{\omega_q}{n}\right)^q \int\limits_{\mathcal{L}_1^L} \cdots \int\limits_{\mathcal{L}_1^L} f(L_1,\ldots,L_q)\nabla(L_1,\ldots,L_q)^{n-q}\, d\nu_1^L(L_1) \cdots d\nu_1^L(L_q).$$

Daraus folgt die Behauptung. ∎

An die Stelle der eindimensionalen Unterräume in Satz 6.1.6 können auch höherdimensionale treten. Wir beschränken uns hier der Übersichtlichkeit halber auf den Fall $q = 2$.

Satz 6.1.7. *Sei $r, s \geq 1$ und $r + s \leq n$, sei $f : \mathcal{L}_r^n \times \mathcal{L}_s^n \to \mathsf{R}$ eine nichtnegative meßbare Funktion. Dann gilt*

$$\int\limits_{\mathcal{L}_r^n} \int\limits_{\mathcal{L}_s^n} f(L_1, L_2) \, d\nu_s(L_2) d\nu_r(L_1)$$

$$= c_{nrs} \int\limits_{\mathcal{L}_{r+s}^n} \int\limits_{\mathcal{L}_r^L} \int\limits_{\mathcal{L}_s^L} f(L_1, L_2) \nabla(L_1, L_2)^{n-r-s} \, d\nu_s^L(L_2) d\nu_r^L(L_1) d\nu_{r+s}(L)$$

mit

$$c_{nrs} = \frac{c_{n(r+s)} \, c_{(r+s)r} \, c_{(r+s)s}}{c_{nr} \, c_{ns}}.$$

Beweis. Wir beginnen mit einer Vorbemerkung. Sei $1 \leq q \leq n - 1$ und $h : \mathcal{L}_q^n \to \mathsf{R}$ eine nichtnegative meßbare Funktion. Dann ist

$$\int\limits_{\mathsf{R}^n} \cdots \int\limits_{\mathsf{R}^n} h(\operatorname{lin}\{x_1, \ldots, x_q\}) \prod_{j=1}^{q} \mathbf{1}_{B^n}(x_j) \, d\lambda(x_1) \cdots d\lambda(x_q)$$

$$= \kappa_n^q \int\limits_{\mathcal{L}_q^n} h(L) \, d\nu_q(L).$$

Man kann nämlich durch die linke Seite, indem man für h Indikatorfunktionen von Borelmengen wählt, ein endliches Maß auf $\mathcal{L}_q^n$ definieren. Da es drehinvariant ist, muß es ein Vielfaches des invarianten Maßes ν_q sein. Den Faktor findet man dann, indem man $h = 1$ wählt.

Nun definieren wir fast überall auf $(\mathsf{R}^n)^{r+s}$ eine Funktion g durch

$$g(x_1, \ldots, x_r, y_1, \ldots, y_s)$$

$$:= f(\operatorname{lin}\{x_1, \ldots, x_r\}, \operatorname{lin}\{y_1, \ldots, y_s\}) \prod_{i=1}^{r} \mathbf{1}_{B^n}(x_i) \prod_{j=1}^{s} \mathbf{1}_{B^n}(y_j).$$

Für das Integral

$$I := \int\limits_{\mathsf{R}^n} \cdots \int\limits_{\mathsf{R}^n} g(x_1, \ldots, x_r, y_1, \ldots, y_s) \, d\lambda(x_1) \cdots d\lambda(y_s)$$

erhalten wir dann mit zweimaliger Anwendung der vorstehenden Bemerkung (mit $q = r$ bzw. s) und dem Satz von Fubini

$$I = \kappa_n^{r+s} \int\limits_{\mathcal{L}_r^n} \int\limits_{\mathcal{L}_s^n} f(L_1, L_2) \, d\nu_s(L_2) d\nu_r(L_1).$$

Andererseits ist nach Satz 6.1.3

$$I = c_{n(r+s)} \int_{\mathcal{L}^n_{r+s}} \int_{L} \cdots \int_{L} g(x_1, \ldots, x_r, y_1, \ldots, y_s) \times$$

$$\times \nabla_{r+s}(x_1, \ldots, x_r, y_1, \ldots, y_s)^{n-r-s} \, d\lambda_L(x_1) \cdots d\lambda_L(y_s) d\nu_{r+s}(L).$$

Aus dem Determinanten-Multiplikationssatz folgt

$$\nabla_{r+s}(x_1, \ldots, x_r, y_1, \ldots, y_s)$$

$$= \nabla_r(x_1, \ldots, x_r) \nabla_s(y_1, \ldots, y_s) \nabla(\mathrm{lin}\{x_1, \ldots, x_r\}, \mathrm{lin}\{y_1, \ldots, y_s\}).$$

Setzt man das oben ein, so kann man bei festem $L \in \mathcal{L}^n_{r+s}$ die Integration bezüglich $(x_1, \ldots, x_r)$ nach Satz 6.1.3 (mit $(r+s, r)$ statt (n, q)) umformen in eine Integration über $\mathcal{L}^L_r$ und, bei festem $L_1 \in \mathcal{L}^L_r$, Integration mit dem Maß $(\lambda_{L_1})^{\otimes r}$. Das dabei auftretende Integral

$$\int_{L_1} \cdots \int_{L_1} \nabla_r(x_1, \ldots, x_r)^{n-r} \prod_{i=1}^{r} \mathbf{1}_{B^n}(x_i) \, d\lambda_{L_1}(x_1) \cdots d\lambda_{L_1}(x_r) = I(r, r, n-r)$$

kann man mit Hilfssatz 6.1.4 auswerten. Analog verfährt man mit der Integration bezüglich $(y_1, \ldots, y_s)$. Die Behauptung läßt sich dann ablesen. ∎

Den Sätzen 6.1.6 und 6.1.7 kann man duale Gegenstücke an die Seite stellen, bei denen die Rolle der linearen Hülle der variablen Unterräume übernommen wird vom Durchschnitt.

Sind $L_1, \ldots, L_q \subset \mathsf{R}^n$ lineare Unterräume mit $\sum_{i=1}^{q} \dim L_i \geq (q-1)n$, so definieren wir

$$[L_1, \ldots, L_q] := \nabla(L_1^{\perp}, \ldots, L_q^{\perp}).$$

Sind insbesondere $L_1, \ldots, L_q$ Hyperebenen und ist u_i ein Normaleneinheitsvektor von L_i für $i = 1, \ldots, n$, so ist also $[L_1, \ldots, L_q]$ das q-dimensionale Volumen des von $u_1, \ldots, u_q$ aufgespannten Parallelepipeds. Ist $q = 2$ und damit $\dim L_1 + \dim L_2 \geq n$, so stimmt $[L_1, L_2]$ überein mit der am Anfang von Abschnitt 3.1 erklärten Größe. Im Fall $\dim L_1 + \dim L_2 = n$ ist $[L_1, L_2]$ die absolute Determinante der Orthogonalprojektion von L_2 auf $L_1^{\perp}$.

Satz 6.1.8. *Sei* $1 \leq q \leq n$, *sei* $f : (\mathcal{L}^n_{n-1})^q \to \mathsf{R}$ *eine nichtnegative meßbare Funktion. Dann gilt*

$$\int_{\mathcal{L}^n_{n-1}} \cdots \int_{\mathcal{L}^n_{n-1}} f(L_1, \ldots, L_q) \, d\nu_{n-1}(L_1) \cdots d\nu_{n-1}(L_q)$$

$$= c_{nq} \left(\frac{\omega_q}{\omega_n}\right)^q \int\limits_{\mathcal{L}_{n-q}^n} \int\limits_{\mathcal{L}_{n-1}^L} \cdots \int\limits_{\mathcal{L}_{n-1}^L} f(L_1, \ldots, L_q)[L_1, \ldots, L_q]^{n-q}$$

$$d\nu_{n-1}^L(L_1) \cdots d\nu_{n-1}^L(L_q) d\nu_{n-q}(L).$$

Beweis. Für $M_1, \ldots, M_q \in \mathcal{L}_1^n$ setzen wir

$$g(M_1, \ldots, M_q) := f(M_1^\perp, \ldots, M_q^\perp).$$

Nach Satz 6.1.6 ist

$$\int\limits_{\mathcal{L}_1^n} \cdots \int\limits_{\mathcal{L}_1^n} g(M_1, \ldots, M_q) \, d\nu_1(M_1) \cdots d\nu_1(M_q)$$

$$= c_{nq} \left(\frac{\omega_q}{\omega_n}\right)^q \int\limits_{\mathcal{L}_q^n} \int\limits_{\mathcal{L}_1^M} \cdots \int\limits_{\mathcal{L}_1^M} g(M_1, \ldots, M_q) \nabla(M_1, \ldots, M_q)^{n-q}$$

$$d\nu_1^M(M_1) \cdots d\nu_1^M(M_q) d\nu_q(M).$$

Nun beachten wir, daß die Abbildung $L \mapsto L^\perp$ den Raum $\mathcal{L}_p^n$ auf $\mathcal{L}_{n-p}^n$ abbildet und das Maß ν_p in ν_{n-p} transformiert; ebenso bildet sie bei festem $M \in \mathcal{L}_q^n$ den Raum $\mathcal{L}_1^M$ ab auf $\mathcal{L}_{n-1}^{M^\perp}$ und transformiert das Maß ν_1^M in $\nu_{n-1}^{M^\perp}$ (das folgt jeweils aus der Eindeutigkeit der entsprechenden Maße). Die obige Gleichung ist daher äquivalent mit der Behauptung. $\blacksquare$

Völlig analog erhält man aus Satz 6.1.7 den folgenden Satz.

Satz 6.1.9. *Sei $r, s \leq n - 1$ und $r + s \geq n$, sei $f : \mathcal{L}_r^n \times \mathcal{L}_s^n \to \mathbb{R}$ eine nichtnegative meßbare Funktion. Dann gilt*

$$\int\limits_{\mathcal{L}_r^n} \int\limits_{\mathcal{L}_s^n} f(L_1, L_2) \, d\nu_s(L_2) d\nu_r(L_1)$$

$$= \bar{c}_{nrs} \int\limits_{\mathcal{L}_{r+s-n}^n} \int\limits_{\mathcal{L}_r^L} \int\limits_{\mathcal{L}_s^L} f(L_1, L_2)[L_1, L_2]^{r+s-n} \, d\nu_s^L(L_2) d\nu_r^L(L_1) d\nu_{r+s-n}(L)$$

mit

$$\bar{c}_{nrs} = \frac{c_{n(r+s-n)} c_{(2n-r-s)(n-r)} c_{(2n-r-s)(n-s)}}{c_{nr} c_{ns}}.$$

Dabei wurde zur Umformung des Koeffizienten die Identität

$$\frac{c_{n(r+s-n)}}{c_{nr} c_{ns}} = \frac{c_{n(2n-r-s)}}{c_{n(n-r)} c_{n(n-s)}}$$

benutzt.

Von den Sätzen 6.1.8 und 6.1.9 kann man auch zu affinen Versionen übergehen. Für affine Unterräume $E_1, \ldots, E_q \subset \mathsf{R}^n$ setzen wir

$$[E_1, \ldots, E_q] := [E_1^0, \ldots, E_q^0],$$

wobei E_i^0 den zu E_i parallelen linearen Unterraum bezeichnet (und die rechte Seite definiert sein soll).

Satz 6.1.10. *Sei* $1 \leq q \leq n$, *sei* $f : (\mathcal{E}_{n-1}^n)^q \to \mathsf{R}$ *eine nichtnegative meßbare Funktion. Dann gilt*

$$\int\limits_{\mathcal{E}_{n-1}^n} \cdots \int\limits_{\mathcal{E}_{n-1}^n} f(H_1, \ldots, H_q)\, d\mu_{n-1}(H_1) \cdots d\mu_{n-1}(H_q)$$

$$= c_{nq} \left(\frac{\omega_q}{\omega_n} \right)^q \int\limits_{\mathcal{E}_{n-q}^n} \int\limits_{\mathcal{E}_{n-1}^E} \cdots \int\limits_{\mathcal{E}_{n-1}^E} f(H_1, \ldots, H_q)[H_1, \ldots, H_q]^{n-q+1}$$

$$d\mu_{n-1}^E(H_1) \cdots d\mu_{n-1}^E(H_q)\, d\mu_{n-q}(E).$$

Beweis. Nach (1.9) ist zunächst

$$I := \int\limits_{\mathcal{E}_{n-1}^n} \cdots \int\limits_{\mathcal{E}_{n-1}^n} f(H_1, \ldots, H_q)\, d\mu_{n-1}(H_1) \cdots d\mu_{n-1}(H_q)$$

$$= \int\limits_{\mathcal{L}_{n-1}^n} \cdots \int\limits_{\mathcal{L}_{n-1}^n} J(L_1, \ldots, L_q)\, d\nu_{n-1}(L_1) \cdots d\nu_{n-1}(L_q)$$

mit

$$J(L_1, \ldots, L_q) = \int\limits_{L_q^\perp} \cdots \int\limits_{L_1^\perp} f(L_1 + t_1, \ldots, L_q + t_q)\, d\lambda_{L_1^\perp}(t_1) \cdots d\lambda_{L_q^\perp}(t_q).$$

Zur Umformung dieses Integrals können wir annehmen, daß die Hyperebenen $L_1, \ldots, L_q \in \mathcal{L}_{n-1}^n$ linear unabhängige Normaleneinheitsvektoren haben, weil das für $\nu_{n-1}^{\otimes q}$-fast alle $(L_1, \ldots, L_q)$ der Fall ist. Ist u_i ein Normaleneinheitsvektor von L_i $(i = 1, \ldots, q)$, so gilt

$$J(L_1, \ldots, L_q) = \int\limits_{\mathsf{R}} \cdots \int\limits_{\mathsf{R}} f(L_1 + \tau_1 u_1, \ldots, L_q + \tau_q u_q)\, d\tau_1 \cdots d\tau_q.$$

Setze $L_1 \cap \ldots \cap L_q =: L$; es ist also $L \in \mathcal{L}^n_{n-q}$. Für $\tau = (\tau_1, \ldots, \tau_q) \in \mathbb{R}^q$ sei $\xi(\tau) \in L^\perp$ definiert durch

$$(L_1 + \tau_1 u_1) \cap \ldots \cap (L_q + \tau_q u_q) = L + \xi(\tau).$$

Dann ist $\xi : \mathbb{R}^q \to L^\perp$ eine bijektive lineare Abbildung; ihre Umkehrabbildung ist durch

$$\xi^{-1}(x) = (\langle x, u_1 \rangle, \ldots, \langle x, u_q \rangle) \qquad \text{für } x \in L^\perp$$

gegeben und hat daher die Determinante $\nabla_q(u_1, \ldots, u_q) = [L_1, \ldots, L_q]$. Es ist also

$$J(L_1, \ldots, L_q) = [L_1, \ldots, L_q] \int_{L^\perp} f(L_1 + x, \ldots, L_q + x) \, d\lambda_{L^\perp}(x).$$

Wir setzen das ein und wenden Satz 6.1.8 an. In den folgenden Integralen ist jeweils fast überall $L = L_1 \cap \ldots \cap L_q$; ferner ist zur Abkürzung $c_{nq}(\omega_q/\omega_n)^q = c$ geschrieben:

$$
\begin{aligned}
I \;=\; & \int_{\mathcal{L}^n_{n-1}} \cdots \int_{\mathcal{L}^n_{n-1}} [L_1, \ldots, L_q] \int_{L^\perp} f(L_1 + x, \ldots, L_q + x) \\
& \quad d\lambda_{L^\perp}(x) dv_{n-1}(L_1) \cdots dv_{n-1}(L_q) \\[4pt]
=\; & c \int_{\mathcal{L}^n_{n-q}} \int_{\mathcal{L}^L_{n-1}} \cdots \int_{\mathcal{L}^L_{n-1}} \int_{L^\perp} f(L_1 + x, \ldots, L_q + x)[L_1, \ldots, L_q]^{n-q+1} \\
& \quad d\lambda_{L^\perp}(x) dv^L_{n-1}(L_1) \cdots dv^L_{n-1}(L_q) dv_{n-q}(L) \\[4pt]
=\; & c \int_{\mathcal{L}^n_{n-q}} \int_{L^\perp} \int_{\mathcal{L}^L_{n-1}} \cdots \int_{\mathcal{L}^L_{n-1}} f(L_1 + x, \ldots, L_q + x)[L_1, \ldots, L_q]^{n-q+1} \\
& \quad dv^L_{n-1}(L_1) \cdots dv^L_{n-1}(L_q) d\lambda_{L^\perp}(x) dv_{n-q}(L) \\[4pt]
=\; & c \int_{\mathcal{L}^n_{n-q}} \int_{L^\perp} \int_{\mathcal{E}^{L+x}_{n-1}} \cdots \int_{\mathcal{E}^{L+x}_{n-1}} f(H_1, \ldots, H_q)[H_1, \ldots, H_q]^{n-q+1} \\
& \quad d\mu^{L+x}_{n-1}(H_1) \cdots d\mu^{L+x}_{n-1}(H_q) d\lambda_{L^\perp}(x) dv_{n-q}(L) \\[4pt]
=\; & c \int_{\mathcal{E}^n_{n-q}} \int_{\mathcal{E}^E_{n-1}} \cdots \int_{\mathcal{E}^E_{n-1}} f(H_1, \ldots, H_q)[H_1, \ldots, H_q]^{n-q+1} \\
& \quad d\mu^E_{n-1}(H_1) \cdots d\mu^E_{n-1}(H_q) d\mu_{n-q}(E).
\end{aligned}
$$

Dabei wurden (6.5) und (1.9) benutzt. ∎

Satz 6.1.11. *Sei* $r, s \leq n - 1$ *und* $r + s \geq n$, *sei* $f : \mathcal{E}_r^n \times \mathcal{E}_s^n \to \mathbb{R}$ *eine nichtnegative meßbare Funktion. Dann gilt*

$$\int\limits_{\mathcal{E}_r^n} \int\limits_{\mathcal{E}_s^n} f(E_1, E_2)\, d\mu_s(E_2) d\mu_r(E_1)$$

$$= \bar{c}_{nrs} \int\limits_{\mathcal{E}_{r+s-n}^n} \int\limits_{\mathcal{E}_r^E} \int\limits_{\mathcal{E}_s^E} f(E_1, E_2)[E_1, E_2]^{r+s-n+1}\, d\mu_s^E(E_2) d\mu_r^E(E_1) d\mu_{r+s-n}(E)$$

(*mit* $\bar{c}_{nrs}$ *wie in Satz 6.1.9*).

Beweis. Man zeigt die Behauptung in derselben Weise mit Satz 6.1.9 wie Satz 6.1.10 aus 6.1.8 hergeleitet wurde. Die dabei auftretende Abbildung ξ wird jetzt folgendermaßen erklärt. Für Unterräume $L_1 \in \mathcal{L}_r^n$, $L_2 \in \mathcal{L}_s^n$, die o.B.d.A. den Raum $\mathbb{R}^n$ aufspannen, wird $L_1 \cap L_2 =: L$ gesetzt und eine bijektive lineare Abbildung $\xi : L_1^\perp \times L_2^\perp \to L^\perp$ definiert durch

$$(L_1 + t_1) \cap (L_2 + t_2) = L + \xi(t_1, t_2).$$

Bezeichnet $\pi_i : \mathbb{R}^n \to L_i^\perp$ die Orthogonalprojektion ($i = 1, 2$), so ist die Umkehrabbildung ξ^{-1} gegeben durch $\xi^{-1}(x) = (\pi_1(x), \pi_2(x))$, sie hat daher die Determinante $[L_1, L_2]$. Ansonsten verläuft der Beweis völlig analog. ∎

6.2 Verteilungen zufälliger Unterräume

Wir wollen nun, wie in der Einleitung zu diesem Kapitel erläutert, die Verteilungen von zufälligen Unterräumen bestimmen, die durch verschiedene geometrische Konstruktionen aus gegebenen uniformen Unterräumen erzeugt werden. Wir beschränken uns dabei auf affine Unterräume, bemerken aber, daß analoge Überlegungen auch für lineare Unterräume angestellt werden können. Gegeben sei ein konvexer Körper $K \subset \mathbb{R}^n$ mit inneren Punkten. Sei $0 \leq p < q < n$. Wir wollen uns eine zufällige p-Ebene $\tilde{E}$ durch K so erzeugt denken, daß wir eine isotrope uniforme q-Ebene $\tilde{F}$ durch K wählen und dann in $\tilde{F}$ eine isotrope uniforme p-Ebene durch $K \cap \tilde{F}$. Die Verteilung der resultierenden zufälligen p-Ebene $\tilde{E}$ durch K soll bestimmt werden.

Die Verteilung einer IUZ-r-Ebene durch den konvexen Körper K bezeichnen wir mit $P_r^{(K)}$. Nach Abschnitt 5.1 (und der Crofton-Formel 3.3.2) ist also

$$P_r^{(K)}(A) = \frac{\mu_r(A \cap \{E \in \mathcal{E}_r^n : E \cap K \neq \emptyset\})}{\alpha_{n0r} V_{n-r}(K)}$$

für $A \in \mathcal{B}(\mathcal{E}_r^n)$. Sei nun $F \in \mathcal{E}_q^n$ eine q-Ebene mit $\dim(K \cap F) = q$. Eine IUZ-p-Ebene durch $K \cap F$, bezogen auf F als umgebenden Raum, können wir dann auch als zufällige p-Ebene im $\mathbf{R}^n$ auffassen. Ihre Verteilung sei mit $P_p^{(K,F)}$ bezeichnet; sie ist gegeben durch

$$P_p^{(K,F)}(A) = \frac{\mu_p^F(A \cap \{E \in \mathcal{E}_p^F : E \cap K \neq \emptyset\})}{\alpha_{q0p} V_{q-p}(K \cap F)}$$

für $A \in \mathcal{B}(\mathcal{E}_p^n)$. Es folgt aus Hilfssatz 7.2.4, daß für jedes $A \in \mathcal{B}(\mathcal{E}_p^n)$ die Funktion $F \mapsto P_p^{(K,F)}(A)$ meßbar ist auf

$$[K]_q := \{F \in \mathcal{E}_q^n : \dim(K \cap F) = q\}.$$

Die Funktion $(F,A) \mapsto P_p^{(K,F)}(A)$ ist also eine Übergangswahrscheinlichkeit von $([K]_q, \mathcal{B}([K_q]))$ nach $(\mathcal{E}_p^n, \mathcal{B}(\mathcal{E}_p^n))$. Sei

$$P := P_q^{(K)} \otimes P_p^{(K,\cdot)}$$

das durch $P_q^{(K)}$ und $P_p^{(K,\cdot)}$ bestimmte Wahrscheinlichkeitsmaß auf $\mathcal{B}([K]_q) \otimes \mathcal{B}(\mathcal{E}_p^n)$; es wird auch als *Koppelung* von $P_q^{(K)}$ und $P_p^{(K,\cdot)}$ bezeichnet (siehe z.B. Gänssler & Stute [1977], S. 44, oder Behnen & Neuhaus [1984], S. 64 ff). Die Verteilung $P_q^{(K)}$ einer IUZ-q-Ebene durch K ist auf $[K]_q$ konzentriert, weil die Menge der K berührenden q-Ebenen eine μ_q-Nullmenge ist; dies sieht man in Analogie zu Hilfssatz 2.1.4 ein.

Wir modellieren bzw. präzisieren nun die oben heuristisch beschriebene zufällige Wahl der p-Ebene $\tilde{E}$ als ein zweistufiges Zufallsexperiment, indem wir fordern, daß $\tilde{E}$ die durch

$$P_2(A) := P([K]_q \times A), \qquad A \in \mathcal{B}(\mathcal{E}_p^n),$$

gegebene Verteilung haben soll.

Für diese Verteilung erhalten wir dann (mit (1.8.11) in Gänssler & Stute [1977])

$$
\begin{aligned}
P_2(A) &= (P_q^{(K)} \otimes P_p^{(K,\cdot)})([K]_q \times A) \\[2mm]
&= \int\limits_{[K]_q} \int\limits_{\mathcal{E}_p^n} \mathbf{1}_{[K]_q \times A}(F,E)\, dP_p^{(K,F)}(E)\, dP_q^{(K)}(F) \\[2mm]
&= \int\limits_{\mathcal{E}_q^n} \int\limits_{\mathcal{E}_p^F} \mathbf{1}_A(E) \frac{V_0(K \cap E)}{\alpha_{q0p} V_{q-p}(K \cap F)}\, d\mu_p^F(E) \frac{V_0(K \cap F)}{\alpha_{n0q} V_{n-q}(K)}\, d\mu_q(F) \\[2mm]
&= c \int\limits_{\mathcal{E}_q^n} \int\limits_{\mathcal{E}_p^F} \mathbf{1}_A(E) \frac{V_0(K \cap E) V_0(K \cap F)}{V_{q-p}(K \cap F)}\, d\mu_p^F(E)\, d\mu_q(F)
\end{aligned}
$$

mit

$$c = (\alpha_{n0q}\alpha_{q0p}V_{n-q}(K))^{-1}.$$

Die Verteilung P_2 können wir als bekannt ansehen, wenn es gelingt, für sie eine Dichte bezüglich des invarianten Maßes μ_p anzugeben. An dieser Stelle zeigt sich, daß wir für eine entsprechende Umformung des erhaltenen Doppelintegrals eine integralgeometrische Transformationsformel von der Art des Satzes 6.1.2 benötigen. Mit diesem Satz erhalten wir, wenn wir

$$V_0(K \cap E)V_0(K \cap F) = V_0(K \cap E)$$

für $E \subset F$ beachten,

$$P_2(A) \; = \; c \int\limits_{\mathcal{E}_p^n} \int\limits_{\mathcal{E}_q^E} 1_A(E) \frac{V_0(K \cap E)V_0(K \cap F)}{V_{q-p}(K \cap F)} \, d\mu_q^E(F) d\mu_p(E)$$

$$= \; c \int\limits_{A} \left(V_0(K \cap E) \int\limits_{\mathcal{E}_q^E} \frac{1}{V_{q-p}(K \cap F)} \, d\mu_q^E(F) \right) d\mu_p(E).$$

Somit ist die Dichte der Verteilung P_2 der zufälligen p-Ebene $\tilde{E}$ bezüglich des invarianten Maßes μ_p auf dem Raum $\mathcal{E}_p^n$ gegeben durch

$$E \mapsto \frac{V_0(K \cap E)}{\alpha_{n0q}\alpha_{q0p}V_{n-q}(K)} \int\limits_{\mathcal{E}_q^E} \frac{1}{V_{q-p}(K \cap F)} \, d\mu_q^E(F). \tag{6.9}$$

Wir fassen dies als Satz zusammen.

Satz 6.2.1. *Sei $0 \le p < q < n$, sei K ein n-dimensionaler konvexer Körper. Wird durch K eine isotrope uniforme q-Ebene $\tilde{F}$ gelegt und dann in $\tilde{F}$ durch $K \cap \tilde{F}$ eine isotrope zufällige p-Ebene $\tilde{E}$, so hat die resultierende zufällige p-Ebene durch K eine Verteilung, deren Dichte bezüglich μ_p durch (6.9) gegeben ist.*

In ähnlicher Weise können wir für $0 \le p < q < n$ eine zufällige q-Ebene $\tilde{F}$ durch K so erzeugen, daß wir eine isotrope uniforme p-Ebene $\tilde{E}$ durch K wählen und sodann eine isotrope q-Ebene um $\tilde{E}$, das heißt eine isotrope Ebene in $\mathcal{E}_q^{\tilde{E}}$. Sei $E \in \mathcal{E}_p^n$ eine p-Ebene mit $\dim(K \cap E) = p$. Eine isotrope Ebene in $\mathcal{E}_q^E$ hat nach Definition die Verteilung μ_q^E. Da $\mu_q^{(\cdot)}$ eine Übergangswahrscheinlichkeit von $([K]_p, \mathcal{B}([K]_p))$ nach $(\mathcal{E}_q^n, \mathcal{B}(\mathcal{E}_q^n))$ ist, können wir das durch $P_p^{(K)}$ und $\mu_q^{(\cdot)}$ bestimmte Wahrscheinlichkeitsmaß

$$P' := P_p^{(K)} \otimes \mu_q^{(\cdot)}$$

auf $\mathcal{B}([K]_p) \otimes \mathcal{B}(\mathcal{E}_q^n)$ bilden und dann

$$P_2'(A) := P'([K]_p \times A), \qquad A \in \mathcal{B}(\mathcal{E}_q^n),$$

als die Verteilung der gewünschten zufälligen q-Ebene $\tilde{F}$ ansehen. Für diese Verteilung erhalten wir für $A \in \mathcal{B}(\mathcal{E}_q^n)$ wie oben

$$
\begin{aligned}
P_2'(A) &= \int\limits_{[K]_p} \int\limits_{\mathcal{E}_q^E} \mathbf{1}_{[K]_p \times A}(E, F)\, d\mu_q^E(F) dP_p^{(K)}(E) \\[2ex]
&= \int\limits_{\mathcal{E}_p^n} \int\limits_{\mathcal{E}_q^E} \mathbf{1}_A(F)\, d\mu_q^E(F)\, \frac{V_0(K \cap E)}{\alpha_{n0p} V_{n-p}(K)}\, d\mu_p(E) \\[2ex]
&= \frac{1}{\alpha_{n0p} V_{n-p}(K)} \int\limits_{\mathcal{E}_q^n} \int\limits_{\mathcal{E}_p^F} \mathbf{1}_A(F) V_0(K \cap E)\, d\mu_p^F(E) d\mu_q(F) \\[2ex]
&= \frac{1}{\alpha_{n0p} V_{n-p}(K)} \int\limits_{A} \int\limits_{\mathcal{E}_p^F} V_0(K \cap E)\, d\mu_p^F(E) d\mu_q(F) \\[2ex]
&= \frac{\alpha_{q0p}}{\alpha_{n0p} V_{n-p}(K)} \int\limits_{A} V_{q-p}(K \cap F)\, d\mu_q(F),
\end{aligned}
$$

wobei zuletzt die Crofton-Formel 3.3.2 in F angewandt wurde. Damit hat sich ergeben, daß die Dichte P_2' der zufälligen q-Ebene $\tilde{F}$ bezüglich des invarianten Maßes μ_q auf dem Raum $\mathcal{E}_q^n$ gegeben ist durch

$$F \mapsto \frac{\alpha_{q0p} V_{q-p}(K \cap F)}{\alpha_{n0p} V_{n-p}(K)}. \tag{6.10}$$

Im Fall $p = 0$ ist dieses Ergebnis bereits in Abschnitt 5.1 (vgl. Satz 5.1.6) bemerkt worden. Wir formulieren auch das allgemeine Ergebnis als Satz.

Satz 6.2.2. *Sei $0 \le p < q < n$, sei K ein n-dimensionaler konvexer Körper. Wird durch K eine isotrope uniforme p-Ebene $\tilde{E}$ gelegt und dann um $\tilde{E}$ eine isotrope q-Ebene $\tilde{F}$ gewählt, so hat die resultierende zufällige q-Ebene durch K eine Verteilung, deren Dichte bezüglich μ_q durch (6.10) gegeben ist.*

Nun wollen wir zufällige Ebenen untersuchen, die von unabhängigen uniformen Punkten aufgespannt werden. Sei $K \in \mathcal{K}$ ein n-dimensionaler konvexer Körper. Für $q \in \{1, \ldots, n-1\}$ seien $q+1$ unabhängige uniforme Punkte in K gegeben. Fast sicher spannen sie affin eine q-dimensionale Ebene auf.

Die Verteilung dieser zufälligen Ebene durch K sei mit P bezeichnet. Für $A \in \mathcal{B}(\mathcal{E}_q^n)$ gilt dann

$$P(A) = \frac{1}{V_n(K)^{q+1}} \int\limits_{\mathbf{R}^n} \cdots \int\limits_{\mathbf{R}^n} f(x_0, \ldots, x_q) d\lambda(x_0) \cdots d\lambda(x_q)$$

mit

$$f(x_0, \ldots, x_q) := \mathbf{1}_A(\text{aff}\{x_0, \ldots, x_q\}) \prod_{j=0}^{q} \mathbf{1}_K(x_j).$$

Satz 6.1.5 ergibt also, daß die Verteilung P bezüglich des invarianten Maßes μ_q auf $\mathcal{E}_q^n$ eine Dichte besitzt, die durch

$$E \mapsto \frac{c_{nq}(q!)^{n-q}}{V_n(K)^{q+1}} \int\limits_{E\cap K} \cdots \int\limits_{E\cap K} \Delta_q(x_0, \ldots, x_q)^{n-q} \, d\lambda_E(x_0) \cdots d\lambda_E(x_q) \quad (6.11)$$

für $E \in \mathcal{E}_q^n$ gegeben ist.

Satz 6.2.3. *Sei $q \in \{1, \ldots, n-1\}$, sei K ein n-dimensionaler konvexer Körper. Durch $q+1$ unabhängige uniforme Punkte in K wird fast sicher eine q-Ebene aufgespannt. Die Verteilung dieser zufälligen q-Ebene hat bezüglich μ_q die Dichte* (6.11).

Als Anwendung der Sätze 6.1.10 und 6.1.11 können wir schließlich die Verteilung von Durchschnitten unabhängiger IUZ-Ebenen durch einen konvexen Körper bestimmen. Wir betrachten nur den Fall von q unabhängigen IUZ-Hyperebenen durch den konvexen Körper $K \in \mathcal{K}$ mit $\dim K \geq 1$ ($2 \leq q \leq n$). Der Durchschnitt dieser Hyperebenen ist fast sicher eine $(n-q)$-dimensionale Ebene $\tilde{E}$. Die Verteilung dieser zufälligen Ebene ist natürlich nicht mehr auf der Menge der K schneidenden $(n-q)$-Ebenen konzentriert. Es sei P die Verteilung von $\tilde{E}$. Für $A \in \mathcal{B}(\mathcal{E}_{n-q}^n)$ ist dann (nach Korollar 3.3.2 und (2.5))

$$P(A) = \frac{1}{b(K)^q} \int\limits_{\mathcal{E}_{n-1}^n} \cdots \int\limits_{\mathcal{E}_{n-1}^n} f(H_1, \ldots, H_q) \, d\mu_{n-1}(H_1) \cdots d\mu_{n-1}(H_q)$$

mit

$$f(H_1, \ldots, H_q) := \mathbf{1}_A(H_1 \cap \ldots \cap H_q) \prod_{j=1}^{q} \mathbf{1}_{\mathcal{E}_{n-1}^n(K)}(H_j),$$

wobei wir

$$\mathcal{E}_{n-1}^n(K) := \{H \in \mathcal{E}_{n-1}^n : H \cap K \neq \emptyset\}$$

gesetzt haben. Aus Satz 6.1.10 erhalten wir, daß die Verteilung der zufälligen $(n-q)$-Ebene $\tilde{E}$ bezüglich des invarianten Maßes μ_{n-q} eine Dichte besitzt, die gegeben ist durch

$$E \mapsto c \int\limits_{\mathcal{E}^E_{n-1}(K)} \cdots \int\limits_{\mathcal{E}^E_{n-1}(K)} [H_1,\ldots,H_q]^{n-q+1}\, d\mu^E_{n-1}(H_1)\cdots d\mu^E_{n-1}(H_q) \quad (6.12)$$

mit

$$c = c_{nq}\left(\frac{\omega_q}{\omega_n b(K)}\right)^q.$$

Dabei ist $\mathcal{E}^E_{n-1}(K) = \mathcal{E}^E_{n-1} \cap \mathcal{E}^n_{n-1}(K)$. Wir halten das Ergebnis wieder als Satz fest.

Satz 6.2.4. *Sei $q \in \{2,\ldots,n\}$, sei K ein konvexer Körper mit $\dim K \geq 1$. Der Durchschnitt von q unabhängigen isotropen uniformen Hyperebenen durch K ist fast sicher ein $(n-q)$-Ebene. Die Verteilung dieser zufälligen q-Ebene hat bezüglich μ_q die Dichte* (6.12).

Insbesondere ist die bedingte Verteilung der oben erzeugten $(n-q)$-Ebene $\tilde{E}$ unter der Bedingung, daß $\tilde{E}$ den Körper K trifft, isotrop und uniform, was aber nicht überraschend ist. Wesentlicher ist die Information über die Gestalt der Dichte auf den nicht treffenden Ebenen. Zum Beispiel erhält man für $n = q = 2$ die Dichte

$$x \mapsto c \int\limits_{\mathcal{E}^x_1(K)} \int\limits_{\mathcal{E}^x_1(K)} [G,H]\, d\mu^x_1(G) d\mu^x_1(H).$$

Das invariante Maß μ^x_1 wird in diesem Fall von der Gleichverteilung auf $[0,2\pi)$ induziert; die rechte Seite ist deshalb proportional zu

$$\int\limits_0^{2\pi}\int\limits_0^{2\pi} f(K,x,\alpha)f(K,x,\beta)|\sin(\alpha-\beta)|\, d\alpha d\beta,$$

wo $f(K,x,\alpha)$ die Indikatorfunktion des Ereignisses bezeichnet, daß die Gerade $G = G(x,\alpha)$ durch x mit Richtungswinkel α (bezogen auf eine feste Richtung) den Körper K schneidet. Für $x \notin K$ ist die Dichte also proportional zu $\omega - \sin\omega$, wobei $\omega = \omega(x)$ den Winkel bezeichnet, unter dem K von x aus gesehen wird. Dies ist ein altes Ergebnis von Crofton [1868].

6.3　Weitere Anwendungen

Wir gehen nun auf einige Fragestellungen anderer Art ein, bei denen integralgeometrische Transformationen eingesetzt werden. Anhand einiger Beispiele soll gezeigt werden, wie die Blaschke-Petkantschin-Formeln ein nützliches Hilfsmittel sein können bei der Berechnung von speziellen geometrisch definierten Wahrscheinlichkeiten oder Erwartungswerten. Zuerst beweisen wir ein Gegenstück zu Hilfssatz 6.1.4.

Satz 6.3.1. *Für natürliche Zahlen* $n \geq 1$, $1 \leq q \leq n$, $k \geq 0$ *gilt*

$$J(n,q,k) \ := \ \int_{B^n} \cdots \int_{B^n} \Delta_q(x_0,\ldots,x_q)^k \, d\lambda(x_0) \cdots d\lambda(x_q)$$

$$= \ \frac{1}{(q!)^k} \kappa_{n+k}^{q+1} \frac{\kappa_{q(n+k)+n}}{\kappa_{(q+1)(n+k)}} \frac{c_{nq}}{c_{(n+k)q}}$$

(*mit* c_{nq} *wie in Satz* 6.1.3).

Beweis. Mit elementarer Rechnung ergibt sich

$$J(1,1,k) = \frac{2^{k+3}}{(k+1)(k+2)},$$

was wegen

$$\frac{\kappa_{k+1}\kappa_{k+2}}{\kappa_{2k+2}} = \frac{2^{k+2}}{k+2}$$

mit der Behauptung für $n = 1$, $q = 1$ übereinstimmt. Sei $n \geq 2$ und zunächst $q < n$. Wenn wir Satz 6.1.5 benutzen und das Maß μ_q gemäß (1.9) zerlegen, so erhalten wir

$$J(n,q,k)$$

$$= \ c_{nq}(q!)^{n-q} \int_{\mathcal{L}_q^n} \int_{L^\perp} \int_{(L+y)\cap B^n} \cdots \int_{(L+y)\cap B^n} \Delta_q(x_0,\ldots,x_q)^{n+k-q}$$

$$d\lambda_{L+y}(x_0) \cdots d\lambda_{L+y}(x_q) d\lambda_{L^\perp}(y) d\nu_q(L)$$

$$= \ c_{nq}(q!)^{n-q} \int_{L^\perp \cap B^n} (1 - \|y\|^2)^{q(n+k+1)/2} J(q,q,n+k-q) \, d\lambda_{L^\perp}(y)$$

$$= \ c_{nq}(q!)^{n-q} \omega_{n-q} J(q,q,n+k-q) \int_0^1 (1-t^2)^{q(n+k+1)/2} t^{n-q-1} \, dt$$

$$= \ \theta(n,q,k) J(q,q,n+k-q)$$

mit

$$\theta(n, q, k) := c_{nq}(q!)^{n-q} \frac{\kappa_{q(n+k)+n}}{\kappa_{q(n+k+1)}}.$$

Die Wahl $k = 0$ liefert

$$\kappa_n^{q+1} = \theta(n, q, 0) J(q, q, n - q).$$

Also ist

$$\kappa_{n+k}^{q+1} = \theta(n + k, q, 0) J(q, q, n + k - q) \tag{6.13}$$

und daher

$$J(n, q, k) = \kappa_{n+k}^{q+1} \frac{\theta(n, q, k)}{\theta(n + k, q, 0)}.$$

Dies ergibt die Behauptung für $q < n$. Für $k = 0$ ist sie trivialerweise richtig, und aus (6.13) erhält man sie für $q = n$, $k \geq 1$, indem man (n, q, k) ersetzt durch $(n + k, n, 0)$. ∎

Eine Interpretation von Satz 6.3.1 in der Sprache der geometrischen Wahrscheinlichkeiten liegt auf der Hand. Dazu seien $q + 1$ unabhängige uniforme zufällige Punkte in der Einheitskugel B^n gegeben, und $\tilde{\Delta}_q$ sei das q-dimensionale Volumen ihrer konvexen Hülle (diese ist fast sicher ein q-dimensionales Simplex). Dann ist das k-te Moment der Zufallsvariablen $\tilde{\Delta}_q$ gegeben durch

$$\mathsf{E}\tilde{\Delta}_q^k = \frac{J(n, q, k)}{\kappa_n^{q+1}}. \tag{6.14}$$

Mit elementarer Umformung läßt sich das Ergebnis (zum besseren Vergleich mit Miles [1971], Formel (29)) auch in der Form

$$\mathsf{E}\tilde{\Delta}_q^k = \left(\frac{1}{q!}\right)^k \left(\frac{n}{n+k}\right)^{q+1} \frac{\Gamma\left(\frac{1}{2}(q+1)(n+k)+1\right)}{\Gamma\left(\frac{1}{2}((q+1)n+qk)+1\right)} \times$$

$$\times \left(\frac{\Gamma\left(\frac{1}{2}n\right)}{\Gamma\left(\frac{1}{2}(n+k)\right)}\right)^q \prod_{l=1}^{q-1} \frac{\Gamma\left(\frac{1}{2}(n-q+k+l)\right)}{\Gamma\left(\frac{1}{2}(n-q+l)\right)}$$

schreiben.

Man kann hier einen Zusammenhang herstellen mit einer Verallgemeinerung einer bekannten Frage von Sylvester. Sie bezieht sich auf einen zweidimensionalen konvexen Körper $K \subset \mathbb{R}^2$ und vier unabhängige uniforme Punkte in K und lautet: Wie groß ist die Wahrscheinlichkeit, daß diese

Punkte nicht die Ecken eines konvexen Vierecks sind? Die Ausdehnung dieses Problems auf höhere Dimensionen liegt nahe. Speziell für den Fall der Kugel läßt sich die folgende Frage explizit beantworten. Gegeben seien eine Zahl $m \geq n + 1$ und m unabhängige uniforme Punkte in B^n. Wie groß ist die Wahrscheinlichkeit, daß die konvexe Hülle dieser Punkte $n + 1$ Ecken hat, also ein Simplex ist? Wird diese Wahrscheinlichkeit mit $p(n, m)$ bezeichnet und wird $g(x_1, \ldots, x_m) = 1$ gesetzt, wenn die konvexe Hülle von $x_1, \ldots, x_m$ ein Simplex ist, und $= 0$ sonst, so ergibt eine einfache Umformung

$$\int\limits_{B^n} \cdots \int\limits_{B^n} g(x_1, \ldots, x_m)\, d\lambda(x_1) \cdots d\lambda(x_m)$$

$$= \binom{m}{n+1} \int\limits_{B^n} \cdots \int\limits_{B^n} \Delta_n(x_1, \ldots, x_{n+1})^{m-n-1}\, d\lambda(x_1) \cdots d\lambda(x_{n+1})$$

und daher

$$p(n, m) = \frac{\binom{m}{n+1}}{\kappa_n^{m-n-1}}\, \mathsf{E}\tilde{\Delta}_n^{m-n-1}.$$

Zusammen mit (6.14) und Satz 6.3.1 ergibt das einen expliziten Ausdruck für $p(n, m)$.

Die konvexe Hülle von m unabhängigen zufälligen Punkten ist ein auf recht natürliche Weise erzeugtes zufälliges Polytop; es ist in der Literatur unter verschiedenen Aspekten untersucht worden. Wir erläutern an einem weiteren Beispiel den Nutzen der Blaschke-Petkantschin-Formel hierbei. Gegeben seien $m \geq n + 1$ unabhängige uniforme Punkte $\tilde{x}_1, \ldots, \tilde{x}_m$ in der Einheitskugel B^n. Wir interessieren uns für die Anzahl $\tilde{f}_{n-1}$ der Facetten $((n - 1)$-dimensionalen Seiten) ihrer konvexen Hülle. Fast sicher ist jede solche Facette ein $(n - 1)$-Simplex. Die konvexe Hülle von $\tilde{x}_1, \ldots, \tilde{x}_n$ ist genau dann eine Facette der konvexen Hülle von $\tilde{x}_1, \ldots, \tilde{x}_m$, wenn die Punkte $\tilde{x}_{n+1}, \ldots, \tilde{x}_m$ auf derselben Seite der von $\tilde{x}_1, \ldots, \tilde{x}_n$ (fast sicher) aufgespannten Hyperebene liegen. Die Wahrscheinlichkeit dieses Ereignisses ist

$$\left(\frac{V}{\kappa_n}\right)^{m-n} + \left(1 - \frac{V}{\kappa_n}\right)^{m-n},$$

wo V das Volumen des kleineren der beiden Teile bezeichnet, in die die Kugel B^n durch die von $\tilde{x}_1, \ldots, \tilde{x}_n$ aufgespannte Hyperebene zerlegt wird. Entsprechendes gilt für $\tilde{x}_{i_1}, \ldots, \tilde{x}_{i_n}$ mit $1 \leq i_1 < \ldots < i_n \leq m$. Der Erwartungswert der Zufallsvariablen $\tilde{f}_{n-1}$ ist daher gegeben durch

$$\mathsf{E}\tilde{f}_{n-1} = \binom{m}{n}\frac{1}{\kappa_n^m}\int\limits_{(B^n)^n}\left(V^{m-n}+(\kappa_n-V)^{m-n}\right)d\lambda^{\otimes n}.$$

Hier bietet sich wieder die Anwendung der Blaschke-Petkantschin-Formel an, und mit Satz 6.1.5 und der Zerlegung (1.9) erhält man

$$\mathsf{E}\tilde{f}_{n-1} = \binom{m}{n}\frac{(n-1)!\,\omega_n}{2\kappa_n^m}\int\limits_{\mathcal{L}_{n-1}^n}\int\limits_{L^\perp}\int\limits_{((L+y)\cap B^n)^n}\left(V^{m-n}+(\kappa_n-V)^{m-n}\right)\Delta_{n-1}$$

$$d(\lambda_{L+y})^{\otimes n}d\lambda_{L^\perp}(y)d\nu_{n-1}(L)$$

$$= \binom{m}{n}\frac{(n-1)!\,\omega_n}{\kappa_n^m}\int\limits_0^1\left(V(p)^{m-n}+(\kappa_n-V(p))^{m-n}\right)\int\limits_{(H_p\cap B^n)^n}\Delta_{n-1}$$

$$d(\lambda_{H_p})^{\otimes n}dp.$$

Dabei haben wir $H_p := \{x \in \mathbb{R}^n : \langle x,u\rangle = p\}$ mit einem festen Einheitsvektor $u \in \mathbb{R}^n$ gesetzt und die Symmetrie von B^n ausgenutzt; ferner schreiben wir $V(p)$ statt $V(x_1,\ldots,x_n)$ für $x_1,\ldots,x_n \in H_p$. Da $H_p \cap B^n$ eine $(n-1)$-dimensionale Kugel vom Radius $\sqrt{1-p^2}$ ist, gilt nach Satz 6.3.1

$$\int\limits_{(H_p\cap B^n)^n}\Delta_{n-1}\,d(\lambda_{H_p})^{\otimes n} = (1-p^2)^{(n^2-1)/2}\frac{\kappa_n^n}{(n-1)!}\frac{\kappa_{n^2-1}}{\kappa_{n^2}}\frac{2}{\omega_n}.$$

Wegen

$$\kappa_{n-1}\int\limits_p^1(1-t^2)^{(n-1)/2}\,dt = \begin{cases} V(p) & \text{für } 0 \leq p \leq 1, \\[2mm] \kappa_n - V(p) & \text{für } -1 \leq p \leq 0 \end{cases}$$

ergibt sich also

$$\mathsf{E}\tilde{f}_{n-1} = a\int\limits_{-1}^1\left(\int\limits_p^1(1-t^2)^{(n-1)/2}\,dt\right)^{m-n}(1-p^2)^{(n^2-1)/2}\,dp$$

mit

$$a = 2\binom{m}{n}\frac{\kappa_{n^2-1}}{\kappa_{n^2}}\left(\frac{\kappa_{n-1}}{\kappa_n}\right)^{m-n}.$$

Da wir hier nur auf die Anwendbarkeit der Blaschke-Petkantschin-Formel hinweisen wollten, verzichten wir auf die Auswertung der verbleibenden Integrale; wir verweisen dazu auf Buchta & Müller [1984].

Eine weitere Anwendung erfahren die Blaschke-Petkantschin-Formeln bei der Herleitung von Identitäten und Ungleichungen für Potenzmittel von Schnittvolumina konvexer Körper. Diese Resultate, die wir abschließend behandeln wollen, sind für die Geometrie der konvexen Körper von Interesse, aber auch vom Standpunkt der geometrischen Wahrscheinlichkeiten, weil sie Informationen über Momente von Volumina zufälliger Schnitte liefern.

Wir erweitern zunächst die Definitionen der Größen $I(n, q, k)$ (Hilfssatz 6.1.4) und $J(n, q, k)$ (Satz 6.3.1) auf allgemeine konvexe Körper. Für einen n-dimensionalen konvexen Körper $K \subset \mathsf{R}^n$ und für $1 \leq q \leq n$, $k \geq 0$ setzen wir

$$I(K, q, k) \;:=\; \int_K \cdots \int_K \nabla_q(x_1, \ldots, x_q)^k \, d\lambda(x_1) \cdots d\lambda(x_q),$$

$$J(K, q, k) \;:=\; \int_K \cdots \int_K \Delta_q(x_0, \ldots, x_q)^k \, d\lambda(x_0) \cdots d\lambda(x_q).$$

Für $r > 0$ ist dann

$$I(rB^n, q, k) = r^{q(n+k)} I(n, q, k),$$

also

$$I(rB^n, q, k) = I(n, q, k) \left(\frac{V_n(rB^n)}{\kappa_n} \right)^{q(n+k)/n}.$$

Das Funktional $I(\cdot, n, k)$ ist invariant unter volumentreuen linearen Abbildungen, daher folgt

$$I(Q_0, n, k) = I(n, n, k) \left(\frac{V_n(Q_0)}{\kappa_n} \right)^{n+k}, \qquad (6.15)$$

wenn Q_0 ein n-dimensionales Ellipsoid mit Mittelpunkt 0 ist. Benutzt man, daß $J(\cdot, n, k)$ invariant ist unter volumentreuen Affinitäten, so findet man analog

$$J(Q, n, k) = J(n, n, k) \left(\frac{V_n(Q)}{\kappa_n} \right)^{n+k+1}, \qquad (6.16)$$

wenn Q ein n-dimensionales Ellipsoid ist.

Die speziellen Werte in (6.15) und (6.16) sind von Interesse, weil Ellipsoide im Zusammenhang mit den eingeführten Funktionalen Extremaleigenschaften haben. Wir betrachten zunächst den Fall linearer Unterräume und zitieren hierzu den folgenden Satz.

Satz 6.3.2. *Für n-dimensionale konvexe Körper $K \in \mathcal{K}$ und für $k \geq 1$ gilt*

$$I(K, n, k) \geq \frac{\kappa_{n+k}^n}{\kappa_n^{n+k}} \prod_{j=1}^{n} \frac{\omega_j}{\omega_{k+j}} V_n(K)^{n+k}.$$

Gleichheit gilt genau dann, wenn K ein Ellipsoid mit Mittelpunkt 0 ist.

Dieser Satz ist für $k = 1$ von Busemann [1953] bewiesen worden. Sein Beweis, den wir hier nicht wiedergeben, verwendet das in der Theorie der konvexen Körper geläufige Verfahren der Steinerschen Symmetrisierung. Busemanns Beweis liefert auch die Behauptung für $k \geq 1$; man hat lediglich zu benutzen, daß die Funktion $x \mapsto x^k$ für $x \geq 0$ konvex und streng monoton wachsend ist.

Satz 6.3.2 läßt folgende Interpretation zu. Wir betrachten n unabhängige uniforme zufällige Punkte in dem konvexen Körper K und bezeichnen mit $\tilde{T}(K)$ das Volumen des Simplexes, das von diesen Punkten und vom Nullpunkt aufgespannt wird. Für die Momente der Zufallsvariablen $\tilde{T}(K)/V_n(K)$ gilt dann

$$\mathsf{E}\left(\frac{\tilde{T}(K)}{V_n(K)}\right)^k \geq \frac{\kappa_{n+k}^n}{\kappa_n^{n+k}} \prod_{j=1}^{n} \frac{\omega_j}{\omega_{k+j}}$$

mit Gleichheit genau dann, wenn K ein Ellipsoid mit Mittelpunkt 0 ist.

Die Verbindung von Satz 6.3.2 mit der Blaschke-Petkantschin-Formel liefert Informationen über die Volumina von Schnitten eines konvexen Körpers mit linearen Unterräumen.

Satz 6.3.3. *Für n-dimensionale konvexe Körper $K \in \mathcal{K}$ und für $1 \leq q \leq n - 1$ gilt*

$$\int_{\mathcal{L}_q^n} V_q(K \cap L)^n \, d\nu_q(L) \leq \frac{\kappa_q^n}{\kappa_n^q} V_n(K)^q. \tag{6.17}$$

Gleichheit gilt für $q = 1$ genau dann, wenn K symmetrisch zu 0 ist, und für $q \geq 2$ genau dann, wenn K ein Ellipsoid mit Mittelpunkt 0 ist.

Beweis. Für $L \in \mathcal{L}_q^n$ gilt nach Satz 6.3.2, wenn dort (K, n, k) ersetzt wird durch $(K \cap L, q, n - q)$,

$$\frac{\kappa_n^q}{\kappa_q^n} V_q(K \cap L)^n \leq c_{nq} I(K \cap L, q, n - q).$$

Mit Satz 6.1.3 ergibt sich also

$$\frac{\kappa_n^q}{\kappa_q^n} \int\limits_{\mathcal{L}_q^n} V_q(K \cap L)^n \, d\nu_q(L)$$

$$\leq c_{nq} \int\limits_{\mathcal{L}_q^n} \int\limits_{K \cap L} \cdots \int\limits_{K \cap L} \nabla_q(x_1, \ldots, x_q)^{n-q} \, d\lambda_L(x_1) \cdots d\lambda_L(x_q) d\nu_q(L)$$

$$= \int\limits_{K} \cdots \int\limits_{K} d\lambda(x_1) \cdots d\lambda(x_q)$$

$$= V_n(K)^q.$$

Gleichheit gilt genau dann, wenn für jeden Unterraum $L \in \mathcal{L}_q^n$, für den $\dim(K \cap L) = q$ ist, der Durchschnitt $K \cap L$ ein q-dimensionales Ellipsoid (im Fall $q = 1$ eine Strecke) mit Mittelpunkt 0 ist. Hieraus ergibt sich die behauptete Gleichheitsbedingung nach einem Satz von Busemann [1955], S. 91. ∎

BEMERKUNG. Daß für konvexe Körper mit Symmetriezentrum 0 im Fall $q = 1$ in (6.17) Gleichheit gilt, ist lediglich ein Spezialfall der üblichen Formel für die Berechnung des Volumens in räumlichen Polarkoordinaten. Daß aber für $q \geq 2$ für ein Ellipsoid Q_0 mit Mittelpunkt 0 die Gleichheit

$$\int\limits_{\mathcal{L}_q^n} V_q(Q_0 \cap L)^n \, d\nu_q(L) = \frac{\kappa_q^n}{\kappa_n^q} V_n(Q_0)^q \tag{6.18}$$

besteht, liegt nicht so auf der Hand. Die Gleichung (6.18) wird auch als Furstenberg-Tzkoni-Formel bezeichnet.

Nun stellen wir analoge Betrachtungen an für affine statt lineare Unterräume. Für den Beweis des folgenden Gegenstücks zu Satz 6.3.2, der ebenfalls Steinersche Symmetrisierung benutzt, verweisen wir auf Groemer [1973] (wo allerdings der Wert $J(Q, n, k)$ für Ellipsoide Q für $k > 1$ nicht explizit angegeben ist).

Satz 6.3.4. *Für n-dimensionale konvexe Körper $K \in \mathcal{K}$ und für $k \geq 1$ gilt*

$$J(K,n,k) \geq \frac{1}{(n!)^k} \frac{\kappa_{n+k}^{n+1}}{\kappa_n^{n+k+1}} \frac{\kappa_{n(n+k)+n}}{\kappa_{(n+1)(n+k)}} \frac{1}{c_{(n+k)n}} V_n(K)^{n+k+1}.$$

Gleichheit gilt genau dann, wenn K ein Ellipsoid ist.

Betrachten wir also $n+1$ unabhängige uniforme Punkte in dem konvexen Körper K und bezeichnen mit $\tilde{S}(K)$ das Volumen des von ihnen aufgespannten Simplexes, so gilt

$$\mathsf{E}\left(\frac{\tilde{S}(K)}{V_n(K)}\right)^k \geq \frac{1}{(n!)^k} \frac{\kappa_{n+k}^{n+1}}{\kappa_n^{n+k+1}} \frac{\kappa_{n(n+k)+n}}{\kappa_{(n+1)(n+k)}} \frac{1}{c_{(n+k)n}}$$

mit Gleichheit genau dann, wenn K ein Ellipsoid ist.

Satz 6.3.4 verbinden wir mit der affinen Version der Blaschke-Petkantschin-Formel und erhalten so die folgende Aussage über Schnittvolumina.

Satz 6.3.5. *Für n-dimensionale konvexe Körper $K \in \mathcal{K}$ und für $1 \leq q \leq n-1$ gilt*

$$\int_{\mathcal{E}_q^n} V_q(K \cap E)^{n+1} \, d\nu_q(E) \leq \frac{\kappa_q^{n+1}}{\kappa_n^{q+1}} \frac{\kappa_{(q+1)n}}{\kappa_{q(n+1)}} V_n(K)^{q+1}. \tag{6.19}$$

Gleichheit gilt für $q = 1$ stets und für $q \geq 2$ genau dann, wenn K ein Ellipsoid ist.

Beweis. Für $E \in \mathcal{E}_q^n$ gilt nach Satz 6.3.4 und Satz 6.1.5

$$\frac{\kappa_n^{q+1}}{\kappa_q^{n+1}} \frac{\kappa_{q(n+1)}}{\kappa_{(q+1)n}} \int_{\mathcal{E}_q^n} V_q(K \cap E)^{n+1} \, d\mu_q(E)$$

$$\leq (q!)^{n-q} c_{nq} \int_{\mathcal{E}_q^n} J(K \cap E, q, n-q) \, d\mu_q(E)$$

$$= V_n(K)^{q+1}.$$

Gleichheit gilt genau dann, wenn für jeden Unterraum $E \in \mathcal{E}_q^n$, für den $\dim(K \cap E) = q$ ist, der Durchschnitt $K \cap E$ ein q-dimensionales Ellipsoid ist. Daraus folgen mit dem Satz von Busemann [1955], S. 91, wieder die Aussagen über die Gleichheit.   ■

Besonderes Interesse verdient der Fall $q = 1$, da er mit den häufig untersuchten zufälligen Sehnen eines konvexen Körpers zusammenhängt. Zur Erläuterung definieren wir zunächst für einen konvexen Körper $K \in \mathcal{K}$ die *Sehnenpotenzintegrale* von K durch

$$I_k(K) := \frac{\omega_n}{2} \int_{\mathcal{E}_1^n} V_1(K \cap E)^k \, d\mu_1(E)$$

für $k \geq 1$. Der Faktor vor dem Integral ist historisch bedingt, da das invariante Maß auf $\mathcal{E}_1^n$ in der Literatur häufig anders normiert worden ist. Offenbar ist (z.B. nach Korollar 3.3.2)

$$I_1(K) = \frac{\omega_n}{2} V_n(K).$$

Der Fall $q = 1$ von Satz 6.3.5 ergibt (nach Umrechnung des Faktors wie im Beweis von Satz 6.3.1)

$$I_{n+1}(K) = \frac{n(n+1)}{2} V_n(K)^2.$$

Dies ist für $n = 2$ ein altes Resultat von Crofton [1869].

Für die übrigen Sehnenpotenzintegrale kann man Abschätzungen gewinnen. Hierzu dient der folgende Satz, den wir wieder ohne Beweis angeben (siehe z.B. Pfiefer [1990]).

Satz 6.3.6. *Sei $f : (0, \infty) \to \mathbb{R}$ eine streng monoton abnehmende Funktion mit $\int_0^a |f(x)| x^{n-1} \, dx < \infty$ für $a \in \mathbb{R}$. Dann ergeben unter allen konvexen Körpern K mit gegebenem Volumen $V_n(K) > 0$ genau die Kugeln den größten Wert für das Integral*

$$\int_K \int_K f(\|x - y\|) \, d\lambda(x) d\lambda(y).$$

Damit lassen sich die folgenden Ungleichungen für Sehnenpotenzintegrale gewinnen.

Satz 6.3.7. *Für einen n-dimensionalen konvexen Körper $K \in \mathcal{K}$ gilt*

$$I_k(K) \leq I_k(B^n) \left(\frac{V_n(K)}{\kappa_n} \right)^{(n+k-1)/n}$$

für $1 < k < n+1$ *und*

$$I_k(K) \geq I_k(B^n) \left(\frac{V_n(K)}{\kappa_n} \right)^{(n+k-1)/n}$$

für $k > n+1$. *Gleichheit gilt jeweils genau dann, wenn* K *eine Kugel ist. Dabei ist*

$$I_k(B^n) = 2^{k-1} n \frac{\kappa_n \kappa_{n+k-1}}{\kappa_k} = \frac{2^{k-1} \pi^{n-\frac{1}{2}} k \Gamma(\frac{1}{2}k)}{\Gamma(\frac{1}{2}n)\Gamma(\frac{1}{2}(n+k+1))}.$$

Beweis. Nach Satz 6.1.5 für $q = 1$ gilt für $j > -n$

$$\int\limits_K \int\limits_K \|x_0 - x_1\|^j \, d\lambda(x_0) d\lambda(x_1)$$

$$= \frac{\omega_n}{2} \int\limits_{\mathcal{E}_1^n} \int\limits_{K \cap E} \int\limits_{K \cap E} \|x_0 - x_1\|^{n+j-1} \, d\lambda_E(x_0) d\lambda_E(x_1) d\mu_1(E)$$

$$= \frac{\omega_n}{2} \int\limits_{\mathcal{E}_1^n} \frac{2}{(n+j)(n+j+1)} V_1(K \cap E)^{n+j+1} d\mu_1(E)$$

$$= \frac{2}{(n+j)(n+j+1)} I_{n+j+1}(K).$$

Auf das Ausgangsintegral kann man Satz 6.3.6 anwenden (mit $f(x) = x^j$ für $-n < j < 0$ und $f(x) = -x^j$ für $j > 0$) und erhält unter der Voraussetzung $V_n(K) = \kappa_n$ die Ungleichungen

$$I_{n+j+1}(K) \begin{cases} \leq I_{n+j+1}(B^n) & \text{für } -n < j < 0, \\[2mm] \geq I_{n+j+1}(B^n) & \text{für } j > 0. \end{cases}$$

Für allgemeines K mit $V_n(K) > 0$ folgen die Ungleichungen des Satzes, weil I_k homogen vom Grad $n+k-1$ ist. Ferner ist der Wert

$$\frac{2}{(n+j)(n+j+1)} I_{n+j+1}(B^n) = J(n,1,j)$$

aus Satz 6.3.1 bekannt, und einfache Umrechnung ergibt die Behauptung. ∎

Um nun diese Ergebnisse als Informationen über zufällige Sehnen zu interpretieren, betrachten wir einen n-dimensionalen konvexen Körper $K \in \mathcal{K}$

und zuerst eine IUZ-Gerade $\tilde{G}$ durch K im Sinne von Abschnitt 5.1. Die Verteilung von $\tilde{G}$ ist also gegeben durch

$$\frac{\omega_n}{2\kappa_{n-1}}\frac{1}{V_{n-1}(K)}\mu_1|_A \qquad \text{mit } A = \{E \in \mathcal{E}_1^n : K \cap E \neq \emptyset\}.$$

Der Durchschnitt $\tilde{G} \cap K$ ist eine zufällige Sehne von K. Da in ihre Definition das invariante Maß μ_1 eingeht, wird sie als μ-*zufällige* Sehne von K bezeichnet. Die Zufallsvariable $\tilde{\sigma}_\mu(K)$ sei definiert als die Länge einer μ-zufälligen Sehne von K. Für die Momente von $\tilde{\sigma}_\mu(K)$ gilt dann

$$\mathsf{E}\tilde{\sigma}_\mu(K)^k = \frac{1}{\kappa_{n-1}V_{n-1}(K)}I_k(K).$$

Satz 6.3.7 ergibt für diese Momente also Ungleichungen, in die Volumen und Oberfläche von K eingehen.

In Abschnitt 5.1 haben wir neben IUZ-Ebenen durch K auch q-gewichtete zufällige q-Ebenen durch K erklärt. Sei insbesondere jetzt $\tilde{G}_\nu$ eine 1-gewichtete zufällige Gerade durch K und $\tilde{\sigma}_\nu(K)$ die Länge der Sehne $\tilde{G}_\nu \cap K$. In der Literatur ist $\tilde{G}_\nu \cap K$ als ν-*zufällige* Sehne von K bezeichnet worden. Nach Korollar 5.1.7 hat die Verteilung von $\tilde{G}_\nu$ bezüglich der Verteilung von $\tilde{G}$ die Dichte

$$E \mapsto \frac{2\kappa_{n-1}}{\omega_n}\frac{V_{n-1}(K)}{V_n(K)}V_1(K \cap E), \quad E \in \mathcal{E}_1^n.$$

Daher erhält man für die Momente der Länge $\tilde{\sigma}_\nu(K)$ einer ν-zufälligen Sehne von K die Darstellung

$$\mathsf{E}\tilde{\sigma}_\nu(K)^k = \frac{2}{\omega_n}\frac{1}{V_n(K)}I_{k+1}(K). \qquad (6.20)$$

Für $0 < k < n$ wird also $\mathsf{E}\tilde{\sigma}_\nu(K)^k$ bei gegebenem Volumen $V_n(K)$ genau dann maximal, wenn K eine Kugel ist. Insbesondere ergibt sich für den Erwartungswert

$$\mathsf{E}\tilde{\sigma}_\nu(K) \leq \frac{4\kappa_{n+1}}{\pi\kappa_n}\left(\frac{V_n(K)}{\kappa_n}\right)^{\frac{1}{n}} \qquad (6.21)$$

mit Gleichheit genau für Kugeln. Für $n = 2$ und bei der Normierung $V_2(K) = \kappa_2$ ist also

$$\mathsf{E}\tilde{\sigma}_\nu(K) \leq \frac{16}{3\pi} = 1{,}6977,$$

und für $n = 3$ und bei der Normierung $V_3(K) = \kappa_3$ ist

$$\mathsf{E}\tilde{\sigma}_\nu(K) \leq \frac{3}{2} = 1,5.$$

Ein wesentlich verschiedenes Ergebnis erhält man bei der folgenden Erzeugungsart für zufällige Sehnen. Sei $\tilde{G}_\lambda$ die zufällige Gerade, die von zwei unabhängigen uniformen Punkten in K aufgespannt wird. Der Durchschnitt $\tilde{G}_\lambda \cap K$ wird als λ-*zufällige* Sehne von K bezeichnet. Sei $\tilde{\sigma}_\lambda(K)$ die Länge dieser Sehne. Nach Satz 6.2.3 hat die Verteilung von $\tilde{G}_\lambda$ bzüglich μ_1 die Dichte

$$E \mapsto \frac{\kappa_n}{n+1}\frac{1}{V_n(K)^2}V_n(K \cap E)^{n+1}, \qquad E \in \mathcal{E}_1^n.$$

Es ist also

$$\mathsf{E}\tilde{\sigma}_\lambda(K)^k = \frac{2}{n(n+1)}\frac{1}{V_n(K)^2}I_{n+k+1}(K). \tag{6.22}$$

Aus Satz 6.3.7 folgt jetzt, daß das Moment $\mathsf{E}\tilde{\sigma}_\lambda(K)^k$ für $k > 0$ bei gegebenem Volumen $V_n(K)$ genau dann minimal (also nicht, wie oben, maximal) wird, wenn K eine Kugel ist. Insbesondere gilt für den Erwartungswert

$$\mathsf{E}\tilde{\sigma}_\lambda(K) \geq \frac{2^{n+2}}{n+1}\frac{\kappa_{2n+1}}{\kappa_n\kappa_{n+2}}\left(\frac{V_n(K)}{\kappa_n}\right)^{\frac{1}{n}} \tag{6.23}$$

mit Gleichheit genau für Kugeln. Für $n = 2$ und $V_2(K) = \kappa_2$ folgt

$$\mathsf{E}\tilde{\sigma}_\lambda(K) \geq \frac{256}{45\pi} = 1,8108$$

und für $n = 3$ und $V_3(K) = \kappa_3$

$$\mathsf{E}\tilde{\sigma}_\lambda(K) \geq \frac{12}{7} = 1,7143.$$

Bemerkungen und Literaturhinweise zu Kapitel 6

Das Buch von Santaló [1976] kann als allgemeine Referenz für die in Abschnitt 6.1 behandelten Formeln dienen. Als Beweishilfsmittel werden dort, wie auch sonst meist in der Original-Literatur, Differentialformen verwendet. Demgegenüber haben wir uns hier bemüht, uns entweder auf Invarianzargumente zu berufen oder möglichst direkte Beweise mittels Integralumformungen zu geben. Die Vertauschungsformeln der Sätze 6.1.1 und 6.1.2 könnte man natürlich auch aus dem Eindeutigkeitssatz für invariante Maße auf homogenen Räumen folgern. Resultate vom Typ der Blaschke-Petkantschin-Formeln gehen im Kern auf Lebesgue [1912] zurück, der die Transformationsformel für Gebietsintegrale benutzte, um Resultate von Crofton neu zu beweisen. Nach einer wohl einflußreichen Vorlesung von Herglotz [1933] und Arbeiten von Blaschke [1935] und Varga [1936] hat Petkantschin [1936] derartige integralgeometrische Transformationsformeln systematisch und allgemein behandelt. Beweise bzw. Beweisskizzen von Blaschke-Petkantschin-Formeln findet man auch bei Busemann [1953], Kingman [1969], Miles [1971]; eine Verallgemeinerung behandelte Miles [1979]. Die hier zum Beweis von Satz 6.1.3 verwendete Methode, also die in Anhang 7.3 ausgeführte Zurückführung auf den Eindeutigkeitssatz für relativ invariante Maße auf lokalkompakten homogenen Räumen, geht auf Møller [1985] zurück; sie ist auch kurz beschrieben in Barndorff-Nielsen, Blæsild & Eriksen [1989], S. 59 - 60. Allerdings haben wir die Konstantenbestimmung (durch Hilfssatz 6.1.4) hier vereinfacht. In einigen Einzelheiten der Darstellung sind wir Glasauer [1992] gefolgt, der die Anwendbarkeit von Møllers Methode weiter studiert hat.

Satz 6.3.1 und sein Beweis stammen aus der Arbeit von Miles [1971], die allgemeinere Resultate dieses Typs enthält. Zu dem kurz angesprochenen Problem von Sylvester findet man Literaturhinweise etwa in Kendall & Moran [1963] und Pfiefer [1989]. Über die ebenfalls erwähnten konvexen Hüllen von zufälligen Punkten in konvexen Körpern gibt es eine ausgedehnte Literatur. Wir erwähnen nur die Anfänge in Rényi & Sulanke [1963], Efron [1965], Raynaud [1970] und verweisen im übrigen auf die Übersichtsartikel von Schneider [1988b] und Weil & Wieacker [1992].

Die Verwendung der den Sätzen 6.3.2, 6.3.4, 6.3.6 zugrundeliegenden Steiner-Symmetrisierung im Zusammenhang mit geometrischen Wahrscheinlichkeiten verdankt man Blaschke [1917]. Nach seinem Vorbild hat Busemann [1953] Satz 6.3.2 bewiesen und Groemer [1973] den Satz 6.3.4; Verallgemeinerungen finden sich in Groemer [1974, 1982]. Satz 6.3.6 geht im Prinzip auf Blaschke [1918] und Carleman [1919] zurück; eine allgemeine Version findet sich in Pfiefer [1990]. Ungleichung (6.5) stammt für $q = n - 1$ von Busemann [1953]; der allgemeine Fall ist von Grinberg [1991] gezeigt worden. Die Gleichung (6.6) ist im Rahmen tiefergehender Überlegungen zuerst von Furstenberg & Tzkoni [1971] bemerkt worden; einen einfachen Beweis mit Hilfe der Blaschke-Petkantschin-Formel hat Miles [1973] gegeben. Ungleichung (6.7) findet sich in Schneider [1985]. Über Ungleichungen für Sehnenpotenzintegrale findet man Literaturhinweise in Santaló [1976], S. 48 und 238, und in Santaló [1986]. Die Untersuchung verschiedener Typen zufälliger Sehnen eines konvexen Körpers (μ-, ν-, λ-zufällig) geht zurück auf Kingman [1965], Coleman [1969], Enns & Ehlers [1978]. Die aus (6.20) und Satz 6.3.7 folgende Ungleichung (6.21), die von Enns & Ehlers [1978] vermutet worden war, ist unabhängig von Davy [1984], Schneider [1985], Santaló [1986] bewiesen worden.

Weitere Beispiele für Anwendungen der Blaschke-Petkantschin-Formel findet man etwa in Ruben & Miles [1980], wo Momente vom Typ $J(n, q, k)$ (vgl. Satz 6.3.1) für allgemeinere rotationssymmetrische Verteilungen berechnet werden, ferner in Jensen & Gundersen [1985], Jensen & Møller [1985], wo stereologische Anwendungen beschrieben werden.

Abschließend muß betont werden, daß der für dieses Buch gewählte elementare Rahmen keinen vollständigen Eindruck geben kann von der Verwendung integralgeometrischer Transformationen in der Stochastischen Geometrie. So sind wir etwa auf den Einsatz von Blaschke-Petkantschin-Formeln bei der Untersuchung zufälliger Mosaike (Miles [1974b], Møller [1989]) nicht eingegangen. Auch neuere Formeln vom Blaschke-Petkantschin-Typ, die sich auf niederdimensionale Hausdorff-Maße beziehen und Anwendung in der Stereologie finden, entziehen sich der hier gewählten Vorgehensweise. Wir nennen hierzu Arbeiten von Zähle [1990], Jensen & Gundersen [1989], Jensen, Kiêu & Gundersen [1990], Jensen & Kiêu [1991].

Kapitel 7

Anhänge

7.1 Anhang I: Konvexgeometrie

Im folgenden werden einige grundlegende Begriffe und Sätze aus der Theorie der konvexen Mengen zusammengestellt, die in früheren Kapiteln ohne weitere Erläuterung benutzt wurden. Es handelt sich dabei zumeist um Standard-Stoff, der etwa in den Büchern von Bonnesen & Fenchel [1934], Eggleston [1958], Valentine [1964], Rockafellar [1970], Leichtweiß [1980] nachgelesen werden kann und hier ohne Beweis wiedergegeben wird.

Die Begriffe der konvexen Menge und der konvexen Hülle setzen wir als bekannt voraus, ebenso die Tatsache, daß einige elementare Operationen (Durchschnitt, Vektorsumme, skalare Multiplikation, affine Abbildung) die Konvexität erhalten. Eine kompakte konvexe Menge heißt *konvexer Körper*.

Zu einer Hyperebene $H \in \mathcal{E}^n_{n-1}$ bezeichnen H^+, H^- die beiden von H berandeten abgeschlossenen Halbräume. Man sagt, daß die Hyperebene H die nichtleeren konvexen Mengen $K, M \subset \mathsf{R}^n$ *trennt*, wenn $K \subset H^+$ und $M \subset H^-$ (oder umgekehrt) gilt; die Trennung heißt *eigentlich*, wenn nicht K und M beide in H liegen.

Satz 7.1.1 (Trennungssatz). *Seien $K, M \subset \mathsf{R}^n$ nichtleer und konvex. Genau dann existiert eine Hyperebene, die K und M eigentlich trennt, wenn*

$$\mathrm{relint}\, K \cap \mathrm{relint}\, M = \emptyset$$

gilt.

Ist K abgeschlossen und konvex und ist $x \in \mathrm{bd}\, K$, so heißt jede Hyperebene, die K und $\{x\}$ trennt, *Stützhyperebene* an K im Punkt x. Ist H Stützhyperebene an K mit $K \subset H^-$, so heißt H^- *Stützhalbraum* von K.

Satz 7.1.2 (Stützsatz). *Sei $K \subset \mathsf{R}^n$ abgeschlossen und konvex. Dann existiert in jedem Randpunkt von K mindestens eine Stützhyperebene an K.*

Satz 7.1.3. *Jede nichtleere abgeschlossene konvexe Menge im R^n ist der Durchschnitt ihrer Stützhalbräume.*

In Abschnitt 2.4 wird folgende Aussage benutzt. Sei $K \subset \mathsf{R}^n$ ein nichtleerer konvexer Körper. Dann gibt es eine Folge $(H_j)_{j \in \mathsf{N}}$ von Hyperebenen mit $K \subset \operatorname{int} H_j^+$ und

$$K = \bigcap_{j=1}^{\infty} H_j^+ .$$

Zum Beweis können wir annehmen, daß K innere Punkte hat; der allgemeine Fall folgt leicht hieraus. Wir wählen in $\mathsf{R}^n \setminus K$ eine dichte Punktfolge $(x_j)_{j \in \mathsf{N}}$ und nehmen als Hyperebene H_j die Mittelsenkrechte von x_j und $p(K, x_j)$; dann sei H_j^+ der von H_j berandete Halbraum, der K enthält. Die so konstruierte Folge leistet das Gewünschte. Ist nämlich $x \in \mathsf{R}^n \setminus K$, so gibt es in der konvexen Hülle von $K \cup \{x\}$ einen Punkt x_j, und dann gilt $x \notin H_j^+$.

Ist H Stützhyperebene an K und $u \in S^{n-1}$ ihr äußerer (d.h. von K wegweisender) Normaleneinheitsvektor, so nennt man $H = H(K, u)$ die *Stützhyperebene* von K *in Richtung u*. Bei einem nichtleeren konvexen Körper gibt es in jeder Richtung genau eine Stützhyperebene. Für einen konvexen Körper $K \neq \emptyset$ definiert man durch

$$h_K(u) := \max \{ \langle x, u \rangle : x \in K \}, \ \ u \in S^{n-1},$$

den *Stützabstand* von K in Richtung u; das ist also der (mit Vorzeichen versehene) Abstand der Stützhyperebene

$$H(K, u) = \{ x \in \mathsf{R}^n : \langle x, u \rangle = h_K(u) \}$$

vom Nullpunkt. Die Funktion h_K auf S^{n-1} heißt *Stützfunktion* von K. Der Durchschnitt

$$K(u) := K \cap H(K, u)$$

heißt *Stützmenge* von K in Richtung u. Ist K ein konvexer Körper, so auch $K(u)$. Für unbeschränktes K setzen wir $K(u) = \emptyset$, wenn K keine Stützhyperebene in Richtung u besitzt. Stützmengen verhalten sich bezüglich positiver Linearkombinationen linear.

Hilfssatz 7.1.4. *Seien $K, M \subset \mathsf{R}^n$ abgeschlossen und konvex, seien α, $\beta \geq 0$. Ist $\alpha K + \beta M$ abgeschlossen, so gilt*

$$(\alpha K + \beta M)(u) = \alpha K(u) + \beta M(u)$$

für alle $u \in S^{n-1}$.

Im allgemeinen ist $\alpha K + \beta M$ nicht abgeschlossen; dies ist jedoch der Fall, wenn eine der Mengen K, M kompakt ist.

Die Menge K heißt *polyedrisch*, wenn sie Durchschnitt von endlich vielen abgeschlossenen Halbräumen ist. Die Stützmengen von K heißen dann *Seiten*, und zwar k-Seiten, wenn sie k-dimensional sind. Die $(n-1)$-Seiten werden auch *Facetten* genannt, die 1-Seiten *Kanten* und die 0-Seiten *Ecken* (genauer heißt x Ecke von K, wenn $\{x\}$ eine Seite von K ist). Eine beschränkte polyedrische Menge heißt *(konvexes) Polytop*.

Hilfssatz 7.1.5. *Die Seiten einer polyedrischen Menge sind wieder polyedrisch. Jede polyedrische Menge hat nur endlich viele Seiten.*

Satz 7.1.6. *Jedes Polytop ist die konvexe Hülle seiner Ecken.*

Korollar 7.1.7. *Sind P, Q Polytope und α, $\beta \geq 0$, so ist auch $\alpha P + \beta Q$ ein Polytop.*

Ist $K \subset \mathbf{R}^n$ abgeschlossen und konvex und ist $x \in K$, so bilden die äußeren Normalenvektoren (also nicht nur Einheitsvektoren) aller Stützhyperebenen an K im Punkt x, zusammen mit dem Nullvektor, einen abgeschlossenen konvexen Kegel, den *Normalenkegel* von K in x. Wir bezeichnen ihn mit $N(K,x)$. (Ist x innerer Punkt von K, so ist $N(K,x) = \{0\}$.)

Satz 7.1.8. *Seien K, $M \subset \mathbf{R}^n$ abgeschlossene konvexe Mengen.*
(a) *Ist $x \in K \cap M$ und* relint $K \cap$ relint $M \neq \emptyset$, *so gilt*

$$N(K \cap M, x) = N(K,x) + N(M,x).$$

(b) *Ist $x \in K$ und $y \in M$, so gilt*

$$N(K + M, x + y) = N(K,x) \cap N(M,y).$$

Ist P eine polyedrische Menge, F eine Seite von P und $x \in$ relint F, so hängt der Normalenkegel $N(K,x)$ nicht von der Wahl von x ab; er wird mit $N(K,F)$ bezeichnet.

Im weiteren betrachten wir nur noch kompakte Mengen. Wie bereits in Abschnitt 2.1 eingeführt, sei $\mathcal{C}$ die Menge der kompakten Teilmengen von $\mathbf{R}^n$, $\mathcal{K} \subset \mathcal{C}$ die Teilmenge der konvexen Körper und $\mathcal{P} \subset \mathcal{K}$ die Teilmenge der Polytope. $\mathcal{C}$ sei mit der Hausdorff-Metrik d versehen. Dann ist $\mathcal{K}$ eine abgeschlossene Teilmenge von $\mathcal{C}$. Die häufig benutzte Tatsache, daß $\mathcal{P}$ dicht in $\mathcal{K}$ liegt, folgt aus jeder der folgenden Aussagen:

Satz 7.1.9. *Sei $K \in \mathcal{K} \setminus \{\emptyset\}$ und $\epsilon > 0$. Dann gilt:*

(a) *Es gibt ein $P \in \mathcal{P}$ mit $K \subset P$ und $d(K, P) \leq \epsilon$.*

(b) *Es gibt ein $P \in \mathcal{P}$ mit $P \subset K$ und $d(K, P) \leq \epsilon$.*

(c) *Ist $0 \in \operatorname{relint} K$, so gibt es ein $P \in \mathcal{P}$ mit $P \subset K \subset (1 + \epsilon)P$.*

Die für die Anwendungen wichtigste topologische Eigenschaft von $\mathcal{C}$ und damit von $\mathcal{K}$ wird durch den folgenden Satz gegeben.

Satz 7.1.10 (Auswahlsatz von Blaschke). *Im metrischen Raum $(\mathcal{C} \setminus \{\emptyset\}, d)$ besitzt jede beschränkte Folge eine konvergente Teilfolge.*

Korollar 7.1.11. *$\mathcal{C}$ und $\mathcal{K}$ sind lokalkompakt.*

Es folgen einige Stetigkeitsaussagen. Für $K \in \mathcal{K} \setminus \{\emptyset\}$ hatten wir die Stützfunktion h_K auf S^{n-1} erklärt. Mit $\mathbf{C}(S^{n-1})$ bezeichnen wir den reellen Banachraum der stetigen reellen Funktionen auf S^{n-1} mit der Maximumsnorm $\| \cdot \|$.

Satz 7.1.12. *Für die Stützfunktion h_K konvexer Körper $K \in \mathcal{K} \setminus \{\emptyset\}$ gilt:*

(a) $h_K \in \mathbf{C}(S^{n-1})$.

(b) *Die Abbildung*

$$\mathcal{K} \setminus \{\emptyset\} \quad \to \quad \mathbf{C}(S^{n-1})$$

$$K \quad \mapsto \quad h_K$$

ist stetig und linear, das heißt, es gilt

$$h_{\alpha K + \beta M} = \alpha h_K + \beta h_M$$

für $K, M \in \mathcal{K} \setminus \{\emptyset\}$ und $\alpha, \beta \geq 0$.

(c) *Es gilt $d(K, M) = \|h_K - h_M\|$.*

Für $K \in \mathcal{K} \setminus \{\emptyset\}$ hatten wir in Abschnitt 2.3 mit $p_K = p(K, \cdot)$ die metrische Projektion auf K bezeichnet; für $x \in \mathbf{R}^n$ ist also $p(K, x)$ der zu x nächste Punkt in K (er ist eindeutig bestimmt).

Satz 7.1.13. *Die Abbildung*

$$p : (\mathcal{K} \setminus \{\emptyset\}) \times \mathsf{R}^n \;\to\; \mathsf{R}^n$$

$$(K, x) \;\mapsto\; p(K, x)$$

ist stetig.

Für die Konvergenz im Sinne der Hausdorff-Metrik ist gelegentlich das folgende Kriterium von Nutzen.

Satz 7.1.14. *Für K, $K_i \in \mathcal{K} \setminus \{\emptyset\}$ gilt genau dann $K_i \to K$ für $i \to \infty$, wenn die folgenden Bedingungen (a) und (b) erfüllt sind:*

(a) *Jeder Punkt in K ist Limes einer Folge $(x_i)_{i \in \mathsf{N}}$ mit $x_i \in K_i$ für $i \in \mathsf{N}$.*

(b) *Der Limes jeder konvergenten Folge $(x_{i_j})_{j \in \mathsf{N}}$ mit $x_{i_j} \in K_{i_j}$ für $j \in \mathsf{N}$ gehört zu K.*

Jetzt sind wir in der Lage, den Beweis für Hilfssatz 2.1.3 nachzutragen.

Beweis von Hilfssatz 2.1.3. (a) Für $K = \emptyset$ oder $M = \emptyset$ ist die Aussage trivial. Seien also $K, M \in \mathcal{K} \setminus \{\emptyset\}$, und sei $\epsilon := \min\{\|x - y\| : x \in K, y \in M\}$. Wegen $K \cap M = \emptyset$ ist $\epsilon > 0$. Für $K' := K + \frac{\epsilon}{3} B^n$ und $M' := M + \frac{\epsilon}{3} B^n$ gilt auch $K' \cap M' = \emptyset$. Wegen $K_i \to K$, $M_i \to M$ existiert ein i_0 mit $K_i \subset K'$, $M_i \subset M'$ für $i \geq i_0$. Für diese i ist auch $K_i \cap M_i = \emptyset$.

(b) Sei $x \in K \cap M$. Wir setzen $x_i := p(K_i \cap M_i, x)$ für die i mit $K_i \cap M_i \neq \emptyset$. Wir behaupten, daß x_i für fast alle i erklärt ist und daß $x_i \to x$ für $i \to \infty$ gilt. Wäre das falsch, so existierte eine Kugel B mit Mittelpunkt x, für die $B \cap K_i \cap M_i = \emptyset$ für unendlich viele i gilt. Für genügend große i gilt $B \cap K_i \neq \emptyset$ wegen $K_i \to K$ und $x \in K$. Nach dem Trennungssatz 7.1.1 gibt es für jedes solche i eine Hyperebene H_i, die $B \cap K_i$ und M_i trennt. Eine geeignete Teilfolge dieser Hyperebenenfolge konvergiert gegen eine Hyperebene H, die dann $B \cap K$ und M trennt. Wegen $x \in K \cap M$ folgt $x \in H$, also trennt H auch K und M, im Widerspruch zur Voraussetzung, daß K und M sich nicht berühren. Also gilt $x_i \to x$ für $i \to \infty$.

Sei $x_{i_j} \in K_{i_j} \cap M_{i_j}$ für eine wachsende Folge $(i_j)_{j \in \mathsf{N}}$, und gelte $x_{i_j} \to y$ für $j \to \infty$. Nach Satz 7.1.14 gilt $y \in K \cap M$.

Aus Satz 7.1.14 folgt jetzt $K_i \cap M_i \to K \cap M$ für $i \to \infty$. ∎

Nun gehen wir auf Maßzahlen wie Volumen und Oberfläche ein. Das *Volumen $V_n(K)$* eines konvexen Körpers $K \in \mathcal{K}$ ist definiert als sein Lebesgue-Maß. Für Polytope $P \in \mathcal{P}$ gibt es eine nützliche Formel zur induktiven

Berechnung des Volumens, nämlich

$$V_n(P) = \frac{1}{n} \sum_{F \in \mathcal{F}_{n-1}(P)} h_P(u_F) V_{n-1}(F),$$

wo u_F der zur Facette F gehörende äußere Normaleneinheitsvektor von P ist.

Die *Oberfläche* $S(K)$ eines konvexen Körpers $K \in \mathcal{K}$ kann erklärt werden durch

$$S(K) := \mathcal{H}^{n-1}(\operatorname{bd} K)$$

im Fall $\dim K \neq n-1$, wo $\mathcal{H}^{n-1}$ das $(n-1)$-dimensionale Hausdorff-Maß bezeichnet, und durch

$$S(K) := 2V_{n-1}(K) \qquad \text{für} \quad \dim K = n-1.$$

Für ein Polytop $P \in \mathcal{P}$ gilt dann

$$S(P) = \sum_{F \in \mathcal{F}_{n-1}(P)} V_{n-1}(F) \qquad (\dim P \neq n-1),$$

und für beliebige konvexe Körper $K \in \mathcal{K}$ ist

$$\begin{aligned}
S(K) &= \inf\{S(P) : P \in \mathcal{P}, \ K \subset P\} \\
&= \sup\{S(P) : P \in \mathcal{P}, \ P \subset K\} \\
&= \lim_{\epsilon \to 0+} \frac{1}{\epsilon}\left(V_n(K + \epsilon B^n) - V_n(K)\right).
\end{aligned}$$

Mit Hilfe von Satz 7.1.9(c) kann man die Stetigkeit der beiden Funktionale V_n und S zeigen.

Satz 7.1.15. *Volumen V_n und Oberfläche S sind stetig auf $\mathcal{K}$.*

Für das Volumen von Linearkombinationen konvexer Körper gibt es (in Verallgemeinerung der Steinerschen Formel) eine Polynom-Darstellung, durch die Funktionale von n-Tupeln konvexer Körper, die gemischten Volumina, erklärt werden.

Satz 7.1.16. *Seien $K_1, \ldots, K_m \in \mathcal{K} \backslash \{\emptyset\}$, $m \in \mathbb{N}$, und $\alpha_1, \ldots, \alpha_m \geq 0$. Dann existiert eine Darstellung*

$$V_n(\alpha_1 K_1 + \ldots + \alpha_m K_m) = \sum_{k_1, \ldots, k_n = 1}^{m} \alpha_{k_1} \cdots \alpha_{k_n} V_{k_1 \ldots k_n},$$

wobei der Koeffizient $V_{k_1\ldots k_n}$ nur von den Körpern $K_{k_1},\ldots,K_{k_n}$ abhängt und symmetrisch in den Indices ist.

Man schreibt

$$V_{1\ldots n} =: V(K_1,\ldots,K_n)$$

und nennt diese Zahl das *gemischte Volumen* von $K_1,\ldots,K_n$. Wir setzen noch $V(K_1,\ldots,K_n) := 0$, wenn eine der Mengen $K_1,\ldots,K_n$ leer ist.

Der folgende Satz stellt einige wichtige Eigenschaften des gemischten Volumens $V(K_1,\ldots,K_n)$ bzw. der Abbildung

$$V : (K_1,\ldots,K_n) \mapsto V(K_1,\ldots,K_n)$$

zusammen.

Satz 7.1.17.

(a) *Es gilt $V \geq 0$, und V ist in jeder Variablen monoton (bezüglich der Inklusionsordnung auf $\mathcal{K}$).*

(b) *V ist symmetrisch und in jeder Variablen linear (bezüglich positiver Linearkombinationen).*

(c) *V ist in jeder Variablen translationsinvariant. Außerdem gilt*

$$V(\vartheta K_1,\ldots,\vartheta K_n) = V(K_1,\ldots,K_n)$$

für jede Drehung $\vartheta \in SO_n$.

(d) *V ist stetig auf $\mathcal{K}^n$.*

Speziell für $m = 2$ und $\alpha_1 = \alpha_2 = 1$ in Satz 7.1.16 erhalten wir

$$V_n(K_1 + K_2) = \sum_{k_1,\ldots,k_n=1}^{2} V(K_{k_1},\ldots,K_{k_n})$$

$$= \sum_{j=0}^{n} \binom{n}{j} V(\underbrace{K_1,\ldots,K_1}_{j},\underbrace{K_2,\ldots,K_2}_{n-j}).$$

Daraus ergibt sich

$$V_n(K + \epsilon B^n) = \sum_{j=0}^{n} \binom{n}{j} \epsilon^{n-j} V(\underbrace{K,\ldots,K}_{j},\underbrace{B^n,\ldots,B^n}_{n-j}).$$

Durch Vergleich mit der Steiner-Formel aus Satz 2.2.1 erhalten wir daher

$$V_j(K) = \frac{\binom{n}{j}}{\kappa_{n-j}} V(\underbrace{K,\ldots,K}_{j},\underbrace{B^n,\ldots,B^n}_{n-j}), \qquad j = 0,\ldots,n.$$

Innere Volumina und Quermaßintegrale sind also, abgesehen von Normierungsfaktoren, spezielle gemischte Volumina.

Abschließend wollen wir noch einen Satz zitieren, der in Abschnitt 4.1 wesentlich benutzt wurde.

Satz 7.1.18. *Seien $K, M \in \mathcal{K}$, und sei $A \subset SO_n$ die Menge aller Drehungen ϑ, für die es parallele Strecken in $\operatorname{bd} K$ und $\operatorname{bd} \vartheta M$ gibt, die in gleichsinnig parallelen Stützhyperebenen an K bzw. ϑM liegen. Dann gilt $\nu(A) = 0$.*

Gleichsinnig parallel heißen zwei Stützhyperebenen an K bzw. M, wenn sie gleiche äußere Normaleneinheitsvektoren haben. Für den Beweis von Satz 7.1.20, der sich nicht in den genannten Lehrbüchern findet und dessen Wiedergabe hier zu aufwendig wäre, müssen wir auf die Originalliteratur verweisen (siehe Schneider [1978b]).

7.2 Anhang II: Meßbarkeitsfragen

In diesem Anhang sollen einige Meßbarkeits-Aussagen nachgetragen werden, die wir in früheren Kapiteln behauptet und zum Teil benutzt, aber dort nicht bewiesen haben.

Zunächst zeigen wir die Meßbarkeit der additiv auf den Konvexring fortgesetzten Krümmungsmaße, die im Anschluß an Satz 2.4.4 erwähnt worden ist. Hierzu sei daran erinnert, daß $\mathcal{C}$, die Menge der kompakten Teilmengen von $\mathbf{R}^n$, in Abschnitt 2.1 mit der Hausdorff-Metrik d versehen worden ist; der Konvexring $\mathcal{R}$ ist ein Teilraum hiervon. Meßbarkeit bezieht sich, wie vereinbart, auf die induzierte Borelsche σ-Algebra. Jedes Element $K \in \mathcal{R}$ läßt sich darstellen in der Form $K = \bigcup_{i=1}^{m} K_i$ mit $m \in \mathbf{N}$ und $K_i \in \mathcal{K}$ für $i = 1,\ldots,m$. Für $k \in \mathbf{N}$ sei $\mathcal{R}_k$ die Menge aller Elemente $K \in \mathcal{R}\backslash\{\emptyset\}$, die eine solche Darstellung mit $m \leq k$ gestatten, also auch mit $m = k$, da $K_i = K_j$ auch für $i \neq j$ gelten darf. Sei $K \in \mathcal{C}$ ein Häufungspunkt von $\mathcal{R}_k$. Dann gibt es eine Folge $(K_j)_{j\in\mathbf{N}}$ in $\mathcal{R}_k$, die in der Hausdorff-Metrik gegen K konvergiert. Wir haben Darstellungen $K_j = \bigcup_{i=1}^{k} K_{ji}$ mit geeigneten Körpern $K_{ji} \in \mathcal{K}\backslash\{\emptyset\}$. Wegen $K_j \to K$ sind die Körper K_{ji} gleichmäßig beschränkt; nach Satz 7.1.10

gibt es daher eine Teilfolge $(j_r)_{r\in\mathsf{N}}$ von N und Körper $\bar{K}_i \in \mathcal{K}$ mit $K_{j_r,i} \to \bar{K}_i$ für $r \to \infty$ $(i = 1, \ldots, k)$. Mit Satz 2.1.2 folgt

$$K_{j_r} = \bigcup_{i=1}^{k} K_{j_r,i} \to \bigcup_{i=1}^{k} \bar{K}_i,$$

also $K = \bigcup_{i=1}^{k} \bar{K}_i \in \mathcal{R}_k$. Damit ist gezeigt, daß $\mathcal{R}_k$ abgeschlossen und daher meßbar ist. Hiervon werden wir unten Gebrauch machen.

Das Krümmungsmaß Φ_j hat nach Satz 2.3.5 die Eigenschaft, daß für jede Menge $A \in \mathcal{B}(\mathsf{R}^n)$ die Funktion $\Phi_j(\cdot, A)$ auf $\mathcal{K}$ meßbar ist. In Abschnitt 2.4 wurde die additive Fortsetzbarkeit von Φ_j auf den Konvexring $\mathcal{R}$ gezeigt. Für eine Menge $K \in \mathcal{R}$ kann man eine Darstellung $K = \bigcup_{i=1}^{m} K_i$ mit $m \in \mathsf{N}$ und $K_i \in \mathcal{K}$ $(i = 1, \ldots, m)$ wählen, und nach (2.23) ist dann

$$\Phi_j(K, A) = \sum_{v \in S(m)} (-1)^{|v|-1} \Phi_j(K_v, A).$$

Hieraus kann man jedoch, unter anderem wegen der Willkür bei der Wahl der Darstellung, nicht unmittelbar auf die Meßbarkeit der Abbildung $K \mapsto \Phi_j(K, A)$ auch auf $\mathcal{R}$ schließen. Diese Meßbarkeit ergibt sich jedoch aus dem folgenden Satz, bei dessen Beweis wir Weil & Wieacker [1984] folgen.

Satz 7.2.1. *Sei $\varphi : \mathcal{R} \to \mathsf{R}$ ein additives Funktional. Ist die Einschränkung von φ auf $\mathcal{K}$ meßbar, so ist φ meßbar.*

Beweis. Da $\mathcal{R} = \{\emptyset\} \cup \bigcup_{k\in\mathsf{N}} \mathcal{R}_k$ und $\mathcal{R}_k$ abgeschlossen ist, genügt es, für gegebenes $k \in \mathsf{N}$ die Meßbarkeit der Einschränkung von φ auf $\mathcal{R}_k$ zu beweisen. Hierzu definieren wir $\gamma_k : \mathcal{K}^k \to \mathcal{R}_k$ durch

$$\gamma_k(K_1, \ldots, K_k) := \bigcup_{i=1}^{k} K_i \qquad \text{für } (K_1, \ldots, K_k) \in \mathcal{K}^k.$$

Die Abbildung γ_k ist stetig und daher meßbar. Sei

$$\Gamma_k(K) := \gamma_k^{-1}(K) \qquad \text{für } K \in \mathcal{R}_k.$$

$\Gamma_k(K)$ ist eine kompakte Teilmenge von $\mathcal{K}^k$. Es sei $\mathcal{C}[\mathcal{K}^k]$ der Raum der nichtleeren kompakten Teilmengen von $\mathcal{K}^k$, versehen mit der Hausdorff-Metrik (bezüglich der Metrik, die von d auf $\mathcal{K}^k$ induziert wird) und der zugehörigen σ-Algebra der Borelmengen. Wir behaupten, daß die eben definierte Abbildung $\Gamma_k : \mathcal{R}_k \to \mathcal{C}[\mathcal{K}^k]$ meßbar ist. Zum Beweis sei $\mathcal{A} \subset \mathcal{K}^k$ eine abgeschlossene Menge. Für $m \in \mathbf{N}$ setzen wir

$$\mathcal{R}_{km} := \{K \in \mathcal{R}_k : K \subset mB^n\},$$
$$\mathcal{A}_m := \{(K_1,\ldots,K_k) \in \mathcal{A} : K_1,\ldots,K_k \subset mB^n\}.$$

Dann gilt

$$\{K \in \mathcal{R}_{km} : \Gamma_k(K) \cap \mathcal{A} \neq \emptyset\} = \mathcal{R}_k \cap \gamma_k(\mathcal{A}_m).$$

Da $\mathcal{A}_m$ kompakt und γ_k stetig ist, ist $\mathcal{R}_k \cap \gamma_k(\mathcal{A}_m)$ abgeschlossen. Damit ist

$$\{K \in \mathcal{R}_k : \Gamma_k(K) \cap \mathcal{A} \neq \emptyset\} = \bigcup_{m=1}^{\infty} \{K \in \mathcal{R}_{km} : \Gamma_k(K) \cap \mathcal{A} \neq \emptyset\}$$

eine meßbare Menge. Da dies für alle abgeschlossenen Mengen $\mathcal{A} \subset \mathcal{K}^k$ gilt, ist die Abbildung Γ_k nach Castaing & Valadier [1977] (Theorem III.2) meßbar.

Aus Theorem III.6 in Castaing & Valadier [1977] folgt jetzt die Existenz einer meßbaren Abbildung $\xi_k : \mathcal{R}_k \to \mathcal{K}^k$ mit $\xi_k(K) \in \Gamma_k(K)$, also mit $\gamma_k(\xi_k(K)) = K$ für alle $K \in \mathcal{R}_k$.

Für das additive Funktional φ gilt nach (2.15)

$$\varphi(K) = \sum_{v \in S(k)} (-1)^{|v|-1} \varphi(K_v), \tag{7.1}$$

wenn $K = \bigcup_{i=1}^{k} K_i$ und $K_i \in \mathcal{K}$ ist. Für jedes $v = \{i_1,\ldots,i_j\} \subset \{1,\ldots,k\}$ ist die durch

$$f_v(K_1,\ldots,K_k) := K_v = K_{i_1} \cap \ldots \cap K_{i_j}$$

erklärte Abbildung $f_v : \mathcal{K}^k \to \mathcal{K}$ nach Matheron [1975] (Corollary 1, S. 9) meßbar. Für $K \in \mathcal{R}_k$ gilt nach (7.1)

$$\varphi(K) = \sum_{v \in S(k)} (-1)^{|v|-1} \varphi(f_v(\xi_k(K))).$$

Da φ auf $\mathcal{K}$ als meßbar vorausgesetzt ist, ist φ auch auf $\mathcal{R}_k$ meßbar. $\blacksquare$

Mehrere der in früheren Kapiteln benutzten Meßbarkeitsaussagen ergeben sich aus den folgenden beiden Hilfssätzen. Es sei an die zu Beginn des Abschnitts 1.2 getroffenen Konventionen erinnert. Mit $\bar{\mathbf{R}} = \mathbf{R} \cup \{-\infty,\infty\}$ bezeichnen wir das erweiterte System der reellen Zahlen, mit $\mathbf{C}_c(X)$, wie schon früher, den Vektorraum der stetigen reellen Funktionen auf X mit kompaktem Träger.

Hilfssatz 7.2.2. *Sei X ein lokalkompakter Raum mit abzählbarer Basis, sei $(T, \mathcal{T})$ ein meßbarer Raum und*

$$\psi : T \times \mathcal{B}(X) \to \bar{\mathbb{R}}$$

eine Abbildung derart, daß $\psi(t, \cdot)$ für jedes $t \in T$ ein Borel-Maß ist. Für jede Funktion $f \in \mathrm{C}_c(X)$ sei die Abbildung

$$t \mapsto \int\limits_X f(x)\, d\psi(t, x) \qquad\qquad (7.2)$$

$\mathcal{T}$-meßbar. Dann ist für jede nichtnegative meßbare Funktion f auf X die Abbildung (7.2) $\mathcal{T}$-meßbar; insbesondere ist $\psi(\cdot, B)$ für jedes $B \in \mathcal{B}(X)$ eine $\mathcal{T}$-meßbare Funktion .

Beweis. Sei $B \subset X$ kompakt. Da X ein lokalkompakter Raum mit abzählbarer Basis ist, ist die Indikatorfunktion $\mathbf{1}_B$ Limes einer absteigenden Folge $(f_i)_{i \in \mathbb{N}}$ in $\mathrm{C}_c(X)$. Es gilt also

$$\psi(t, B) = \lim_{i \to \infty} \int\limits_X f_i(x)\, d\psi(t, x)$$

für alle $t \in T$, woraus die $\mathcal{T}$-Meßbarkeit von $\psi(\cdot, B)$ folgt.

Sei $\mathcal{D}$ das System aller $A \in \mathcal{B}(X)$, für die $\psi(\cdot, A)$ eine $\mathcal{T}$-meßbare Funktion ist. Da $\psi(t, \cdot)$ ein Borel-Maß und X ein σ-kompakter Raum ist, ist $\mathcal{D}$ offenbar ein Dynkin-System. Da es das durchschnittsstabile System der kompakten Mengen enthält, enthält es die von diesem System erzeugte σ-Algebra, also $\mathcal{B}(X)$. Die Funktion $\psi(\cdot, A)$ ist also $\mathcal{T}$-meßbar für alle $A \in \mathcal{B}(X)$. Die $\mathcal{T}$-Meßbarkeit der Abbildung (7.2) für nichtnegative meßbare Funktionen f auf X folgt jetzt in üblicher Weise. ∎

In typischen Anwendungen von Hilfssatz 7.2.2 ist auch T ein topologischer Raum (mit der Borelschen σ-Algebra) und die Abbildung (7.2) für $f \in \mathrm{C}_c(X)$ sogar stetig. Es darf auch f noch von t abhängen.

Hilfssatz 7.2.3. *Sind X und T lokalkompakte Räume mit abzählbaren Basen und erfüllt ψ die Voraussetzungen von Hilfssatz 7.2.2 mit $\mathcal{T} = \mathcal{B}(T)$, dann ist für jede nichtnegative meßbare Funktion f auf $T \times X$ die Abbildung*

$$t \mapsto \int\limits_X f(t, x)\, d\psi(t, x)$$

meßbar.

Beweis. Nach Hilfssatz 7.2.2 ist $\psi(\cdot, B)$ für $B \in \mathcal{B}(X)$ (Borel-)meßbar. Für $g(t, x) = \mathbf{1}_A(t)\mathbf{1}_B(x)$ mit $A \in \mathcal{B}(T)$ und $B \in \mathcal{B}(X)$ folgt die Meßbarkeit der Abbildung

$$t \mapsto \mathbf{1}_A(t)\psi(t, B) = \int\limits_X g(t, x)\, d\psi(t, x).$$

Wegen $\mathcal{B}(T \times X) = \mathcal{B}(T) \otimes \mathcal{B}(X)$ (Cohn [1980], S. 242) folgt daraus die Behauptung in üblicher Weise. ∎

Die folgende Meßbarkeitsaussage ist in Abschnitt 6.1 benutzt worden. Dort sind auch die Räume $\mathcal{E}^n_{p,q}$ und die Maße μ_p^E erklärt worden. Das Maß μ_p^E ist auf $\mathcal{E}_p^E$ konzentriert, aber auf ganz $\mathcal{E}_p^n$ definiert, wovon wir unten Gebrauch machen.

Hilfssatz 7.2.4. *Sei* $0 \leq p < q \leq n$, *sei* $f : \mathcal{E}^n_{p,q} \to \mathbb{R}$ *eine nichtnegative meßbare Funktion. Dann ist die Abbildung*

$$F \mapsto \int\limits_{\mathcal{E}_p^F} f(E, F)\, d\mu_p^F(E) \tag{7.3}$$

auf $\mathcal{E}_q^n$ *meßbar, und die Abbildung*

$$E \mapsto \int\limits_{\mathcal{E}_q^E} f(E, F)\, d\mu_q^E(F) \tag{7.4}$$

ist auf $\mathcal{E}_p^n$ *meßbar.*

Beweis. Zunächst sei $f : \mathcal{E}^n_{p,q} \to \mathbb{R}$ eine stetige Funktion mit kompaktem Träger. Sei $(F_i)_{i \in \mathbb{N}}$ eine gegen F konvergierende Folge in $\mathcal{E}_q^n$. Dann gibt es eine Folge $(g_i)_{i \in \mathbb{N}}$ in G_n, die gegen die Identität id konvergiert und $g_i^{-1}F = F_i$ erfüllt. Es gilt

$$\int\limits_{\mathcal{E}_p^n} f(E, F_i)\, d\mu_p^{F_i}(E) \;=\; \int\limits_{\mathcal{E}_p^n} f(E, g_i^{-1}F)\, d\mu_p^{g_i^{-1}F}(E)$$

$$=\; \int\limits_{\mathcal{E}_p^n} f(E, g_i^{-1}F)\, d\mu_p^F(g_i E)$$

$$=\; \int\limits_{\mathcal{E}_p^n} f(g_i^{-1}E, g_i^{-1}F)\, d\mu_p^F(E).$$

Die Funktionen $f_i : (E, F) \mapsto f(g_i^{-1}E, g_i^{-1}F)$ konvergieren für $i \to \infty$ gegen f. Ist A der kompakte Träger von f, so ist $(g_i^{-1}E, g_i^{-1}F) \in A$ gleichbedeutend mit $(E, F) \in g_i A$. Ist U eine kompakte Umgebung von id in G_n und $C :=$ $U^{-1}A$, so ist C kompakt, und aus $(g_i^{-1}E, g_i^{-1}F) \in A$ folgt für alle genügend großen i die Relation $(E, F) \in C$. Für diese i gilt

$$|f_i(E, F)| = |f(g_i^{-1}E, g_i^{-1}F)| \leq \sup_C |f| < \infty,$$

falls $(E, F) \in C$ ist, und $f_i(E, F) = 0$ für $(E, F) \notin C$. Nach dem Satz von der majorisierten Konvergenz folgt

$$\int\limits_{\mathcal{E}_p^n} f(E, F_i)\, d\mu_p^{F_i}(E) \rightarrow \int\limits_{\mathcal{E}_p^n} f(E, F)\, d\mu_p^F(E)$$

für $i \rightarrow \infty$. Die Abbildung

$$F \mapsto \int\limits_{\mathcal{E}_p^n} f(E, F)\, d\mu_p^F(E), \qquad F \in \mathcal{E}_q^n,$$

ist also stetig und damit meßbar. Aus Hilfssatz 7.2.3 mit $X = \mathcal{E}_p^n$ und $T = \mathcal{E}_q^n$ folgt jetzt die Meßbarkeit der Abbildung (7.3) für nichtnegatives meßbares f.

Der Beweis für die Meßbarkeit von (7.4) verläuft völlig analog. ∎

7.3 Anhang III: Relativ invariante Maße

Bei dem noch ausstehenden Beweis der Blaschke-Petkantschin-Formel (Satz 6.1.3) wollen wir uns nach einem Vorschlag von Møller [1985] auf einen Eindeutigkeitssatz für relativ invariante Maße auf homogenen Räumen stützen. Dies gibt uns die Gelegenheit, die Nützlichkeit von Invarianzargumenten für Beweiszwecke in der Integralgeometrie noch einmal zu beleuchten und die in Kapitel 1 hergeleiteten spezielleren Eindeutigkeitsaussagen in einen allgemeineren Rahmen zu stellen.

Für eine ausführlichere Behandlung der grundlegenden Aussagen über topologische Gruppen und homogene Räume, die wir im folgenden benutzen, verweisen wir etwa auf Hewitt & Ross [1963], Nachbin [1965], Gaal [1973]. Über invariante Maße kann man sich auch in Bourbaki [1963] und Cohn [1980] informieren. Bei den unten folgenden Beweisen von Hilfssatz 7.3.1 und Satz 7.3.2 halten wir uns an Nachbin [1965], S. 138 ff.

Wie bereits in Abschnitt 1.1 erwähnt, versteht man bei gegebener topologischer Gruppe G unter einem *homogenen G-Raum* ein Paar (X, φ) mit folgenden Eigenschaften: X ist ein topologischer Raum, $\varphi : G \times X \to X$ ist eine transitive stetige Operation von G auf X, und für (ein und damit für alle) $p \in X$ ist die Abbildung $\varphi(\cdot, p)$ offen. Bis auf Isomorphie erhält man alle homogenen G-Räume in der folgenden Weise. Es sei H eine Untergruppe von G (mit der Spurtopologie) und G/H der Faktorraum, das heißt der Raum $\{aH : a \in G\}$ der Links-Nebenklassen von H in G, versehen mit der Quotiententopologie. Die Abbildung $\pi : G \to G/H$ mit $\pi(a) = aH$ für $a \in G$ heißt *natürliche Projektion*. Die Quotiententopologie auf G/H ist dadurch charakterisiert, daß π stetig und offen ist. Durch

$$\zeta(g, aH) := gaH \qquad \text{für } g \in G, \ aH \in G/H$$

wird eine transitive stetige Operation ζ von G auf G/H erklärt; sie heißt die *natürliche Operation* von G auf G/H. Das Paar $(G/H, \zeta)$ ist ein homogener G-Raum. Umgekehrt sei jetzt (X, φ) ein homogener G-Raum. Zu einem beliebig gewählten Punkt $p \in X$ sei S_p die *Standgruppe* von p, das heißt $S_p := \{g \in G : gp = p\}$ (wobei wie üblich $\varphi(g, p) = gp$ geschrieben ist). Dann ist die Abbildung

$$\beta : G/S_p \ \to \ X$$

$$gS_p \ \mapsto \ gp$$

ein Homöomorphismus von G/S_p auf X mit der Eigenschaft $\beta(gaS_p) = g\beta(aS_p)$ für alle $g \in G$ und alle $aS_p \in G/S_p$. In diesem Sinne sind also die homogenen G-Räume (X, φ) und $(G/S_p, \zeta)$ isomorph. Man kann daher einen homogenen G-Raum immer in der Form G/H und die Operation als die natürliche ansehen. Die Untergruppe H ist genau dann abgeschlossen, wenn G/H hausdorffsch ist.

Im folgenden sei jetzt G eine lokalkompakte topologische Gruppe und H eine abgeschlossene Untergruppe; dann ist der Faktorraum G/H lokalkompakt. Ein Borel-Maß ρ auf G/H wird gemäß der Erklärung in Abschnitt 1.3 als *invariant* bezeichnet, wenn $\rho(gA) = \rho(A)$ für alle $g \in G$ und alle $A \in \mathcal{B}(G/H)$ gilt. Ein Borel-Maß ρ auf der Gruppe G selbst mit der Eigenschaft $\rho(gA) = \rho(A)$ für $g \in G$ und $A \in \mathcal{B}(G)$ heißt *linksinvariant*. Unter einem *linken Haarschen Maß* auf G versteht man ein linksinvariantes reguläres Borel-Maß auf G, das nicht identisch verschwindet.

Satz 7.3.1. *Auf jeder lokalkompakten Gruppe gibt es ein linkes Haarsches Maß, und es ist bis auf einen positiven Faktor eindeutig bestimmt.*

Die Eindeutigkeit ist recht rasch zu beweisen (siehe z.B. Cohn [1980], wo sich auch ein gut lesbarer Existenzbeweis findet); die Existenz kann man in dem konkreten Fall, den wir für den Beweis der Blaschke-Petkantschin-Formel benötigen, auch elementar erhalten.

Daß es nicht auf jedem lokalkompakten homogenen Raum ein nicht verschwindendes invariantes Borel-Maß gibt, zeigt das Beispiel der Standard-Operation der affinen Gruppe G_{aff} auf dem R^n. Da ein affin-invariantes Maß auf R^n insbesondere translationsinvariant ist, käme (bis auf einen positiven Faktor) nur das Lebesgue-Maß λ in Frage, das aber nicht affin-invariant ist. Vielmehr gilt

$$\lambda(gA) = |\det g|\lambda(A)$$

für $g \in G_{\text{aff}}$ und $A \in \mathcal{B}(\mathsf{R}^n)$. Immerhin hängt der Faktor $|\det g|$ nicht von A ab. Dies gibt Anlaß zur folgenden Definition.

Das Borel-Maß ρ auf dem homogenen Raum G/H heißt *relativ invariantes Maß*, wenn es regulär und nicht identisch Null ist und wenn es eine Funktion $\chi : G \to \mathsf{R}$ gibt mit

$$\rho(gA) = \chi(g)\rho(A) \qquad \text{für } g \in G \text{ und } A \in \mathcal{B}(G/H).$$

Die Funktion χ heißt dann der *Multiplikator* von ρ. Offenbar ist χ ein Homomorphismus von G in die multiplikative Gruppe der positiven reellen Zahlen; ferner ist χ stetig (siehe z.B. Hewitt & Ross [1963], S. 204, oder Gaal [1973], S. 265).

Die Behandlung relativ invarianter Maße ist gleichwertig mit der Behandlung relativ invarianter Integrale. Unter einem *Integral* auf dem lokalkompakten Raum X ist dabei ein positives lineares Funktional auf dem Raum $\mathsf{C}_c(X)$ verstanden, das nicht identisch Null ist. Für $f \in \mathsf{C}_c(G)$ und $a \in G$ schreibt man $(a.f)(x) := f(a^{-1}x)$ für $x \in G$; dann ist $a.f \in \mathsf{C}_c(G)$. Das Integral I auf G heißt *linksinvariant*, wenn $I(a.f) = I(f)$ für alle $f \in \mathsf{C}_c(G)$ und alle $a \in G$ gilt. Für $f \in \mathsf{C}_c(G/H)$ und $a \in G$ definiert man $(a.f)(xH) := f(a^{-1}xH)$, dann ist $a.f \in \mathsf{C}_c(G/H)$. Das Integral I auf G/H heißt *relativ invariant mit Multiplikator* χ, wenn $I(a.f) = \chi(a)I(f)$ für alle $f \in \mathsf{C}_c(G/H)$ und alle $a \in G$ gilt. Jedes Borel-Maß $\rho \neq 0$ auf G/H induziert ein Integral I durch $I(f) = \int_{G/H} f \, d\rho$ für $f \in \mathsf{C}_c(G/H)$, und umgekehrt gibt es nach dem Rieszschen Darstellungssatz zu einem Integral I auf G/H ein eindeutig bestimmtes reguläres Borel-Maß ρ, durch das I in dieser Weise dargestellt wird. Das Integral ist genau dann relativ invariant mit Multiplikator χ, wenn dies für das zugehörige Maß gilt.

Wir wollen zeigen, daß es auf einem lokalkompakten homogenen Raum G/H höchstens ein relativ invariantes Maß mit gegebenem Multiplikator geben kann. Dazu stellen wir zunächst eine Beziehung her zwischen den

Räumen $\mathbf{C}_c(G)$ und $\mathbf{C}_c(G/H)$. Für eine Funktion $f \in \mathbf{C}_c(G)$ definieren wir

$$f'(x) := \int\limits_H f(xy)\, d\eta(y) \qquad \text{für } x \in G,$$

wo η ein linkes Haarsches Maß auf H bezeichnet (hier wird also dessen Existenz benutzt). Die Funktion f' ist auf den Links-Nebenklassen von H konstant, denn für $x \in zH$, also $x = zh$ mit $h \in H$, gilt $f'(x) = \int f(zhy)d\eta(y) = \int f(zy)d\eta(y) = f'(z)$. Es gibt daher eine eindeutig bestimmte Funktion $f^+ : G/H \to \mathbf{R}$ mit $f'(x) = f^+(xH)$, also mit

$$f^+(\pi(x)) = \int\limits_H f(xy)\, d\eta(y).$$

Hierdurch ist eine lineare Abbildung $f \mapsto f^+$ von $\mathbf{C}_c(G)$ in den Vektorraum der reellen Funktionen auf G/H definiert.

Hilfssatz 7.3.2. *Die Zuordnung $f \mapsto f^+$ bildet $\mathbf{C}_c(G)$ auf $\mathbf{C}_c(G/H)$ ab.*

Beweis. Sei $f \in \mathbf{C}_c(G)$. Die Funktion f' ist stetig, weil f gleichmäßig stetig ist. Da π eine offene Abbildung ist, folgt die Stetigkeit von f^+. Ist $f^+(xH) \neq 0$, so gibt es ein $y \in H$ mit $f(xy) \neq 0$, also $xy \in \mathrm{Tr}\, f$ (wo Tr den Träger bezeichnet); somit ist $xH \in \pi(\mathrm{Tr}\, f)$. Also gilt $\mathrm{Tr}\, f^+ \subset \pi(\mathrm{Tr}\, f)$ und damit $f^+ \in \mathbf{C}_c(G/H)$.

Um die Surjektivität der Abbildung $f \mapsto f^+$ zu zeigen, sei $h \in \mathbf{C}_c(G/H)$ und $K := \mathrm{Tr}\, h$. Sei V eine kompakte Umgebung des Einselementes in G. Für $g \in G$ ist $\pi(Vg)$ Umgebung von $\pi(g)$. Da K kompakt ist, gibt es endlich viele Elemente $g_1, \ldots, g_k \in G$ mit $K \subset \bigcup_{j=1}^{k} \pi(Vg_j)$. Die Menge $A := (Vg_1 \cup \ldots \cup Vg_k) \cap \pi^{-1}(K)$ ist dann eine kompakte Teilmenge von G mit der Eigenschaft $\pi(A) = K$. Wir können eine Funktion $u \in \mathbf{C}_c(G)$ wählen mit $u(A) = \{1\}$ und $0 \leq u \leq 1$. Für $z \in G/H$ setzen wir

$$\psi(z) := \begin{cases} \dfrac{h(z)}{u^+(z)}, & \text{falls } u^+(z) \neq 0, \\[2ex] 0, & \text{falls } u^+(z) = 0. \end{cases}$$

Dann gilt $\psi u^+ = h$. Da ψ außerhalb von K verschwindet und K enthalten ist in der offenen Menge $\{z \in G/H : u^+(z) \neq 0\}$, ist ψ stetig. Setze $f := (\psi \circ \pi)u$. Dann ist $f \in \mathbf{C}_c(G)$ und

$$f^+(xH) \;=\; \int\limits_H f(xy)\, d\eta(y) = \int\limits_H \psi(xyH)u(xy)\, d\eta(y)$$

$$= \psi(xH) \int_H u(xy)\, d\eta(y)$$

$$= h(xH).$$

Also ist $f^+ = h$.   ∎

Satz 7.3.3. *Auf dem lokalkompakten homogenen Raum G/H gibt es bis auf einen konstanten Faktor höchstens ein relativ invariantes Maß mit gegebenem Multiplikator.*

Beweis. Sei ρ ein relativ invariantes Maß auf G/H mit Multiplikator χ. Sei $a \in G$. Aus der Invarianzeigenschaft von ρ folgt, wie bemerkt,

$$\int_{G/H} a.h\, d\rho = \chi(a) \int_{G/H} h\, d\rho$$

für $h \in \mathbf{C}_c(G/H)$. Für $f \in \mathbf{C}_c(G)$ gilt $(a.f)^+ = a.f^+$, wie unmittelbar aus den Definitionen folgt. Da χ ein Homomorphismus ist, gilt $\chi = \chi(a)\, a.\chi$; daher ist

$$\left(\frac{a.f}{\chi}\right)^+ = \frac{1}{\chi(a)}\left(\frac{a.f}{a.\chi}\right)^+ = \chi(a^{-1})\, a.\left(\frac{f}{\chi}\right)^+.$$

Nun definieren wir

$$I(f) := \int_{G/H} \left(\frac{f}{\chi}\right)^+ d\rho \qquad \text{für } f \in \mathbf{C}_c(G).$$

Dann ist I ein positives lineares Funktional auf $\mathbf{C}_c(G)$. Für $a \in G$ gilt

$$I(a.f) = \int_{G/H} \left(\frac{a.f}{\chi}\right)^+ d\rho = \chi(a^{-1}) \int_{G/H} a.\left(\frac{f}{\chi}\right)^+ d\rho$$

$$= \chi(a^{-1})\chi(a) \int_{G/H} \left(\frac{f}{\chi}\right)^+ d\rho = I(f).$$

I ist also ein linksinvariantes Integral auf $\mathbf{C}_c(G)$ und damit bis auf einen konstanten Faktor eindeutig bestimmt (wie erwähnt, ist diese Eindeutigkeitsaussage äquivalent mit der Eindeutigkeit des linken Haarschen Maßes). Ist jetzt $\bar\rho$ ein weiteres relativ invariantes Maß auf G/H mit Multiplikator χ, so ist

$$\int_{G/H} \left(\frac{f}{\chi}\right)^+ d\rho = c \int_{G/H} \left(\frac{f}{\chi}\right)^+ d\bar\rho$$

für alle $f \in C_c(G)$ mit einer Konstanten c. Da $(f/\chi)^+$ nach Hilfssatz 7.3.2 alle Funktionen aus $C_c(G/H)$ durchläuft, folgt $\rho = c\bar{\rho}$. ∎

Wir sind nun in der Lage, den Beweis von Satz 6.1.3, also der linearen Blaschke-Petkantschin-Formel, zu Ende zu führen. In dieser Formel genügt es offenbar, die Integrationen jeweils nur über linear unabhängige q-Tupel $(x_1, \ldots, x_q)$ zu erstrecken. Wir bezeichnen mit $X \subset (\mathbb{R}^n)^q$ den Teilraum der linear unabhängigen q-Tupel. Im folgenden fassen wir die Elemente von $\mathbb{R}^n$ als Spaltenvektoren (bezüglich einer festen Basis) und entsprechend $(x_1, \ldots, x_q)$ als eine (n, q)-Matrix auf; demnach ist X der Raum der reellen (n, q)-Matrizen vom Rang q. Es sei $\mathcal{GL}(q)$ die Gruppe der regulären (q, q)-Matrizen mit der Standardtopologie; sie ist lokalkompakt. Dies gilt auch für das direkte Produkt $G := \mathcal{SO}(n) \times \mathcal{GL}(q)$, wo $\mathcal{SO}(n)$ wie in Abschnitt 1.1 die Gruppe der orthogonalen (n, n)-Matrizen mit Determinante 1 ist. Durch

$$((D, M), (x_1, \ldots, x_q)) \mapsto D(x_1, \ldots, x_q)M^t$$

für $(D, M) \in G$ und $(x_1, \ldots, x_q) \in X$, wo M^t die transponierte Matrix zu M bezeichnet, wird eine transitive Operation von G auf X erklärt, wie man sofort nachrechnet. Es ist auch unschwer einzusehen, daß X mit dieser Operation ein homogener G-Raum wird.

Nun erklären wir zwei positive lineare Funktionale I_1, I_2 auf $C_c(X)$ durch

$$I_1(f) := \int\limits_{\mathbb{R}^n} \cdots \int\limits_{\mathbb{R}^n} f(x_1, \ldots, x_q)\, d\lambda(x_1) \cdots d\lambda(x_q),$$

$$I_2(f) := \int\limits_{\mathcal{L}_q^n} \int\limits_{L} \cdots \int\limits_{L} f(x_1, \ldots, x_q)\nabla_q(x_1, \ldots, x_q)^{n-q}$$

$$d\lambda_L(x_1) \cdots d\lambda_L(x_q)d\nu_q(L)$$

für $f \in C_c(X)$. Für $(D, M) \in G$ gilt

$$I_1((D, M).f) = \int\limits_{\mathbb{R}^n} \cdots \int\limits_{\mathbb{R}^n} f(D^{-1}(x_1, \ldots, x_q)M^{-t})\, d\lambda(x_1) \cdots d\lambda(x_q)$$

$$= |\det M|^n I_1(f),$$

weil λ drehinvariant ist und die durch $(x_1, \ldots, x_q) \mapsto (x_1, \ldots, x_q)M$ definierte lineare Abbildung vom Raum der (n, q)-Matrizen in sich die Determinante

$(\det M)^n$ hat. Ferner gilt für $L \in \mathcal{L}_q^n$

$$\int_L \cdots \int_L f(D^{-1}(x_1,\ldots,x_q)M^{-t})\nabla_q(x_1,\ldots,x_q)^{n-q}\, d\lambda_L(x_1)\cdots d\lambda_L(x_q)$$

$$= \ |\det M|^q \int_L \cdots \int_L f(D^{-1}(x_1,\ldots,x_q))\nabla_q((x_1,\ldots,x_q)M^t)^{n-q}$$

$$d\lambda_L(x_1)\cdots d\lambda_L(x_q)$$

$$= \ |\det M|^n \int_{\vartheta^{-1}L} \cdots \int_{\vartheta^{-1}L} f(x_1,\ldots,x_q)\nabla_q(x_1,\ldots,x_q)^{n-q}$$

$$d\lambda_{\vartheta^{-1}L}(x_1)\cdots d\lambda_{\vartheta^{-1}L}(x_q),$$

wo $\vartheta \in SO_n$ die durch D beschriebene Drehung bezeichnet. Wegen der Drehinvarianz von ν_q folgt nun

$$I_2((D,M).f) = |\det M|^n I_2(f).$$

Die Integrale I_1 und I_2 sind also relativ invariant mit demselben Multiplikator. Nach Satz 7.3.3 ist daher $I_1 = cI_2$ mit einer positiven Konstanten c. Deren Wert ist schon in Abschnitt 6.1 bestimmt worden.

Literaturverzeichnis

Ambartzumian, R.V. (1990) *Factorization Calculus and Geometric Probability*. Cambridge Univ. Press, Cambridge.

Balanzat, M. (1942) Sur quelques formules de la géométrie intégrale des ensembles dans un espace à n dimensions. *Portugaliae Math.* **3**, 87 - 94.

Barndorff-Nielsen, O.E., Blæsild, P., Eriksen, P.S. (1989) *Decomposition and Invariance of Measures, and Statistical Transformation Models*. Lecture Notes in Statistics **58**, Springer, New York.

Bauer, H. (1990) *Maß- und Integrationstheorie*. W. de Gruyter, Berlin.

Behnen, K., Neuhaus, G. (1984) *Grundkurs Stochastik*. Teubner, Stuttgart.

Bertrand, J. (1888) *Calcul des probabilités*. Gauthier-Villars, Paris.

Berwald, L., Varga, O. (1937) Integralgeometrie 24. Über die Schiebungen im Raum. *Math. Z.* **42**, 710 - 736.

Blaschke, W. (1917) Über affine Geometrie XI: Lösung des „Vierpunktproblems" von Sylvester aus der Theorie der geometrischen Wahrscheinlichkeiten. *Ber. Verh. Sächs. Akad. Wiss., Math.-Phys. Kl.* **69**, 436 - 453.

— (1918) Eine isoperimetrische Eigenschaft des Kreises. *Math. Z.* **1**, 52 - 57.

— (1935) Integralgeometrie 2: Zu Ergebnissen von M.W. Crofton. *Bull. Math. Soc. Roum. Sci.* **37**, 3 - 11.

— (1937a) *Vorlesungen über Integralgeometrie*. 3. Aufl., VEB Deutsch. Verl. d. Wiss., Berlin, 1955 (Erste Aufl.: Teil I, 1935; Teil II, 1937).

— (1937b) Integralgeometrie 21. Über Schiebungen. *Math. Z.* **42**, 399 - 410.

— (1985) Gesammelte Werke (Hrs. W. Burau et al.), Band 2: *Kinematik und Integralgeometrie*. Thales, Essen.

Bonnesen, T., Fenchel, W. (1934) *Theorie der konvexen Körper*. Springer, Berlin.

Bourbaki, N. (1963) *Eléments de Mathématique. Livre VI, Intégration; Chapitre 7, Mesure de Haar*. Hermann, Paris.

Buchta, C., Müller, J. (1984) Random polytopes in a ball. *J. Appl. Prob.* **21**, 753 - 762.

Buffon, G.L.L. Comte de (1777) Essai d'Arithmétique Morale. In: *Supplément à l'Histoire Naturelle* , v. 4, Imprimerie Royale, Paris.

Busemann, H. (1953) Volume in terms of concurrent cross-sections. *Pacific J. Math.* **3**, 1 - 12.

— (1955) *The Geometry of Geodesics*. Academic Press, New York.

Carleman, T. (1919) Über eine isoperimetrische Aufgabe und ihre physikalischen Anwendungen. *Math. Z.* **3**, 1 - 7.

Castaing, C., Valadier, M. (1977) *Convex Analysis and Measurable Multifunctions*. Lecture Notes in Math. **580**, Springer, Berlin.

Chern, S.S. (1952) On the kinematic formula in the euclidean space of n dimensions. *Amer. J. Math.* **74**, 227 - 236.

— (1966) On the kinematic formula in integral geometry. *J. Math. Mech.* **16**, 101 - 118.

Chern, S.S., Yien, C.T. (1940) Sulla formula principale cinematica dello spazio ad n dimensioni. *Boll. Un. Mat. Ital.* (2) **2**, 434 - 437.

Cohn, D.L. (1980) *Measure Theory*. Birkhäuser, Boston.

Coleman, R. (1969) Random paths through convex bodies. *J. Appl. Prob.* **6**, 430 - 441.

Crofton, M.W. (1868) On the theory of local probability, applied to straight lines drawn at random in a plane; the methods used being also extended to the proof of certain new theorems in the integral calculus. *Phil. Trans. Roy. Soc. London* **158**, 181 - 199.

— (1869) Sur quelques théorèmes de calcul intégral. *Comptes Rendus* **68**, 1469 - 1470.

Davy, P.J. (1984) Inequalities for moments of secant length. *Z. Wahrscheinlichkeitsth. verw. Geb.* **68**, 243 - 246.

Davy, P., Miles, R.E. (1977) Sampling theory for opaque spatial specimens. *J. R. Statist. Soc.* B **39**, 56 - 65.

Eggleston, H.G (1958) *Convexity.* Cambridge University Press, Cambridge.

Efron, B. (1965) The convex hull of a random set of points. *Biometrika* **52**, 331 - 343.

Enns, E.G., Ehlers, P.F. (1978) Random paths through a convex region. *J. Appl. Prob.* **15**, 144 - 152.

Federer, H. (1954) Some integral geometric theorems. *Trans. Amer. Math. Soc.* **77**, 238 - 261.

— (1959) Curvature measures. *Trans. Amer. Math. Soc.* **93**, 418 - 491.

— (1969) *Geometric Measure Theory.* Springer, Berlin.

Firey, W.J. (1972) An integral-geometric meaning for lower order area functions of convex bodies. *Mathematika* **19**, 205 - 212.

— (1974) Kinematic measures for sets of support figures. *Mathematika* **21**, 270 - 281.

— (1979) Inner contact measures. *Mathematika* **26**, 106 - 112.

Fu, J.H.G. (1990) Kinematic formulas in integral geometry. *Indiana Univ. Math. J.* **39**, 1115 - 1154.

Furstenberg, H., Tzkoni, I. (1971) Spherical functions and integral geometry. *Israel J. Math.* **10**, 327 - 338.

Gaal, S.A. (1973) *Linear Analysis and Representation Theory.* Springer, Berlin.

Gänssler, P., Stute, W. (1977) *Wahrscheinlichkeitstheorie.* Springer, Berlin.

Glasauer, S. (1992) Relativ invariante Maße und integralgeometrische Transformationsformeln. Diplomarbeit, Universität Freiburg.

Goodey, P.R., Schneider, R. (1980) On the intermediate area functions of convex bodies. *Math. Z.* **173**, 185 - 194.

Goodey, P., Weil, W. (1987) Translative integral formulae for convex bodies. *Aequationes Math.* **34**, 64 - 77.

204

— (1992) Integral geometric formulae for projection functions. *Geom. Dedicata* **41**, 117 - 126.

Grinberg, E.L. (1991) Isoperimetric inequalities and identities for *k*-dimensional cross-sections of convex bodies. *Math. Ann.* (erscheint).

Groemer, H. (1973) On some mean values associated with a randomly selected simplex in a convex set. *Pacific J. Math.* **45**, 525 - 533.

— (1974) On the mean value of the volume of a random polytope in a convex set. *Arch. Math.* **25**, 86 - 90.

— (1978) On the extension of additive functionals on classes of convex sets. *Pacific J. Math.* **75**, 397 - 410.

— (1980) The average measure of the intersection of two sets. *Z. Wahrscheinlichkeitsth. verw. Geb.* **54**, 15 - 20.

— (1982) On the average size of polytopes in a convex set. *Geom. Dedicata* **13**, 47 - 62.

Hadwiger, H. (1957) *Vorlesungen über Inhalt, Oberfläche und Isoperimetrie.* Springer, Berlin.

— (1975) Das Wills'sche Funktional. *Monatsh. Math.* **79**, 213 - 221.

Harding, E.F., Kendall, D.G. (1974) *Stochastic Geometry.* Wiley, New York.

Helgason, S. (1980) *The Radon Transform.* Birkhäuser, Boston.

Herglotz, G. (1933) *Geometrische Wahrscheinlichkeiten.* Vorlesungsausarbeitung. Göttingen, 156 S.

Hewitt, E., Ross, K.A. (1963) *Abstract Harmonic Analysis.* Springer, Berlin.

Jensen, E.B., Gundersen, H.J.G. (1985) The stereological estimation of moments of particle volume. *J. Appl. Prob.* **22**, 82 - 98.

— (1989) Fundamental stereological formulae based on isotropically oriented probes through fixed points with applications to particle analysis. *J. Microscopy* **153**, 249 - 267.

Jensen, E.B., Kiêu, K. (1991) A new integral geometric formula of the Blaschke-Petkantschin type. *Research Reports* **180**, Dept. of Theor. Statistics, Univ. of Aarhus.

Jensen, E.B., Kiêu, K., Gundersen, H.J.G. (1990) On the stereological estimation of reduced moment measures. *Ann. Inst. Statist. Math.* **42**, 445 - 461.

Jensen, E.B., Møller, J. (1985) Stereological versions of integral geometric formulae for n-dimensional ellipsoids. *Research Reports* **135**, Dept. of Theor. Statistics, Univ. of Aarhus.

Kendall, M.G., Moran, P.A.P. (1963) *Geometrical Probability.* Charles Griffin, London.

Kingman, J.F.C. (1965) Mean free paths in a convex reflecting region. *J. Appl. Prob.* **2**, 162 - 168.

— (1969) Random secants of a convex body. *J. Appl. Prob.* **6**, 660 - 672.

Lebesgue, H. (1912) Exposition d'un mémoire de M.W. Crofton. *Nouv. Ann. Math.* (4) **12**, 481 - 502.

Leichtweiß, K. (1980) *Konvexe Mengen.* Springer, Berlin.

Matheron, G. (1975) *Random Sets and Integral Geometry.* Wiley, New York.

McMullen, P. (1974) A dice probability problem. *Mathematika* **21**, 193 - 198.

McMullen, P., Schneider, R. (1983) Valuations on convex bodies. In: *Convexity and Its Applications.* Eds. P.M. Gruber and J.M. Wills, Birkhäuser Verlag, Basel, pp. 170 - 247.

Mecke, J., Schneider, R., Stoyan, D., Weil, W. (1990) *Stochastische Geometrie.* Birkhäuser, Basel.

Miles, R.E. (1969) Poisson flats in Euclidean spaces, Part I: A finite number of random uniform flats. *Adv. Appl. Prob.* **1**, 211 - 237.

— (1971) Isotropic random simplices. *Adv. Appl. Prob.* **3**, 353 - 382.

— (1973) A simple derivation of a formula of Furstenberg and Tzkoni. *Israel J. Math.* **14**, 278 - 280.

— (1974a) The fundamental formula of Blaschke in integral geometry and geometric probability, and its iteration, for domains with fixed orientations. *Austral. J. Statist.* **16**, 111 - 118.

206

— (1974b) A synopsis of 'Poisson flats in Euclidean spaces'. In: *Stochastic Geometry* , eds. E.F. Harding and D.G. Kendall, Wiley, New York, pp. 202 - 227.

— (1979) Some new integral geometric formulae, with stochastic applications. *J. Appl. Prob.* **16**, 592 - 606.

Miles, R.E., Davy, P. (1976) Precise and general conditions for the validity of a comprehensive set of stereological formulae. *J. Microscopy* **107**, 211 - 226.

Møller, J. (1985) A simple derivation of a formula of Blaschke and Petkantschin. *Research Reports* **138**, Dept. of Theor. Statistics, Univ. of Aarhus.

— (1989) Random tessellations in R^d. *Adv. Appl. Prob.* **21**, 37 - 73.

Nachbin, L. (1965) *The Haar Integral.* D. van Nostrand Co., Princeton.

Papaderou-Vogiatzaki, I., Schneider, R. (1988) A collision probability problem. *J. Appl. Prob.* **25**, 617 - 623.

Petkantschin, B. (1936) Integralgeometrie 6. Zusammenhänge zwischen den Dichten der linearen Unterräume im n-dimensionalen Raum. *Abh. Math. Sem. Univ. Hamburg* **11**, 249 - 310.

Pfiefer, R.E. (1989) The historical development of J.J. Sylvester's four point problem. *Math. Mag.* **62**, 309 - 317.

— (1990) Maximum and minimum sets for some geometric mean values. *J. Theor. Prob.* **3**, 169 -179.

Querenburg, B. v. (1973) *Mengentheoretische Topologie.* Springer, Berlin.

Raynaud, H. (1970) Sur l'enveloppe convexe des nuages de points aléatoires dans R^n. *J. Appl. Prob.* **7**, 35 - 48.

Rényi, A. (1955) On a new axiomatic theory of probability. *Acta Math. Acad. Sci. Hung.* **6**, 285 - 335.

Rényi, A., Sulanke, R. (1963) Über die konvexe Hülle von n zufällig gewählten Punkten. *Z. Wahrscheinlichkeitsth. verw. Geb.* **2**, 75 - 84.

Rockafellar, R.T. (1970) *Convex Analysis.* Princeton University Press, Princeton.

Rother, W., Zähle, M. (1990) A short proof of a principal kinematic formula and extensions. *Trans. Amer. Math. Soc.* **321**, 547 - 558.

Ruben, H., Miles, R.E. (1980) A canonical decompositon of the probability measure of sets of isotropic random points in R^n. *J. Multivariate Anal.* **10**, 1 - 18.

Santaló, L.A. (1953) *Introduction to Integral Geometry.* Hermann, Paris.

— (1976) *Integral Geometry and Geometric Probability.* Addison-Wesley, Reading, Mass.

— (1986) On the measure of line segments entirely contained in a convex body. In: *Aspects of Math. and Its Appl.* (Ed. J.A. Barroso), North-Holland, Amsterdam, pp. 677 - 687.

Schneider, R. (1975) Kinematische Berührmaße für konvexe Körper und Integralrelationen für Oberflächenmaße. *Math. Ann.* **218**, 253 - 267.

— (1978a) Curvature measures of convex bodies. *Ann. Mat. Pura Appl.* **116**, 101 - 134.

— (1978b) Kinematic measures for sets of colliding convex bodies. *Mathematika* **25**, 1 - 12.

— (1979) *Integralgeometrie.* Vorlesungs-Ausarbeitung, Freiburg.

— (1980a) Parallelmengen mit Vielfachheit und Steiner-Formeln. *Geom. Dedicata* **9**, 111 - 127.

— (1980b) Curvature measures and integral geometry of convex bodies. *Rend. Sem. Mat. Univers. Politecn. Torino* **38**, 79 - 98.

— (1981a) Crofton's formula generalized to projected thick sections. *Rend. Circ. Mat. Palermo* **30**, 157 - 160.

— (1981b) A local formula of translative integral geometry. *Arch. Math.* **36**, 466 - 469.

— (1985) Inequalities for random flats meeting a convex body. *J. Appl. Prob.* **22**, 710 - 716.

— (1986) Curvature measures and integral geometry of convex bodies, II. *Rend. Sem. Mat. Univers. Politecn. Torino* **44**, 263 - 275.

— (1988a) Curvature measures and integral geometry of convex bodies, III. *Rend. Sem. Mat. Univers. Politecn. Torino* **46**, 111 - 123.

— (1988b) Random approximation of convex sets. *J. Microscopy* **151**, 211 - 227.

Schneider, R., Weil, W. (1986) Translative and kinematic integral formulae for curvature measures. *Math. Nachr.* **129**, 67 - 80.

Schneider, R., Wieacker, J.A. (1984) Random touching of convex bodies. In: *Proc. Conf. Stochastic Geom., Geom. Statist., Stereology* (Oberwolfach 1983, Eds. R.V. Ambartzumian, W. Weil), Teubner, Leipzig, pp. 154 - 169.

— (1992) Integral geometry. In: *Handbook of Convex Geometry* (Eds. P.M. Gruber and J.M. Wills), Elsevier Sci. Publ., North-Holland, Amsterdam (erscheint).

Stewart, G.W. (1980) The efficient generation of random orthogonal matrices with an application to condition estimators. *SIAM J. Numer. Anal.* **17**, 403 - 409.

Stoka, M.I. (1968) *Géométrie Intégrale.* Gauthier-Villars, Paris.

Stoyan, D. (1990) Stereology and stochastic geometry. *Int. Statist. Rev.* **58**, 227 - 242.

Stoyan, D., Kendall, W.S., Mecke, J. (1987) *Stochastic Geometry and Its Applications.* Akademie-Verlag, Berlin.

Streit, F. (1970) On multiple integral geometric integrals and their applications to probability theory. *Can. J. Math.* **22**, 151 - 163.

Sulanke, R., Wintgen, P. (1972) *Differentialgeometrie und Faserbündel.* Birkhäuser, Basel.

Valentine, F.A. (1964) *Convex Sets.* McGraw-Hill, New York.

Varga, O. (1936) Integralgeometrie 3. Croftons Formeln für den Raum. *Math. Zeitschr.* **40**, 387 - 405.

Weibel, E.R. (1980) *Stereological Methods,* I, II. Academic Press, London.

Weil, W. (1979a) Berührwahrscheinlichkeiten für konvexe Körper. *Z. Wahrscheinlichkeitsth. verw. Geb.* **48**, 327 - 338.

— (1979b) Kinematic integral formulas for convex bodies. In: *Contributions to Geometry.* Proc. Geometry Symp. Siegen 1978 (Eds. J. Tölke and J.M. Wills), Birkhäuser Verlag, Basel, pp. 60 - 76.

— (1981) Zufällige Berührung konvexer Körper durch q-dimensionale Ebenen. *Resultate Math.* **4**, 84 -101.

— (1982) Inner contact probabilities for convex bodies. *Adv. Appl. Prob.* **14**, 582 - 599.

— (1983a) Stereology: A survey for geometers. In: *Convexity and Its Applications.* (Eds. P.M. Gruber and J.M. Wills), Birkhäuser Verlag, Basel, pp. 360 - 412.

— (1983b) Stereological results for curvature measures. *Bull. Int. Statist. Inst.* **50**, 872 - 883.

— (1984) Densities of quermassintegrals for stationary random sets. In: *Proc. Conf. Stochastic Geom., Geom. Statist., Stereology* (Oberwolfach 1983, Eds. R.V. Ambartzumian, W. Weil), Teubner, Leipzig, pp. 233 - 247.

— (1987) Point processes of cylinders, particles and flats. *Acta Applicandae Math.* **9**, 103 - 136.

— (1989a) Collision probabilities for convex sets. *J. Appl. Prob.* **26**, 649 - 654.

— (1989b) Integral geometry, stochastic geometry, and stereology. *Acta Stereologica* **8**, 65 - 76.

— (1989c) Translative integral geometry. In: *Geobild 89* (Eds. A. Hübler et al.), Math. Research, vol. 51. Akademie-Verlag, Berlin, pp. 75 - 86.

— (1990a) Iterations of translative integral formulae and non-isotropic Poisson processes of particles. *Math. Z.* **205**, 531 - 549.

210

— (1990b) Lectures on translative integral geometry and stochastic geometry of anisotropic random geometric structures. In: Atti del Primo Convegno Italiano di Geometria Integrale. *Rend. Sem. Mat. Messina* (2) **13**, 79 - 97.

Weil, W., Wieacker, J.A. (1984) Densities for stationary random sets and point processes. *Adv. Appl. Prob.* **16**, 324 - 346.

— (1992) Stochastic geometry. In: *Handbook of Convex Geometry* (Eds. P.M. Gruber and J.M. Wills), Elsevier Sci. Publ., North-Holland, Amsterdam (erscheint).

Zähle, M. (1982) Random processes of Hausdorff rectifiable closed sets. *Math. Nachr.* **108**, 49 - 72.

— (1984) Curvature measures and random sets, I. *Math. Nachr.* **119**, 327 - 339.

— (1986a) Integral and current representation of Federer's curvature measures. *Arch. Math.* **46**, 557 - 567.

— (1986b) Curvature measures and random sets, II. *Probab. Th. Rel. Fields* **71**, 37 - 58.

— (1987) Curvatures and currents for unions of sets with positive reach. *Geom. Dedicata* **23**, 155 - 171.

— (1990) A kinematic formula and moment measures of random sets. *Math. Nachr.* **149**, 325 - 340.

Symbolverzeichnis

$A \times B$	Produktmenge, Produktraum
$\rho \otimes \tau$	Produktmaß
$\rho^{\otimes n}$	$\rho \otimes \ldots \otimes \rho$ (n mal)
$f \times g$	Produktabbildung
$f \circ g$	Komposition von Abbildungen
$f(\rho)$	Bildmaß von ρ unter f
lin A	lineare Hülle von A
aff A	affine Hülle von A
bd A	Rand von A
int A	Inneres von A
relint A	relatives Innere von A
relbd A	relativer Rand von A
dim A	Dimension von A
card A	Elementzahl von A
$A^{\perp}$	Orthogonalraum von A
$\mathbf{1}_A$	Indikatorfunktion der Menge A
id	identische Abbildung
$A\|L$	Bild von A unter der (Orthogonal-)Projektion auf L
$\mathbf{C}(X)$	Raum der stetigen Funktionen auf X
$\mathbf{C}_c(X)$	Raum der stetigen Funktionen mit kompaktem Träger auf X
$\langle \cdot, \cdot \rangle$	Standardskalarprodukt
$\| \cdot \|$	(euklidische) Norm
B^n	Einheitskugel
κ_n	Volumen von B^n (S. 17 - 18)
S^{n-1}	Einheitssphäre
ω_n	Oberfläche von S^{n-1} (S. 18)
det	Determinante
T_n	Translationsgruppe (S. 11)
t_x	Translation um den Vektor x (S. 11)
SO_n	Drehgruppe (S. 11)
G_n	Bewegungsgruppe (S. 12)
$\gamma(x, \vartheta)$	Bewegung mit Drehung ϑ und Translation x (S. 12)
$\mathcal{L}_q^n$	Raum der linearen q-Unterräume (S. 13)
$\mathcal{E}_q^n$	Raum der affinen q-Ebenen (S. 13)
$\mathcal{B}(X)$	Borel-σ-Algebra auf X
$\mathcal{B}(X) \otimes \mathcal{B}(Y)$	Produkt-σ-Algebra
$\mathcal{M}(X)$	Vektorraum der endlichen signierten Maße auf X

212

$\lambda,\ \lambda^{(q)},\ \lambda_F$	Lebesgue-Maß (S. 17, 28, 33)
ω	sphärisches Lebesgue-Maß
$\mathcal{H}^k$	k-dimensionales Hausdorff-Maß
ν	invariantes Maß auf SO_n (S. 21)
μ	invariantes Maß auf G_n (S. 24)
ν_q	invariantes Maß auf $\mathcal{L}_q^n$ (S. 28)
μ_q	invariantes Maß auf $\mathcal{E}_q^n$ (S. 28)
$\rho\vert_A$	Restriktion des Maßes ρ auf A
$\mathcal{C}$	Menge der kompakten Teilmengen
$d(\cdot,\cdot)$	Hausdorff-Metrik (S. 34)
$\mathcal{K}$	Menge der konvexen Körper
$\mathcal{P}$	Menge der (konvexen) Polytope
$\mathcal{R}$	Konvexring (S. 33)
$\mathcal{S}$	erweiterter Konvexring (S. 33 - 34)
$\mathcal{F}_m(P)$	Menge der m-Seiten von P (S. 33)
$p_K,\ p(K,\cdot)$	metrische Projektion (S. 42)
$N(P,F)$	Normalenkegel (S. 33)
$\gamma(F,P)$	äußerer Winkel (S. 33)
$\gamma(F,G,P,Q)$	gemeinsamer äußerer Winkel (S. 61)
$h_K(u)$	Stützabstand von K in Richtung u (S. 183)
$K(u)$	Stützmenge von K in Richtung u (S. 183)
$K+M$	$\{x+y : x \in K, y \in M\}$, Minkowski-Summe
αK	$\{ax : x \in K\}$
$-K$	$\{-x : x \in K\}$
V_j	j-tes inneres Volumen (S. 38)
W_i	i-tes Quermaßintegral (S. 38)
Φ_j	j-tes Krümmungsmaß (S. 46)
l	Länge (in $\mathbb{R}^1$)
F	Fläche (im $\mathbb{R}^2$)
U	Umfang (im $\mathbb{R}^2$)
$V_n,\ V$	Volumen
S	Oberfläche
b	mittlere Breite (S. 39)
$V_0,\ \chi$	Eulersche Charakteristik (S. 39)
$V(\cdot,\ldots,\cdot)$	gemischtes Volumen (S. 188)
E	Erwartungswert
$[L,L']$	(S. 60)
$\nabla_q(x_1,\ldots,x_q)$	(S. 152)
$\Delta_q(x_0,\ldots,x_q)$	(S. 152)

Sachverzeichnis

A

B

C

D

E

F

N

O

P

Q

Teubner Studienbücher zur Statistik

Afflerbach: **Statistik-Praktikum mit dem PC**
198 Seiten. DM 24,80

Behnen/Neuhaus: **Grundkurs Stochastik**
2. Aufl. 376 Seiten. DM 39,80

v. Collani: **Optimale Wareneingangskontrolle**
150 Seiten. DM 29,80

Dinges/Rost: **Prinzipien der Stochastik**
294 Seiten. DM 38,–

Floret: **Maß- und Integrationstheorie**
360 Seiten. DM 39,80

Kohlas: **Stochastische Methoden des Operations Research**
192 Seiten. DM 26,80

Lehn/Wegmann: **Einführung in die Statistik**
2. Aufl. 202 Seiten. DM 27,80

Lehn/Wegmann/Rettig: **Aufgabensammlung zur Einführung in die Statistik**
240 Seiten. DM 26,80

Rauhut/Schmitz/Zachow: **Spieltheorie**
400 Seiten. DM 38,–

Topsøe: **Informationstheorie**
88 Seiten. DM 19,80

Uhlmann: **Statistische Qualitätskontrolle**
2. Aufl. 292 Seiten. DM 39,–

Witting: **Mathematische Statistik**
3. Aufl. 223 Seiten. DM 29,80

Wolfsdorf: **Versicherungsmathematik**
Teil 1: Personenversicherung
477 Seiten. DM 45,–
Teil 2: Theoretische Grundlagen, Risikotheorie, Sachversicherung
399 Seiten. DM 39,80

Preisänderungen vorbehalten.

B. G. Teubner Stuttgart

Teubner Skripten zur Mathematischen Stochastik

Alsmeyer: **Erneuerungstheorie**
331 Seiten. DM 44,–

Behnen/Neuhaus: **Rank Tests with Estimated Scores and Their Application**
428 Seiten. DM 54,–

von Collani: **The Economic Design of Control Charts**
184 Seiten. DM 29,–

Irle: **Sequentialanalyse: Optimale sequentielle Tests**
184 Seiten. DM 29,–

König/Schmidt: **Zufällige Punktprozesse**
363 Seiten. DM 49,–

Pfeifer: **Einführung in die Extremwertstatistik**
207 Seiten. DM 34,–

Pruscha: **Angewandte Methoden der Mathematischen Statistik**
391 Seiten. DM 49,–

Rüschendorf: **Asymptotische Statistik**
236 Seiten. DM 34,–

Schäl: **Markoffsche Entscheidungsprozesse**
198 Seiten. DM 29,–

Schneider/Weil: **Integralgeometrie**
222 Seiten. DM 34,–

Preisänderungen vorbehalten.

B. G. Teubner Stuttgart